Organisation des Umweltschutzes in Industriebetrieben

Umwelt und Ökonomie Band 11

Band 1: Michael Schröder
Die volkswirtschaftlichen Kosten von Umweltpolitik
1991. 224 Seiten. Brosch. DM 69,–
ISBN 3-7908-0535-1

Band 2: Karl Heinz Gruber
Zur methodischen Auswahl von Emissionsminderungsmaßnahmen
1991. 257 Seiten. Brosch. DM 75,–
ISBN 3-7908-0547-5

Band 3: Helmuth-M. Groscurth
Rationelle Energieverwendung durch Wärmerückgewinnung
1991. 184 Seiten. Brosch. DM 65,–
ISBN 3-7908-0552-1

Band 4: Frank Stähler
Kollektive Umweltnutzungen und individuelle Bewertung
1991. 178 Seiten. Brosch. DM 65,–
ISBN 3-7908-0572-6

Band 5: Rolf Winkler
Konzeption und Bewertung technischer Entsorgungswege
1992. 244 Seiten. Brosch. DM 79,–
ISBN 3-7908-0577-7

Band 6: Michael van Mark / Erik Gawel / Dieter Ewringmann
Kompensationslösungen im Gewässerschutz
1992. 196 Seiten. Brosch. DM 69,–
ISBN 3-7908-0638-2

Band 7: Maria J. Welfens
Umweltprobleme und Umweltpolitik in Mittel- und Osteuropa
1993. 249 Seiten. Brosch. DM 85,–
ISBN 3-7908-0654-4

Band 8: Hans-Dietrich Haasis
Planung und Steuerung emissionsarm zu betreibender industrieller Produktionssysteme
1994. 253 Seiten. Brosch. DM 85,–
ISBN 3-7908-0768-0

Band 9: Ute Bennauer
Ökologieorientierte Produktentwicklung
1994. 416 Seiten. Brosch. DM 120,–
ISBN 3-7908-0779-6

Band 10: Maria J. Welfens/ Nadja Schiemann
Umweltökonomie und zukunftsfähige Wirtschaft
1994. 209 Seiten. Brosch. DM 75,–
ISBN 3-7908-0788-5

Rolf Jacobs

Organisation des Umweltschutzes in Industriebetrieben

Mit 28 Abbildungen

Physica-Verlag

Ein Unternehmen
des Springer-Verlags

Reihenherausgeber
Werner A. Müller
Peter Schuster

Autor
Dipl.-Kfm. Rolf Jacobs
Vereinsstraße 10
D-52062 Aachen

ISBN-13: 978-3-7908-0797-4 e-ISBN-13: 978-3-642-99772-3
DOI: 10.1007/978-3-642-99772-3

D 82 (Diss. RWTH Aachen)
CIP-Titelaufnahme der Deutschen Bibliothek
Jacobs, Rolf
Organisation des Umweltschutzes in Industriebetrieben / Rolf
Jacobs. - Heidelberg : Physica-Verl., 1994
(Umwelt und Ökonomie ; Bd. 119)
Zugl.: Aachen, Techn. Hochsch., Diss.
ISBN-13: 978-3-7908-0797-4
NE: GT

88/2202-5 4 3 2 1 0 - Gedruckt auf säurefreiem Papier

Geleitwort

„Betrieblicher Umweltschutz wird noch überwiegend als technisches Problem wahrgenommen und praktiziert. Bemerkenswert selten wird über eine direkte Umweltbelastung hinaus an den allgemeinen Entscheidungsprozessen angesetzt, die die jeweilige Umweltbelastung auslösten. Die Dominanz reparativen Umweltschutzes ist m.E. wesentlich auf diese Splittung rückführbar. Denn für eine Vermeidung - und zwar im Sinne eines Nicht-entstehen-lassens - von Umweltbelastungen reichen Umweltschutzmaßnahmen allein nicht aus. Notwendig wird darüber hinaus ein generell umweltverträgliches Entscheiden und Handeln auf allen Ebenen eines Unternehmens. Abhilfe für diese Praxisdefizite wäre von der Betriebswirtschaftslehre zu erwarten. Doch gerade Teildisziplinen, die sich mit der Steuerung und Koordination von Entscheidungen und Verhaltensweisen befassen - Kosten- und Leistungsrechnung, Personalwirtschaft und Organisation - sind auch die Notstandsgebiete der betrieblichen Umweltökonomie."

Dieser Text leitet die Rezension dreier jüngerer Publikationen zur Organisation des betrieblichen Umweltschutzes im Informationsdienst 3-4/1992 des Instituts für Ökologische Wirtschaftsforschung (IÖW) ein, bei denen es sich um eine Loseblattsammlung für Praktiker und zwei empirische Untersuchungen handelt. Trotz ihrer Verdienste können diese drei wie auch weitere bisher erschienene Publikationen die in der zitierten Rezension deutlich gewordenen Defizite im aktuellen Forschungsstand der betrieblichen Umweltökonomie nicht schließen. Es gibt keine umfassende und systematische, wissenschaftliche Auseinandersetzung mit den Anforderungen an die Organisation des betrieblichen Umweltschutzes und deren Gestaltungsmöglichkeiten.

In diese theoretisch wie praktisch außerordentlich bedeutungsvolle Lücke zielt die vorliegende Schrift. Sie trägt dazu bei, die folgenden Fragen für Industriebetriebe zu klären:

1) Welche beeinflussenden Faktoren und Komponenten sind bei der Organisation des Umweltschutzes zu berücksichtigen?

2) Welche organisatorischen Gestaltungsempfehlungen lassen sich zu einer wirkungsvollen Umsetzung des Umweltschutzes ableiten?

3) Wie sehen die organisatorischen Lösungen in der Praxis aus?

Der Verfasser behandelt diese drei Fragestellungen entsprechend in je einem Hauptteil, indem er zunächst einen geeigneten Bezugsrahmen für die danach folgenden strategiegerichteten organisatorischen Gestaltungskonzepte und die abschließende eigene empirische Untersuchung entwickelt. Er umgeht dabei geschickterweise die schwierige - und für sein Thema letztlich müßige - Frage nach der Stellung des Umweltschutzes im Zielsystem der Unternehmung, indem er vier zentrale umweltbezogene Strategietypen konstatiert, ohne sie unmittelbar aus dem Zielsystem ableiten zu wollen:

- die abwehrorientierte Strategie,
- die outputorientierte Strategie,
- die prozeßorientierte Strategie
- und die zyklusorientierte Strategie.

Diese vier idealtypischen Strategien kennzeichnen den jeweiligen Handlungsschwerpunkt eines Industriebetriebs und werden in strategischen Instrumentalzielen („Sachzielen") konkretisiert. Im Sinne eines „structure follows strategy" läßt sich dann anhand organisatorischer Effizienzkriterien die Vorteilhaftigkeit bestimmter organisatorischer Gestaltungsmaßnahmen beurteilen. Welche Fundamentalziele („Formalziele") letztlich hinter den jeweiligen Strategien stecken, ist somit zweitrangig.

Wesentlicher Ansatzpunkt für die vier Strategietypen ist der Beziehungszusammenhang zwischen Unternehmung und Umwelt. Während die abwehrorientierte Strategie Umweltschutzmaßnahmen allenfalls in einem minimalen Umfang vorsieht (und vom Verfasser aus verständlichen Gründen nicht weiter verfolgt wird), wächst der Aufgabenkatalog des Umweltmanagements mit den nachfolgenden Strategietypen sukzessiv an: von der outputorientierten Strategie, die nur (direkten) additiven Umweltschutz praktiziert („end of pipe-technology"), über die prozeßorientierte Strategie, die (direkten) Umweltschutz in den Produktionsbereich des Industriebetriebs integriert („clean technology"), bis zur zyklusorientierten Strategie, die außerdem indirekten Umweltschutz vorsieht, indem alle Stationen des ökologischen Produktlebenszyklus in die Umweltschutzmaßnahmen einbezogen werden.

Diese Strategien sind bewußt extrem formulierte Idealtypen, um für sie prononcierte organisatorische Gestaltungsüberlegungen anstellen zu können. Auch wenn die in der Realität anzutreffenden Strategien eher „Mischtypen" darstellen dürften, lassen sich die meisten ökologisch orientierten organisatorischen Lösungen wohl auf die drei in den Kapiteln 7 bis 9 abgeleiteten Gestaltungsempfehlungen zurückführen. Eine gewisse empirische „Bestätigung" erhalten sie im übrigen durch drei reale Fallbeispiele in Kapitel 12. Die vier Strategietypen dürften auch für weitere Forschungen hinsichtlich eines umweltorientierten strategischen Produktionsmanagements fruchtbar sein.

Obwohl die empirische Untersuchung des Verfassers einen eigenen Wert besitzt, besteht das herausragende Ergebnis in dem entwickelten umfassenden Bezugsrahmen und den daraus kompetent abgeleiteten organisatorischen Gestaltungsempfehlungen. Ich bin mir sicher, daß die vorliegende Schrift große Aufmerksamkeit nicht nur bei Wissenschaftlern, sondern auch bei betroffenen Praktikern finden wird.

Aachen, im März 1994 Harald Dyckhoff

Vorwort

Mit zunehmenden betrieblichen Umweltschutzaufgaben rückt die Frage der organisatorischen Regelung in den Vordergrund, da eine effiziente Organisation die Voraussetzung für einen wirkungsvollen Umweltschutz bildet. Trotz der Bedeutung dieser Thematik mangelt es bisher an einer grundlegenden theoretischen Auseinandersetzung in der Literatur. Ziel der vorliegenden Arbeit ist der Entwurf eines umfassenden und systematischen Konzepts hinsichtlich Anforderungen und Gestaltungsmöglichkeiten der Organisation des betrieblichen Umweltschutzes. Dadurch soll zur Integration ökologischer Aspekte in einen maßgeblichen Bereich der Betriebswirtschaftslehre beigetragen werden. Zunächst ist ein Bezugsrahmen mit den für die organisatorischen Gestaltungsentscheidungen relevanten Komponenten zu entwickeln. Im anschließenden Kernteil werden organisatorische Gestaltungsempfehlungen für verschiedene idealtypische Umweltschutzstrategien hergeleitet, da die unterschiedlichen Aufgabenschwerpunkte eine strategieadäquate Organisationsgestaltung erforderlich machen. Eine Betrachtung der in der Praxis bestehenden organisatorischen Lösungen und Probleme anhand einer empirischen Untersuchung rundet die Arbeit ab.

Die Abfassung dieser Schrift war nur durch die Unterstützung mehrerer Personen möglich. In erster Linie gilt mein Dank meinem akademischen Lehrer, Herrn Prof. Dr. Harald Dyckhoff, der mich zu der Themenstellung anregte und die Fertigstellung der Arbeit stets förderte. Herr Prof. Dr. Hartwig Steffenhagen stellte sich sehr bereitwillig als Korreferent zur Verfügung. Am Lehrstuhl unterstützte mich in besonderer Weise Frau Dipl.-Kff. Anja Darmstädter, die unermüdlich bei der empirischen Studie mitwirkte. Schließlich danke ich den Herren Dipl.-Kfm. Hans-Jürgen Keppe und Dipl.-Kfm. Ludger Rieken für ihre zahlreichen konstruktiven Diskussionsbeiträge und kritischen Stellungnahmen zum Manuskript, mit denen sie mir wertvolle Hinweise zur Verbesserung gaben.

Aachen, im März 1994 — Rolf Jacobs

Inhaltsverzeichnis

Abbildungsverzeichnis

Abkürzungsverzeichnis

Abb.	Abbildung
AbfBetrV	Verordnung über Betriebsbeauftragte für Abfall
AbfG	Abfallgesetz
Abs.	Absatz
AktG	Aktiengesetz
Anm. d. Verf.	Anmerkung des Verfassers
ASQ	Administrative Science Quarterly
Aufl.	Auflage
Ausg.	Ausgabe
BFuP	Betriebswirtschaftliche Forschung und Praxis
BGH	Bundesgerichtshof
BImSchV	Bundes-Immissionsschutzverordnung
BImSchG	Bundes-Immissionsschutzgesetz
bspw.	beispielsweise
BT-Drucksache	Bundestagsdrucksache
bzw.	beziehungsweise
ca.	circa
DB	Der Betrieb
DBW	Die Betriebswirtschaft
EOP	End-of-Pipe
Erg.Lfg.	Ergänzungslieferung
et al.	und andere
etc.	et cetera
f.	folgende Seite
FCKW	Fluorchlorkohlenwasserstoffe
ff.	fortfolgende Seiten
ggfs.	gegebenenfalls
GmbHG	Gesetz betreffend die Gesellschaften mit beschränkter Haftung
hrsg.	herausgegeben
Hrsg.	Herausgeber
IG Metall	Industriegewerkschaft Metall
incl.	inclusive
IÖW	Institut für ökologische Wirtschaftsforschung
iwd	Informationsdienst des Instituts der deutschen Wirtschaft
JR	Juristische Rundschau
k.A.	keine Angabe

Kfz	Kraftfahrzeug
Lfg.	Lieferung
Mio.	Millionen
MIR	Management International Review
MbO	Management by Objectives
NJW	Neue Juristische Wochenschrift
No.	Number
Nr.	Nummer
NVwZ	Neue Zeitschrift für Verwaltungsrecht
o.ä.	oder ähnliches
o.J.	ohne Jahr
o.V.	ohne Verfasser
OLG	Oberlandesgericht
OWiG	Gesetz über Ordnungswidrigkeiten
PPS	Produktionsplanungs- und -steuerungssystem
Rdnr.	Randnummer
RIW	Recht der internationalen Wirtschaft
RKW	Rationalisierungs-Kuratorium der deutschen Wirtschaft
S.	Seite
sog.	sogenannte
Sonst.	Sonstige
Sp.	Spalte
StGB	Strafgesetzbuch
TÜV	Technischer Überwachungsverein
UKG	Gesetz zur Bekämpfung der Umweltkriminalität
UWF	Umweltwirtschaftsforum
UWS	Umweltschutz
VDI	Verein deutscher Ingenieure
Vgl.	Vergleiche
Vol.	Volume
vs.	versus
WiSt	Wirtschaftswissenschaftliches Studium
wisu	das wirtschaftsstudium
WHG	Wasserhaushaltsgesetz
WiKG	Gesetz zur Bekämpfung der Wirtschaftskriminalität
z.B.	zum Beispiel
ZAU	Zeitschrift für angewandte Umweltforschung
ZfB	Zeitschrift für Betriebswirtschaft
ZfbF	Zeitschrift für betriebswirtschaftliche Forschung
ZFO	Zeitschrift Führung + Organisation
ZfU	Zeitschrift für Umweltpolitik & Umweltrecht
ZRP	Zeitschrift für Rechtspolitik
ZStW	Zeitschrift für die gesamte Strafrechtswissenschaft

1 Einleitung

Samstagabend 20.00 Uhr, Tagesschau. Die Nachrichtensprecherin beginnt mit einer Schlagzeile, die den Zuschauer an die Meldungen der letzten Tage erinnert: "... hat sich an diesem Morgen bei der Unternehmung X der zweite Störfall in einer Woche ereignet. Nachdem am Montag der Austritt einer giftigen Wolke zur Evakuierung eines Stadtviertels führte, kam es heute morgen zu einer Explosion auf dem Werksgelände. Die Unternehmungsleitung versichert, daß für die Bevölkerung keinerlei Gefahr besteht, während sich die Anwohner zu spät und unzureichend über das Geschehen informiert fühlen und nun wirksame Schritte fordern. Aufsichtsbehörden und das verantwortliche Ministerium drängen aufgrund der Störfallserie auf eine Untersuchung und wollen die Zuverlässigkeit des Betreibers eingehend überprüfen. Demgegenüber betonen Unternehmungsvertreter...". Auf dem Bildschirm sind einige angespannte Herren zu sehen, die versuchen, beschwichtigend Reporterfragen zu beantworten und die umfangreichen Sicherungs- und Vorkehrungsmaßnahmen der Unternehmung darzustellen.

Mit solchen zweifellos extremen Beispielen über umweltschädigende Störfälle wird die Öffentlichkeit immer wieder konfrontiert. Gleichzeitig ist die Öffentlichkeitsarbeit von Industrieverbänden allgemein bekannt, in der die immensen Aufwendungen und Anstrengungen dargestellt sind, die von den Unternehmungen im Bereich Umweltschutz erbracht werden. Demnach beschränkt sich die Praxis nicht nur auf die Vermeidung von Störfällen und die Einhaltung gesetzlicher Mindeststandards von Umweltnormen, sondern bemüht sich um weiterführende Maßnahmen, welche an den verschiedenen betrieblichen Abläufen ansetzen und für deren umweltgerechte Qualität sorgen. Wie sind dann aber die immer wieder auftretenden Diskrepanzen zu erklären, daß von Unternehmungsseite zwar umfangreiche Anstrengungen bekundet werden, jedoch umweltschützende Effekte zumindest stellenweise gering ausfallen oder sich Rückschläge etwa in Form von Störfällen ereignen? Läßt sich umweltschädigendes Verhalten tatsächlich einfach auf ausgeprägten Eigennutz und enge ökonomische Interessen auf Unternehmerseite zurückführen, oder sind die Ursachen nicht vielmehr im Bereich der Umsetzung und Ausführung von Umweltschutzaufgaben zu suchen? Im letzten Fall stellt sich die Frage nach der organisatorischen Gestaltung dieser Aufgaben und rückt in den Mittelpunkt des Interesses.

In immer stärkerem Maße entsteht für Unternehmungen die Notwendigkeit, ihre Aktivitäten umweltgerecht auszurichten. Demzufolge werden organisatorische Fähigkeiten verlangt, um sich schnell anzupassen und die erforderlichen Veränderungen wirkungsvoll durchzuführen. Die Relevanz dieser organisatorischen Problematik zeigt sich an unterschiedlichen Punkten. So entstehen immer weitreichendere Gesetze und Verordnungen zum Umweltschutz, durch deren restriktive Auflagen und Beschränkungen den Betrieben zusätzliche Aufgaben erwachsen und bei Nichtbefolgung die Stillegung zur Folge haben können. Darüber hinaus beinhalten sie auch unmittelbare Vorschriften in Bezug auf die organisatorische Gestaltung wie die Regelungen zur Bestellung von Betriebsbeauftragten für Umweltschutz. Organisatorische Defizite können - wie eingangs beschrieben - Umweltschädigungen und Störfalle provozieren, die durch ihre Öffentlichkeitswirkung ein nicht zu unterschätzendes Konfliktpotential für die Unternehmung bergen und ihre Beziehungen zu für sie wichtigen Gruppierungen (Nachfrager, Anwohner, ...) gefährden. Auf der anderen Seite können die Unternehmungen nur mit einer angemessenen organisatorischen Gestaltung die zunehmenden Möglichkeiten nutzen, durch umweltschutzorientiertes Verhalten wie bspw. Produktion umweltschonender Produkte einen positiven Beitrag zu ihren erwerbswirtschaftlichen Zielen zu erreichen. Unabhängig von den ökonomischen Interessen verlangt das ethische Verantwortungsbewußtsein der

Entscheidungsträger die Gewährleistung ökologischer Niveaus durch eine effiziente Organisation.

Trotz der Tatsache, daß die organisatorische Verankerung des Umweltschutzes in den betrieblichen Aktivitäten und an den Arbeitsplätzen der einzelnen Aufgabenträger einen großen Stellenwert besitzt und obwohl damit offensichtlich Schwierigkeiten verbunden sind, findet diese Thematik in der Literatur nicht die entsprechende Beachtung. Die betriebswirtschaftliche Literatur setzt sich zwar seit der Mitte der 80er Jahre zunehmend und in großem Umfang mit Umweltschutz unter den verschiedensten Gesichtspunkten auseinander, so daß eine Einbeziehung von Umweltschutzaspekten inzwischen weit verbreitet ist. Jedoch sind die in diesem Zusammenhang stehenden organisatorischen Fragen demgegenüber eher vernachlässigt worden[1].

Die in der Literatur existierenden Beiträge konzentrieren sich überwiegend auf die Behandlung von Teilaspekten der Organisationsproblematik. Eine ganze Fülle von Publikationen erörtert die Institution des sogenannten "Betriebsbeauftragten für Umweltschutz"[2]. Dabei erfaßt dieses gesetzlich vorgeschriebene Amt eines speziellen Aufgabenträgers aber lediglich einen Teil der Problematik, weil sich betrieblicher Umweltschutz nicht allein auf diesen Personenkreis bzw. deren Aufgaben reduzieren läßt und weitreichendere Institutionalisierungsmaßnahmen zu betrachten sind. Breiten Raum nimmt in der Literatur ebenfalls die Darstellung von Organisationsstrukturen anhand einzelner Praxisbeispiele ein[3].

---

1) Vgl. dazu Schwaderlapp 1993.

2) Vgl. Ullmann 1981; Ullmann 1982; Repenning 1988; Schulz/Wicke 1989; Theißen 1990 oder Deutsche BP AG 1986.

3) Vgl. dazu etwa die Fallstudien im Schwerpunktheft der Zeitschrift Führung + Organisation (ZFO), Nr. 2, 1989 und die verschiedenen Beispiele bei Albach 1990. Vgl. weiterhin Specht 1988 oder die Darstellung einzelner Organigramme etwa bei Iselin 1972; Ospelt 1977 oder Rohe 1990. Einblicke in die Praxis vermitteln auch die Unternehmungsbefragungen in den empirischen Studien von Nitze 1991 und Umweltbundesamt 1991.

Auch wenn sich einzelne theoretisch-konzeptionell ausgerichtete Quellen[1] weiter mit der Thematik befassen, sind diese doch insgesamt nur als Ansätze zu kennzeichnen. Nach wie vor besteht ein Mangel an einer umfassenden und systematischen Auseinandersetzung mit den Anforderungen an die Organisation des betrieblichen Umweltschutzes und deren Gestaltungsmöglichkeiten. Generelles Ziel der vorliegenden Arbeit ist, einen Beitrag zur Schließung dieser Lücke zu leisten. Dabei wird eine Begrenzung auf Industriebetriebe vorgenommen, worunter gewerbliche Produzenten von Sachgütern zu verstehen sind[2]. Diese Beschränkung erfolgt aufgrund der Annahme, daß bei Industriebetrieben eine verstärkte Betroffenheit in Bezug auf die Umweltproblematik und insofern die Notwendigkeit für ein gewisses Mindestmaß an organisatorischen Gestaltungsmaßnahmen unterstellt werden kann.

Konkreter drückt sich die bisher grob beschriebene Zielsetzung in der Verfolgung der nachstehenden Fragen aus:

- Welche beeinflussenden Faktoren und Komponenten sind bei der Organisation des Umweltschutzes zu berücksichtigen?
- Welche organisatorischen Gestaltungsempfehlungen lassen sich zu einer wirkungsvollen Umsetzung des Umweltschutzes ableiten?
- Wie sehen die organisatorischen Lösungen in der Praxis aus?

Diese Fragestellungen bestimmen den Gang der Untersuchung, woraus sich eine Gliederung in drei Hauptteile ergibt.

Zunächst soll im ersten Hauptteil ein Bezugsrahmen entworfen werden, der die konzeptionellen Grundlagen der Organisation des Umweltschutzes enthält. Sinn

---

1) Vgl. Frese 1992; Frese/Kloock 1989; Seidel 1990; Antes 1992; Thomas 1988; Adams/Maier 1993.

2) Gegenüber dem Handwerk unterscheiden sich Industriebetriebe durch den Einsatz komplexer Maschinen und ihre ausgeprägte Arbeitsteilung. Zur Definition des Begriffs Industriebetrieb vgl. Schweitzer 1990, S. 18 ff.; Hansmann 1987, S. 3.

und Funktion des Bezugsrahmens ist es, als Ordnungsschema die Komponenten der organisatorischen Gestaltungsentscheidungen sowie die Beziehungen zwischen den Komponenten zu erfassen und darzulegen. Ohne den im Laufe der Untersuchung zu erarbeitenden Begriffsbestimmungen vorweg greifen zu wollen, wird sich dabei zeigen, daß man kaum von *dem* betrieblichen Umweltschutz reden kann, sondern daß das umweltbezogene Verhalten verschiedene Ausprägungen und Intensitätsstufen annehmen kann. Insofern kommt der Herleitung und Identifikation unterschiedlicher umweltbezogener Handlungsschwerpunkte in Form von alternativen Strategietypen hervorgehobene Bedeutung zu.

Auf der Basis der vorherigen Erkenntnisse werden im zweiten Hauptteil, der aufgrund des primären Gestaltungsinteresses den eigentlichen Kernteil der Untersuchung darstellt, organisatorische Gestaltungsempfehlungen entwickelt. Diese sind in Abhängigkeit von den jeweiligen Strategietypen zu diskutieren, da die verschiedenen Anforderungen und die unterschiedlichen im Vordergrund stehenden Aufgaben eine strategieadäquate Organisationsgestaltung erforderlich machen. Daneben werden auch die im Zusammenhang mit der organisatorischen Gestaltung bestehenden Rechtsvorschriften betrachtet und kritisch in Bezug auf ihre Wirksamkeit überprüft.

Der dritte Hauptteil dient einem breiteren Erkenntnisgewinn über die bestehenden organisatorischen Lösungen und Probleme vor Ort durch eine explorative Unternehmungsbefragung. Vorgestellt werden die Ergebnisse einer branchenbezogenen Fragebogenerhebung und ausgewählte Fallstudien einzelner Unternehmungen, bei denen vertiefende Interviews durchgeführt wurden. Diese empirischen Resultate haben die theoretischen Überlegungen beeinflußt und gefördert. Durch die Einbeziehung der Erfahrungen von Praktikern soll die empirische Studie zu einer Fundierung der konzeptionellen Analyse beitragen, um die Gefahr von praxisfremden, weil ausschließlich am "grünen Tisch" entstandenen Gestaltungsüberlegungen zu vermindern. Gleichwohl lassen sich die empirischen Resultate wiederum im Licht der theoretischen Analyse untersuchen, um eine Einordnung und Interpretation der in der Praxis existierenden organisatorischen Gestaltungsformen zu erreichen.

Teil I: Konstruktion eines Bezugsrahmens

Voraussetzung zur Erfassung der relevanten Komponenten innerhalb des Bezugsrahmens ist die Abgrenzung und Bestimmung der wesentlichen Begriffe. Für diese definitorischen Grundlagen bedarf es der Wahl eines theoretischen Ansatzes, der eine aufeinander abgestimmte Klärung der für die Themenstellung relevanten Begriffe Organisation und Umweltschutz erlaubt. Der auszuwählende Theorieansatz muß insbesondere die Anforderung erfüllen, eine Berücksichtigung und Verknüpfung interdisziplinärer Sachverhalte zu ermöglichen, wie sie bei der Behandlung der Organisation des Umweltschutzes auftreten.

Anschließend werden in mehreren Kapiteln die für die organisatorische Gestaltung maßgeblichen inhaltlichen Komponenten und die zwischen ihnen geltenden Beziehungen hergeleitet und ausführlich dargestellt. Zunächst sind hierbei die wesentlichen Komponenten zu ermitteln, die auf die Unternehmungspolitik einwirken und deren Inhalte einschließlich der organisatorischen Gestaltungsentscheidungen beeinflussen. Solche beeinflussenden Komponenten lassen sich als Kontextfaktoren bezeichnen. Des weiteren erfolgt eine Auseinandersetzung mit den Inhalten der Unternehmungspolitik, wobei die Frage nach dem betrieblichen Zielsystem und seinen unterschiedlichen Ausprägungsformen zu diskutieren ist. Schließlich werden darauf basierende alternative strategische Ausrichtungen im Hinblick auf das Umweltschutzverhalten ermittelt, die von zentraler Bedeutung für die organisatorische Gestaltung sind.

Ansätze zusammen[1]. Der Grund für diese Theorieansätze ist darin zu vermuten, daß kein einzelner der disziplinär orientierten Ansätze zu einer umfassenden Erklärung der in der Realität gegebenen organisatorischen Sachverhalte ausreicht[2]. Um zu problemgerechten organisatorischen Gestaltungsaussagen zu gelangen, ist es aber erforderlich, alle wesentlichen Determinanten zu berücksichtigen. Dazu gehört die Einbeziehung sozialwissenschaftlicher und psychologischer Erkenntnisse[3] und keine Beschränkung auf rein deduktiv gewonnene sachorientierte Überlegungen zur organisatorischen Strukturtechnik[4]. Darüber hinaus muß eine moderne Organisationslehre auch die Gestaltungswirkungen mitberücksichtigen, die von außen die Unternehmung erfassen und sich in einer durch den externen Kontext beeinflußten Organisationsstruktur niederschlagen[5]. Der übergreifende Systemansatz führt zu einer gleichzeitigen Beachtung verschiedener Einflußfaktoren und strebt eine Integration der Erkenntnisse aus den heterogenen organisationstheoretischen Ansätzen an[6].

Weiterhin bietet der Systemansatz ein abstraktes Begriffsinstrumentarium, mit Hilfe dessen sich die Unternehmung und das Unternehmungsgeschehen allgemeingültig beschreiben und analysieren lassen[7].

---

1) Vgl. Frese 1991; Grochla 1972; Hill/Fehlbaum/Ulrich 1989, S. 405 ff.

2) Vgl. Grochla/Lehmann 1980, Sp. 2205.

3) Vgl. Schanz 1982; Staehle 1989.

4) Ausgehend von der traditionellen betriebswirtschaftlichen Organisationslehre steht dieser Aspekt etwa im Vordergrund der Arbeit von Kosiol. Vgl. Kosiol 1962, S. 22.

5) Vgl. Remer 1988, S. 176 ff.; Burns/Stalker 1961; Thompson 1967; Pfeffer/ Salancik 1978.

6) Vgl. Lehmann 1992, Sp. 1838 ff.; Grochla/Lehmann 1980, Sp. 2205/2213.

7) Vgl. Ulrich 1968, S. 135.

2.2 Die Unternehmung als System

Im folgenden sollen einige Eigenschaften von Unternehmungen aus der systemtheoretischen Perspektive dargestellt werden. Dabei handelt es sich um generelle Charakteristika, die für das weitere Verständnis der hier zu untersuchenden Themenstellung von grundlegender Bedeutung sind.

Unternehmungen lassen sich als *offene* Systeme kennzeichnen[1]. Diese Eigenschaft, die gleichzeitig der wesentliche inhaltliche Baustein der Systemtheorie ist[2], beinhaltet, daß Unternehmungen eine Fülle von Austauschbeziehungen mit anderen Systemen unterhalten. Unternehmungen beziehen als Input aus der Natur Materie, Energie und Informationen, die sie einem Transformationsprozeß unterziehen und wieder an andere Systeme in ihrer Umgebung als materiellen, energetischen und informationellen Output abgeben[3]. Diese anderen umgebenden Systeme, die für die Aktivitäten einer Unternehmung relevant erscheinen, lassen sich unter der Bezeichnung "Umsystem"[4] zusammenfassen. Wichtig ist dabei die Tatsache, daß eine Unternehmung nicht nur die elementaren Marktbeziehungen zu Lieferanten und Abnehmern aufweist, sondern im Umsystem auch sonstige Institutionen wie etwa politische oder gesellschaftliche Gruppierungen enthalten sind, die Ansprüche an die Unternehmung stellen[5].

---

1) Vgl. Fuchs 1976, Sp. 3825 ff.

2) Vgl. Bertalanffy 1951.

3) Vgl. Dyckhoff 1992b, S. 5.

4) Kubicek/Thom 1976, Sp. 3987.

5) Auch wenn die Erkenntnis des Merkmals Offenheit relativ trivial erscheint, so hat die Organisationslehre diesen Aspekt lange Zeit vernachlässigt und sich auf die unternehmungsinternen Beziehungen konzentriert. Vgl. Kast/Rosenzweig 1970, S. 111.

Unternehmungen sind *dynamische* Systeme, d.h. innerhalb einer Unternehmung treten bei Elementen oder Subsystemen im Zeitablauf Zustandsänderungen auf[1]. Dabei hängen die Zustandsänderungen neben intern ablaufenden Prozessen insbesondere von den aufgrund der Offenheit bestehenden Austauschprozessen mit dem Umsystem ab. Treten Störungen bspw. in Form von veränderten Austauschbeziehungen oder neuen Ansprüchen auf, muß die Unternehmung reagieren, um ein Fortbestehen unter wechselnden Umständen sicherzustellen. Eine mögliche Reaktionsweise besteht darin, die Störung zu adaptieren und das System Unternehmung durch interne strukturelle Veränderungen anzupassen[2]. Daneben kann die Unternehmung versuchen, selbst das Umsystem so zu beeinflussen, daß es in einem für die Unternehmung erträglichen Zustand erhalten bleibt und eine eigene Anpassung nicht notwendig wird. Zur Begegnung und Abwehr der externen Anforderungen hat eine Unternehmung ein ganzes Bündel differenzierter Verhaltensmaßnahmen zur Auswahl[3]. Trotz der bestehenden wechselseitigen Abhängigkeit lassen sich im allgemeinen die systeminternen Prozesse und Elemente einfacher beeinflussen als die systemexternen Austauschrelationen[4].

Unternehmungen sind *zweck-* und *zielorientierte* Systeme. Unter einem Zweck ist die Funktion zu verstehen, die eine Unternehmung im Interesse ihres Umsystems ausübt bzw. ausüben soll[5]. Die Zwecke einer Unternehmung sind insofern nur bei einer Betrachtung von außen zu bestimmen. Die zu erfüllenden Zwecke gehen dabei weit über die Bereitstellung von Produkten hinaus und beziehen sich auf die Befriedigung der diversen Anspruchsträger. Ziele sind dagegen von der Unternehmung selbst angestrebte Zustände und Verhaltens-

1) Vgl. Bleicher 1980, S. 14.

2) Vgl. Grochla 1974, S. 14.

3) Vgl. Pfeffer/Salancik 1978, S. 113; Hellriegel/Slocum 1986, S. 85 ff.

4) Vgl. Kubicek/Thom 1976, Sp. 3979 f.

5) Vgl. Ulrich 1968, S. 114.

weisen[1]. Die Aufstellung einer Zielstruktur resultiert aus dem Ermessensspielraum einer Unternehmung, innerhalb dessen sie ihr Verhalten frei bestimmen kann. Über die inhaltliche Ausprägung der Zweck- und Zielstruktur lassen sich aus systemtheoretischer Sicht keine Aussagen machen außer der Tatsache, daß für den Fortbestand einer Unternehmung die Erfüllung von Funktionen für ihr Umsystem unerläßlich ist. Die oberste Aufgabe besteht darin, die Ansprüche der verschiedenen kritischen Bezugsgruppen zu erkennen und zu bewältigen[2]. Trotz der hier vorgenommenen Unterscheidung zwischen Zwecken und Zielen sollen im folgenden alle von einer Unternehmung angestrebten Größen zusammengefaßt als Ziele bezeichnet werden[3].

Der *sozio-technische* Charakter einer Unternehmung betont, daß systemintern Menschen kooperieren, um unter Einsatz sachtechnischer Mittel die Leistungserstellung zu realisieren[4]. Das Verhalten einer Unternehmung läßt sich nur dann erklären, wenn die in ihr handelnden Personen genügend beachtet werden. An seine Mitglieder stellt das System Verhaltenserwartungen, von denen das tatsächliche Mitarbeiterverhalten nicht zu stark abweichen darf, ohne die Zielerreichung zu gefährden. Dabei sind alle Unternehmungsmitarbeiter in das systeminterne Sozialgefüge eingebunden und gleichzeitig Mitglieder in unterschiedlichen anderen Institutionen. Aufgrund der sich dadurch ergebenden zwischenmenschlichen Beziehungen können vielfältige externe Werte und Normen in die Unternehmung hineinfließen und somit relevante Verhaltenseffekte bewirken[5]. Es ist davon auszugehen, daß die Mitarbeiter die an sie

---

1) Vgl. Hill/Fehlbaum/Ulrich 1989, S. 24.

2) Vgl. Pfeffer/Salancik 1978, S. 23 ff.; Ulrich 1968, S. 161.

3) Vgl. auch Kapitel 4.1.

4) Vgl. Bleicher 1980, S. 14 f.

5) Vgl. Kubicek/Thom 1976, Sp. 3979 f.; Hill/Fehlbaum/Ulrich 1989, S. 23 f.

herangetragenen Unternehmungsziele mit ihrem individuellen Wertsystem verknüpfen und danach ihr Handeln ausrichten[1].

Unternehmungen lassen sich als *komplexe* Systeme beschreiben, wodurch der Grad der Kompliziertheit bzw. die Vielfalt möglicher Zustände einer Unternehmung erfaßt wird[2]. Der Komplexitätsgrad wird wesentlich bedingt durch das aufgrund der Offenheit und Dynamik in das System hineinwirkende Umsystem. Da das Umsystem eine größere Komplexität aufweist als das System, muß die Unternehmung zur Handhabung und Verminderung des Komplexitätsgefälles geeignete Mechanismen und Verhaltensweisen entwickeln[3]. Für diese aus systemtheoretischer Sicht zentrale Herausforderung stehen verschiedene Maßnahmen zur Verfügung[4], innerhalb derer die Bildung von Subsystemen durch die Differenzierung der systeminternen Struktur als die vorrangige anzusehen ist[5].

Die Komplexität des Umsystems wird mittels der Subsystembildung in das Innere eines Systems hineinverlagert, indem die Unternehmung entspechend den externen Anforderungen Subsysteme einrichtet, die für die Komplexitätsbewältigung eines Teils des Umsystems zuständig sind[6]. Insofern wird der externen Komplexität des Umsystems eine adäquat komplexe Binnenstruktur der Unternehmung gegenüberstellt[7], welche eine Aufrechterhaltung der notwendigen Transaktionen mit dem Umsystem ermöglicht. Hinsichtlich der zu bildenden Subsysteme sind demzufolge hohe Ansprüche an die Gestaltung der Subsysteme

1) Vgl. Ulrich 1968, S. 161 f.

2) Vgl. Wieser 1959, S. 26; Beer 1959, S. 27.

3) Vgl. Luhmann 1975, S. 206 ff.

4) Vgl. dazu grundlegend Luhmann 1968, S. 120 ff.

5) Vgl. Steinmann/Schreyögg 1993, S. 128 f.

6) Vgl. zum Konzept der Komplexitätsverarbeitung durch Subsystembildung Thompson 1967, S. 13/66 ff.; Burns 1966; Kast/Rosenzweig 1967.

7) Vgl. Hill/Fehlbaum/Ulrich 1989, S. 22 f.

und ihrer Verknüpfungen zu richten. Die herausgebildete Struktur institutioneller Subsysteme und ihre untereinander bestehenden Beziehungen sind wesentliches Kennzeichen der Organisation einer Unternehmung.

2.3 Die Organisation der Unternehmung

Unter dem Begriff *Organisation* soll die "Gesamtheit aller generellen Regelungen zur Steuerung des Verhaltens der Mitglieder eines arbeitsteiligen Handlungssystems"[1] verstanden werden. Die Organisation als die Zusammenfassung der betriebsgestaltenden Regeln läßt sich aus der obersten Unternehmungsaufgabe ableiten und schlägt sich in der Struktur der Unternehmung nieder[2]. Mit dieser Sichtweise wird dem instrumentalen Organisationsbegriff gefolgt (Die Unternehmung *hat* eine Organisation)[3]. Organisatorische Regelungen verfügen bezüglich ihrer zeitlichen Gültigkeit über einen dauerhaften Bestand und grenzen sich dadurch gegenüber fallweisen Regelungen ab[4].

Innerhalb der organisatorischen Regelungen kann zwischen Aufbau- und Ablauforganisation unterschieden werden, wobei es sich dabei lediglich um eine gedankliche Trennung handelt und der gleiche Gegenstand aus anderen Perspektiven betrachtet wird[5]. Aufbauorganisation umfaßt den statischen Aspekt

---

1) Eisenführ 1990, S. 3; vgl. auch Bleicher 1991, S. 35; Staehle 1989, S. 627; Schanz 1992, Sp. 1462.

2) Vgl. Nordsieck 1934, S. 15.

3) Vgl. zum instrumentalen Organisationsbegriff Ulrich 1949, S. 55; Kosiol 1962, S. 28; Grochla 1982, S. 1; Hill/Fehlbaum/Ulrich 1989, S. 17. Im Unterschied dazu stellt nach dem institutionalen Organisationsbegriff die Unternehmung selbst als strukturiertes zielgerichtetes Handlungssystem eine Organisation dar (Die Unternehmung *ist* eine Organisation). Vgl. March/Simon 1976, S. 7; Heinen 1976, S. 26; Kieser/ Kubicek 1983, S. 1; Frese 1987, S. 29.

4) Vgl. Gutenberg 1983, S. 235 ff.

5) Vgl. Krüger 1984, S. 111 f.

der Organisation und behandelt die Bildung von Aufgabenkomplexen sowie ihre Zuordnung zu den geschaffenen Subsystemen und die Verknüpfung der Subsysteme[1]. Bei der Ablauforganisation geht es demgegenüber um den dynamischen Aspekt der Organisation, der die raum-zeitliche Gestaltung der Aufgabenerfüllungsprozesse zum Inhalt hat[2]. Für die weiteren Ausführungen erfolgt eine Beschränkung auf die aufbauorganisatorischen Aspekte, eine Berücksichtigung der Ablauforganisation wird allenfalls am Rande vorgenommen.

Die Gestaltung der Organisation vollzieht sich nach dem Analyse-Synthese-Prinzip[3]. Ausgangspunkt sind die zu erfüllenden betrieblichen Aufgaben, die im Rahmen einer ausführlichen Analyse hinreichend genau zu untergliedern sind. Anhand der Analyse erhält man einen Überblick über die zu verteilenden Aufgaben, wobei die Analyse unabhängig von den weiterführenden Überlegungen hinsichtlich Zuordnung zu Subsystemen erfolgen sollte, um nicht frühzeitig den Raum für alternative Gestaltungsmöglichkeiten zu begrenzen. Daran schließt sich die Synthese an, die als eigentlicher organisatorischer Gestaltungsakt auf der Basis der Analyseergebnisse die einzelnen Teilaufgaben zusammenfaßt und auf Subsysteme (Stellen bzw. Abteilungen) überträgt, welche für diese Aufgaben zuständig sind. Bei der Synthese ist zu beachten, daß die eingerichteten Subsysteme und die zwischen ihnen geschaffenen Beziehungen zu einer abgestimmten Aufgabenerfüllung führen, womit die für die organisatorische Gestaltung maßgebliche Problematik der Koordination angesprochen ist[4].

Ausgehend von dem Analyse-Synthese-Prinzip lassen sich auch die Gestaltungselemente einer Organisation bestimmen. Diese Elemente bilden die Aktions-

---

1) Vgl. Kosiol 1962 S. 186 f.; Lehmann 1974; Hoffmann 1992.

2) Vgl. Kosiol 1962, S. 187; Schweitzer 1974; Küpper 1981; Gaitanides 1992.

3) Vgl. dazu grundlegend Kosiol 1962, S. 32 f.

4) Vgl. zu den generellen Anforderungen an die organisatorische Gestaltung bspw. Lawrence/Lorsch 1967, S. 5 ff.; Hill/Fehlbaum/Ulrich 1989, S. 28; Rühli 1992.

parameter, die bei der organisatorischen Gestaltung in der Synthese modelliert werden und damit gleichzeitig als Merkmale zur Beschreibung einer Organisation verstanden werden. In der betriebswirtschaftlichen Forschung finden sich verschiedene Ansätze mit einer ganzen Fülle zumeist aber ähnlicher Merkmale oder Gestaltungselemente einer Organisation[1]. Zur Beschreibung der Struktur einer Organisation sollen hier die folgenden Merkmale verwendet werden[2]:

- *Spezialisierung*: Die Spezialisierung gibt das Ausmaß der Arbeitsteilung an. Da die zu regelnden Aufgaben in aller Regel zu umfangreich sind, um von einer Person bewältigt werden zu können, werden Stellen und Abteilungen geschaffen, die als organisatorische Subsysteme die ihnen zugewiesenen Teilaufgaben erledigen.
- *Weisungsrechte*: Mit diesem Gestaltungselement wird die Konzentration oder Verteilung von Entscheidungsbefugnissen bestimmt. Es gilt abzuwägen, in welchem Umfang sich die Unternehmungsleitung selber die Weisungsrechte vorbehält oder an andere Subsysteme (weiter-)delegiert.
- *Hierarchische Einordnung*: Hierbei geht es um die Festlegung des hierarchischen Aufbaus, in den die durch Spezialisierung entstandenen Subsysteme einzuordnen sind. Da die einzelnen Einheiten Aufgaben unterschiedlicher Wertigkeit und Komplexität ausführen, ist es erforderlich, sie in ein Verhältnis der Über- bzw. Unterordnung zu bringen.

Die bisher behandelten Merkmale der Organisationsstruktur stellen aber nur einen Teil der möglichen organisatorischen Gestaltungselemente dar. Neben der

---

1) Vgl. Kubicek/Welter 1985 und die Übersichten bei Kubicek 1980, Sp. 1781 ff. oder Seidel/Redel 1987, S. 10.

2) Vgl. Grochla 1982, S. 90 ff.; Welge 1987, S. 395 ff., wobei die Autoren trotz entsprechender Inhalte teilweise abweichende Bezeichnungen benutzen. Vgl. auch Kieser/Kubicek 1992, S. 73 ff. oder Steinmann/Schreyögg 1993, S. 9.

eher technisch orientierten strukturbezogenen Gestaltung ist für eine Organisation als weitere Dimension die personenbezogene Gestaltung kennzeichnend, die auf das individuelle Verhalten der Aufgabenträger zugeschnitten ist[1]. Für eine erfolgreiche Koordination der Gesamtaktivitäten ist der Einsatz personenbezogener Gestaltungselemente erforderlich, die außer der Stimulierung der individuellen Leistungsbereitschaft auch sicherstellen sollen, daß die agierenden Personen neben ihren individuellen Vorstellungen die Unternehmungsziele berücksichtigen und akzeptieren[2]. Als personenbezogene Gestaltungselemente zur Verhaltensstabilisierung sollen einbezogen werden:

- *Anreizsysteme*: Um bei den Aufgabenträgern eine angemessene Motivation[3] zu erreichen, kann die Erfüllung der Aufgaben mit bestimmten Anreizen verknüpft werden[4]. In diesem Zusammenhang sind etwa die Regelungen über Entlohnung und Aufstiegs- oder Entwicklungschancen zu erwähnen[5].

- *Unternehmungskultur*: Außer formalen Regelungen beeinflussen auch informale Faktoren in Form von den Unternehmungsmitgliedern gemeinsamen Wertvorstellungen, Denkweisen und Normen das Verhalten. Diese als Unternehmungskultur[6] bezeichneten verhaltensrelevanten Faktoren erfahren in der jüngeren betriebswirt-

---

1) Vgl. Bleicher 1991, S. 11.

2) Vgl. Rühli 1992, Sp. 1172 f.; Steinmann/Schreyögg 1993, S. 463.

3) Zum Verständnis des Motivationsbegriffs vgl. Rosenstiel 1987, S. 67 f.

4) Daß unter Umständen mit Anreizsystemen aufgrund von unlösbaren Gerechtigkeitsproblemen oder eintretender Belohnungssucht auch gegenläufige Motivationseffekte verbunden sein können, wird in jüngerer Zeit verstärkt kritisch diskutiert und ist deshalb bei deren Gestaltung zu beachten. Vgl. die Kritik bei Sprenger 1992; Borg/Bergermaier 1992.

5) Vgl. Schanz 1982, S. 233 ff.; Kleinbeck/Quast 1992, Sp. 1420 ff.

6) Vgl. Heinen 1987, S. 22; Schein 1985.

schaftlichen Literatur eine besondere Beachtung[1], wobei die Handhabbarkeit der Unternehmungskultur als Gestaltungselement angesichts ihrer nur längerfristig möglichen Veränderung problematisch ist[2].

Die dargestellten struktur- und personenbezogenen Gestaltungselemente sollen sich in ihrer Wirkung ergänzen und sind dementsprechend hinsichtlich der Verhaltenssteuerung im Zusammenhang zu betrachten.

Die Gestaltung der Organisation läßt sich neben Planung, Personaleinsatz, Personalführung und Kontrolle zu den Führungsaufgaben einer Unternehmung rechnen[3]. Innerhalb der Unternehmungsführung sind dabei alle Funktionen zusammengefaßt, die für die Gestaltung und Lenkung eine Unternehmung erforderlich sind. Überlagert werden die einzelnen Funktionen der Unternehmungsführung von der grundlegenden Unternehmungspolitik. Mit der Unternehmungspolitik werden die obersten Entscheidungen festgelegt, die für die gesamte Unternehmung den Charakter einer Rahmensetzung oder Richtlinienbestimmung haben[4]. Dazu zählt die Bestimmung der langfristigen Ziele, der notwendigen Leistungspotentiale und der anzuwendenden Strategien. In die Formulierung der Unternehmungspolitik fließen die Erkenntnisse aus der Analyse und Prognose des Umsystems und der daraus resultierenden Chancen und Risiken ein[5].

---

1) Vgl. Bleicher 1991, S. 731 ff.; Steinmann/Schreyögg 1993, S. 583 ff.; Ulrich 1989, S. 19 ff.

2) Vgl. dazu Kapitel 9.3.

3) Vgl. Steinmann/Schreyögg 1993, S. 8 ff.; siehe auch dazu den Literaturüberblick bei Staehle 1989, S.74 ff.

4) Vgl. Ulrich 1978, S. 18 ff.

5) Vgl. Ulrich 1978, S. 51 ff.

Die Organisation stellt ein Instrument der Unternehmungspolitik dar, da sie ein Mittel zum Zweck ist, deren globale Entscheidungen umzusetzen und die formulierten Ziele zu realisieren[1]. Die Gestaltung der Organisation vollzieht sich damit in unmittelbarer Abhängigkeit von der Unternehmungspolitik und in mittelbarer Abhängigkeit von den Einflüssen des Umsystems und anderer interner Einflußgrößen, die zusammen als Kontextfaktoren bezeichnet werden sollen. Abbildung 2-1 verdeutlicht diesen Zusammenhang, wonach die Unternehmungspolitik quasi als intervenierende Variable den Handlungsspielraum der Unternehmungsleitung bei der Organisationsgestaltung beinhaltet und die Einflüsse der Kontextfaktoren erfaßt und berücksichtigt[2].

Umgekehrt muß betont werden, daß das Umsystem und die übrigen Kontextfaktoren nicht für die Unternehmung fest vorgegebene Situationsgrößen sind, sondern von der Unternehmung zu einem Teil selbst definiert und beeinflußt werden. Die Unternehmung und damit auch die Organisation wirken - wie Abbildung 2-1 zeigt - auf die Kontextfaktoren ein. Aufgrund der wechselseitigen Einflußbeziehungen kann dieses Verhältnis als komplexes Interaktionsmodell beschrieben werden[3]. Die Organisation stellt "eine wichtige Maßnahme zur organisatorischen Absicherung der Beeinflussungs- und Anpassungsfähigkeit dar"[4]. Um diese Aufgabe als Instrument der Unternehmungspolitik erfüllen zu können, müssen Organisation und Unternehmungspolitik und hierbei insbeson-

---

1) Vgl. Ulrich/Krieg 1973, S. 37.

2) Vgl. Bleicher 1981, S.27 f.; Child 1972; Müller-Stewens 1992, Sp. 2349 f. Der hier verfolgte Ansatz enthält insofern eine Erweiterung gegenüber dem situativen Ansatz ("contingency approach"), der allein Einflüsse der Kontextfaktoren für die Organisationsgestaltung verantwortlich macht. Vgl. etwa Lawrence/ Lorsch 1967 und die dazu grundlegende Kritik bei Frese 1991, S. 6 ff.; Schreyögg 1978; Ebers 1992. Gleichzeitig wird eine Erweiterung gegenüber dem rein unternehmungspolitisch-orientierten Ansatz ("structure follows strategy") vorgenommen. Vgl. Chandler 1962 und die Kritik dazu bei Staehle 1989, S. 426 ff.; Welge 1987, S. 199 ff.

3) Vgl. Steinmann/Schreyögg 1993, S. 412 f.; Miles/Snow 1978, S. 20 ff.

4) Kubicek/Thom 1976, Sp. 4009.

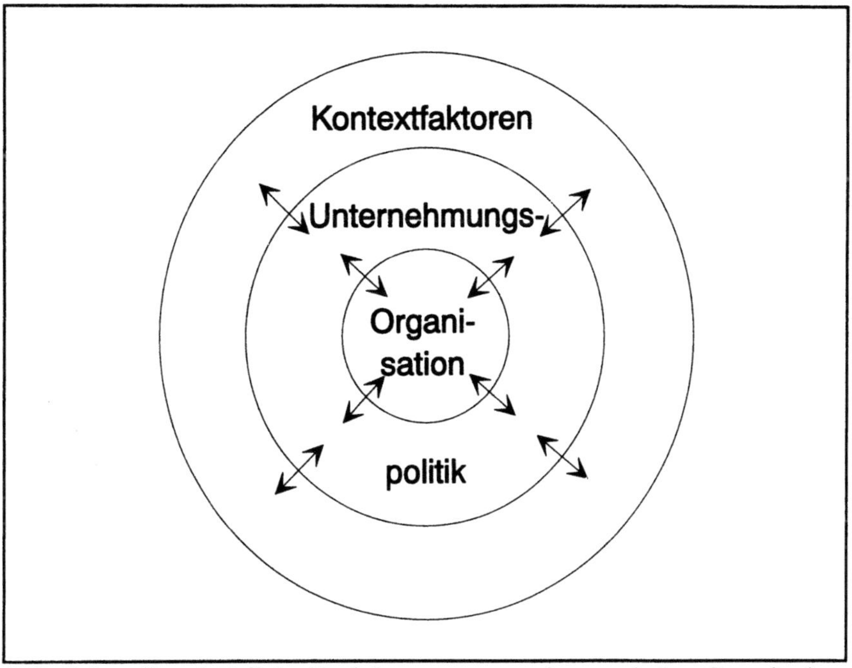

Abb. 2-1: Grundsätzlicher Beziehungszusammenhang zwischen Organisation, Unternehmungspolitik und Kontextfaktoren (In Anlehnung an Bleicher 1981, S. 28)

dere die dazugehörenden Strategieentscheidungen in einem spezifischen Übereinstimmungverhältnis - sogenannter "Fit" - stehen[1]. Realistischerweise ist davon auszugehen, daß diese Übereinstimmung über einen fortwährenden Anpassungskreislauf zwischen Strategie und Organisation erreicht wird[2].

2.4 Die natürliche Umwelt und betrieblicher Umweltschutz

Ausgangspunkt aller Überlegungen zum umweltbezogenen Unternehmungsverhalten ist die natürliche Umwelt, die als ein Teil des betrieblichen Umsystems selbst zu den Kontextfaktoren zu rechnen ist. Die natürliche Umwelt -

---

1) Vgl. dazu den Literaturüberblick bei Staehle 1989, S. 425 ff.

2) Vgl. Miles/Snow 1978, S. 20 ff.

oder im folgenden kurz Umwelt - setzt sich zusammen aus einer "Menge von hoch-komplexen Ökosystemen, deren Elemente Atmosphäre, Gewässer (Hydrosphäre), Boden (Erdreich) einschließlich der Bodenschätze (Litosphäre), Flora und Fauna durch komplexe Wechselbeziehungen miteinander verbunden sind"[1]. Aus ökonomischer Perspektive übt die Umwelt mehrere grundlegende Funktionen aus[2]:

- Bereitstellung öffentlicher (Konsum-)Güter und natürlicher Ressourcen, die als Input für die unternehmerische Produktion von Wirtschaftsgütern genutzt werden.
- Bereitstellung von Raum, auf dem sich die ökonomischen Aktivitäten vollziehen.
- Aufnahme unerwünschter Rückstände, die im Zusammenhang mit der Produktion und Konsum von Wirtschaftsgütern als Kuppelprodukte[3] entstehen und sich unter dem Begriff "Abfall"[4] oder "Abprodukt"[5] zusammenfassen lassen.

Aufgrund der intensiven Inanspruchnahme der Umwelt und insbesondere durch die überhandnehmende Abfallproblematik sind vielfältige Effekte und Zustandsänderungen feststellbar. Diese können als "Umweltschädigung" oder "Umweltbelastung" bezeichnet werden und sind wesentlich auf die industrielle Produktion zurückzuführen. Unter Umweltbelastung ist eine wertende Aussage zu verstehen, die ein negatives Urteil über Art und Ausmaß der Umweltbean-

---

1) Paul 1989, S. 281 f. Zur Definition des Begriffs der natürlichen Umwelt vgl. auch Siebert 1978, S. III; Strebel 1980, S. 17.

2) Vgl. Siebert 1976, S. 1 f.

3) Vgl. Riebel 1955, S. 63 ff.

4) Vgl. zur Definition des Abfallbegriffs den Literaturüberblick bei Müller 1991, S. 13 ff.

5) Unter dem Oberbegriff Abprodukt für sämtliche unerwünschten Rückstände ist Abfall danach eine materielle Form neben Abwasser, Abluft, Abwärme etc. Vgl. Dyckhoff 1992b, S. 67 f.

spruchung enthält, wobei es in der Realität problematisch ist, den Tatbestand Umweltbelastung eindeutig festzulegen[1]. Einerseits herrscht unvollkommene Information bezüglich der Schädlichkeit von Stoffen und Energien, da sich die Einschätzung über die Belastungswirkung im Zuge neuer Forschungsergebnisse laufend ändert bzw. noch keine praktisch verwertbaren Kenntnisse vorliegen[2]. Andererseits sind Ansatzpunkte und Maßstäbe für das Aufstellen einer derartigen Beurteilung nur subjektiv über das Wertsystem einer jeweiligen Person bestimmbar und darüber hinaus stark abhängig von Menge, Ort und Zeit, d.h. der spezifischen Situation, in der die betreffenden Sachverhalte betrachtet werden (bspw. international differenzierte Grenzwerte für tolerierte Emissionen)[3]. Trotz der Schwierigkeiten, das Vorliegen oder das Ausmaß einer Umweltschädigung im Einzelfall konkret zu bestimmen, ist die Gefahr unbestritten, daß diese Belastungen zu Störungen in den ökologischen Systemen führen können und damit die Aufrechterhaltung der natürlichen Umwelt insgesamt betroffen ist.

Um die ökologischen Auswirkungen des Unternehmungsverhaltens vollständig zu erfassen, ist eine ganzheitliche Betrachtung der Beziehungen zwischen dem System Unternehmung und Umwelt erforderlich, wie sie das Konzept des *ökologischen Produktlebenszyklus*[4] vornimmt. Danach muß eine umfassende Analyse außer der Unternehmung selbst, die hier als Produzent von Sachgütern angesehen wird, auch die anderen vor- und nachgelagerten Institutionen einbeziehen, die am Lebenszyklus dieser Produkte beteiligt sind[5].

---

1) Vgl. Strebel 1980, S. 22 ff.

2) Vgl. Strebel 1990, S. 713.

3) Vgl. Dyckhoff 1992b, S. 69 f.

4) Vgl. dazu Dyllick 1990, S. 24 ff.; Zahn/Schmid 1992, S. 76 ff.

5) Vgl. zur Notwendigkeit einer solchen Betrachtungsweise Cracco/Rostenne 1971 oder Strebel 1991.

Abbildung 2-2 zeigt, daß eine Unternehmung infolge der Produktionsaktivitäten umweltschädigende Einflüsse bewirken kann. Alle derartigen von der Unternehmung unmittelbar ausgehenden Störungen der Umwelt sollen im folgenden als direkte Umweltbelastungen bezeichnet werden. Neben diesen direkten sind auch indirekte Umweltbelastungen durch die Unternehmung möglich, bei denen die umweltstörenden Effekte von anderen Institutionen ausgelöst werden, aber

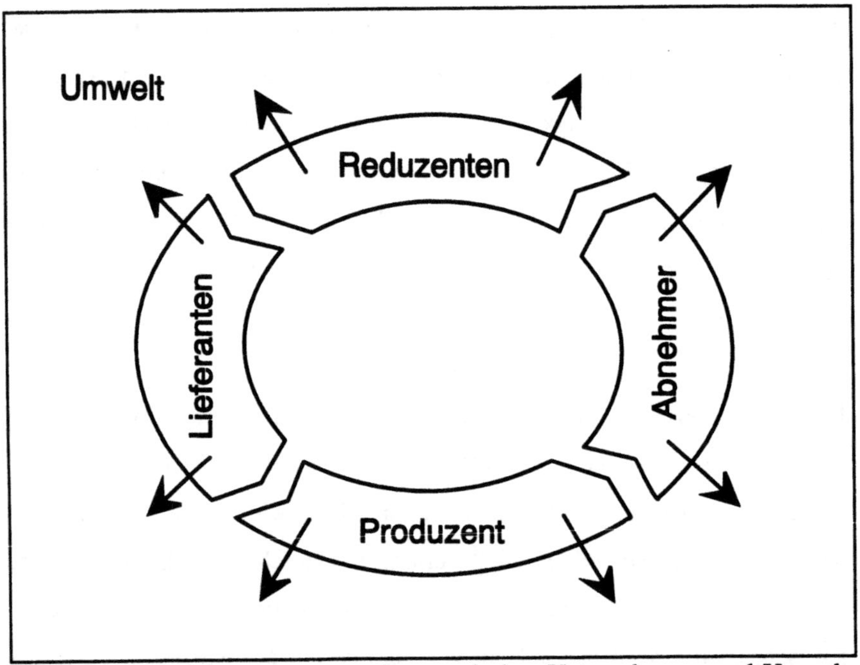

Abb. 2-2: Beziehungszusammenhang zwischen Unternehmung und Umwelt

durch Unternehmungsentscheidungen (etwa in Planung und Entwicklung) mittelbar mitverursacht sind. Zu diesen anderen Institutionen zählen etwa Lieferanten, von denen bei der Gewinnung der benötigten Ressourcen oder Herstellung der Vorprodukte aus Unternehmungsperspektive entsprechend indirekte Umweltbelastungen ausgehen. Bei Ge- und Verbrauch der Produkte durch die Abnehmer können ebenfalls derartige Umweltgefahren entstehen. Des weiteren sind häufig mit dem Recycling und der Entsorgung (z.B. Deponierung oder Verbrennung) von Abfällen Umweltschädigungen verbunden. Diese Prozesse, die sich mit der Umwandlung bzw. Vernichtung unerwünschter Rückstände befassen, lassen sich unter dem Begriff Reduktion zusammenfassen[1]. Oft werden solche Reduktionsprozesse von darauf spezialisierten Betrieben durchgeführt, die somit als Reduzenten bezeichnet werden können[2]. Schließlich sind indirekte Umweltbelastungen bei den Transportvorgängen zwischen den einzelnen Stufen des ökologischen Produktlebenszyklus denkbar.

Für eine Unternehmung entsteht damit das Problem, wie sie die Umwelt vor den Schädigungen bewahren kann, die von diesen ökonomischen Prozessen drohen. Alle vom Hersteller eines Produkts übernommenen Aufgaben und Maßnahmen, die darauf zielen, die Qualität der Umweltauswirkungen von Prozessen innerhalb des Produktlebenszyklus zu verbessern, lassen sich zusammengefaßt als betrieblicher *Umweltschutz*[3] bezeichnen. Trotz der in der Literatur bestehenden Schwierigkeiten bei der eindeutigen Begriffsabgrenzung und auftretenden Bewertungsproblemen soll hier unter Umweltschutz verstanden werden der "Schutz der unternehmensexternen ökologischen Umwelt vor Belastungen, die aus der Herstellung und Verwendung (sowie Reduktion; Anm. d. Verf.) industrieller oder gewerblicher Produkte resultieren"[4]. Auch bei ernst-

---

1) Vgl. Dyckhoff 1992b, S. 10 f.

2) Werden Reduktionsprozesse von den Herstellerunternehmungen selbst durchgeführt, stellen die damit verbundenen Auswirkungen direkte Umweltbelastungen dar.

3) Vgl. dazu ebenfalls die Ausführungen in Kapitel 5.1. Wichtig ist die Erkenntnis, daß Umweltschutz nicht identisch ist mit Reduktionsprozessen, die als Transformationsvorgänge entsprechend den Produktionsprozessen Veränderungen an Objekten bewirken und somit selber sowohl entlastende als auch belastende Umweltauswirkungen bewirken können. Vgl. dazu auch Dyckhoff 1992b, S. 8.

4) Lange 1978, S. 25. Umweltschutz bezieht sich somit auf die unternehmungsexterne Umwelt, während der Schutz der unternehmungsinternen Personen und Objekte unter andere Aufgabenbereiche wie Arbeitssicherheit oder Werksschutz fällt. Vgl. im Unterschied dazu Nüßgens 1974, S. 117. Generell ist festzuhal-

(Fortsetzung...)

haftester Absicht kann Umweltschutz nicht mehr bedeuten als das Bemühen um die Wahl der ökologisch geringst schädlichen Alternative und beinhaltet insofern das Anstreben einer relativen Umweltschonung, da die Durchführung ökonomischer Prozesse immer mit Umweltbelastungen verknüpft ist[1].

Entsprechend der oben vorgenommenen Differenzierung lassen sich die von einer Unternehmung ergriffenen Umweltschutzmaßnahmen unterscheiden. *Direkter Umweltschutz* umfaßt die Schonung vor den unmittelbar von der Unternehmung ausgehenden Umweltschädigungen. *Indirekter Umweltschutz* beinhaltet dagegen alle Aufgaben, welche die Unternehmung durchführen kann, um die indirekten Umweltbelastungen durch andere Institutionen innerhalb des ökologischen Produktlebenszyklus zu verringern, die von der Unternehmung mitzuverantworten sind. Eine derartige Betrachtungsweise erlaubt etwa, Unterschiede in der Ausrichtung betrieblicher Umweltschutzmaßnahmen zu erfassen, welche im weiteren Verlauf dieser Untersuchung noch genauer behandelt werden[2].

Nach der Klärung der theoretischen Grundlagen erfolgt im nächsten Kapitel die Darstellung der weiteren für die Organisation des Umweltschutzes maßgeblichen Kontextfaktoren, bevor anschließend auf die näheren Inhalte der Unternehmungspolitik eingegangen wird.

---

4)(...Fortsetzung)
ten, daß selbst viele grundlegende Quellen in der wirtschaftswissenschaftlichen Literatur keine explizite Bestimmung des Begriffs Umweltschutz vornehmen. Vgl. etwa Schmidt 1974; Hansmeyer 1976; Hanssmann 1976; Hopfenbeck 1990.

1) Vgl. Strebel 1990, S. 712 f.

2) Vgl. dazu ausführlich die Beschreibung strategischer Verhaltensweisen in Kapitel 5.2. Gleichzeitig können anhand dieser Differenzierung Verlagerungen von Umweltschädigungen zwischen den verschiedenen Institutionen des ökologischen Produktlebenszyklus durch deren Arbeitsteilung erfaßt werden.

3 Kontextfaktoren der organisatorischen Gestaltung des Umweltschutzes

Für das Verständnis der Organisation des betrieblichen Umweltschutzes ist eine Analyse der relevanten Kontextfaktoren unerläßlich. Die folgende Betrachtung ist allerdings begrenzt auf diejenigen Kontextfaktoren, von denen angenommen wird, daß sie einen grundlegenden Einfluß auf die organisatorische Gestaltung ausüben. Dabei werden diese Kontextfaktoren in einer generalisierenden Form dargestellt. Es wird bewußt darauf verzichtet, konkrete Ausprägungen oder Kombinationen von Kontextfaktoren zu diskutieren und im folgenden daraus bestimmte "Wenn-Dann"-Empfehlungen für die Organisationsgestaltung abzuleiten. Derartige Empfehlungen müßten, um wissenschaftlichen Anforderungen zu entsprechen, so allgemeingültig formuliert werden, daß ihre inhaltliche Aussagekraft stark eingeschränkt würde.

Die Differenzierung zwischen den verschiedenen Kontextfaktoren dient insbesondere dazu, die von den jeweiligen Bereichen und Institutionen ausgehenden Anforderungen und die bei Nichterfüllung damit verbundenen Konsequenzen für eine Unternehmung zu identifizieren. Hinsichtlich der Wirkbeziehungen muß beachtet werden, daß Entwicklungen in den einzelnen Kontextfaktoren unmittelbar auf das Unternehmungsverhalten ausstrahlen können, aber auch durch Interaktion mit anderen Kontextfaktoren ein mittelbarer Einfluß auftreten kann[1]. Zu berücksichtigen sind die Einflüsse der unternehmungsinternen Kontextfaktoren Erzeugnisprogramm, Unternehmungsgröße und Mitarbeiter. Neben diesen internen werden die unternehmungsexternen Faktoren Rechtsvorschriften, Gesellschaft und Markt untersucht.

---

1) Vgl. Kirchgeorg 1990, S. 59 f.

Der ebenfalls maßgebliche unternehmungsexterne Kontextfaktor natürliche Umwelt braucht nicht weiter betrachtet zu werden, da er schon in Kapitel 2.4 behandelt worden ist. Festzuhalten ist, daß das Ausmaß der bisher eingetretenen Umweltprobleme das Ergreifen von Umweltschutzmaßnahmen durch die Unternehmungen fördert, die dadurch ihren Stoff- und Energieaustausch mit der Natur sicherstellen wollen. Die durchgeführten Aktivitäten beziehen sich hauptsächlich auf die Bereiche, die stellenweise heute schon Engpaßfaktoren darstellen wie bspw. Einsparungserfordernisse knapper Inputressourcen oder Sicherung von Entsorgungsmöglichkeiten. Trotzdem ist zu vermuten, daß die umweltbezogenen Verhaltensänderungen bei den betreffenden Unternehmungen weniger durch die von den Unternehmungen verspürten Schwierigkeiten im Zuge dieser Stoff- und Energieflüsse ausgelöst wurden als etwa durch den Druck juristischer Vorschriften.

3.1 Unternehmungsexterne Kontextfaktoren

3.1.1 Rechtliche Vorschriften

Die im Rahmen der ökonomischen Aktivitäten von Unternehmungen entstehenden Umweltschädigungen können als negative externe Effekte oder ökologische Belastungen der Gesellschaft verstanden werden[1]. Da diese Umweltbeanspruchung nicht zwangsläufig vom Verursacher beachtet wird, ist es Aufgabe des Staates und seiner Institutionen, mittels seiner Umweltpolitik die anfallenden Kosten dem Schädiger zuzurechnen (Verursacherprinzip) und darüber hinaus Umweltgefahren im vorhinein soweit möglich zu vermeiden (Vorsorgeprinzip)[2]. Ausgehend vom Umweltprogramm der Bundesregierung im Jahre 1971 ist eine

1) Vgl. Endres 1985, S. 10 f.; Wicke 1989, S.43 ff.; Strebel 1980, S. 31.

2) Vgl. Binswanger/Bonus/Timmermann 1981, S. 98 ff.; Wicke 1989, S.128 ff.

Intensivierung des Einsatzes umweltpolitischer Instrumente erfolgt, worunter im wesentlichen zu zählen sind[1]:

- Druck und Appelle zu freiwilligen Umweltschutzmaßnahmen von staatlicher Seite (moral persuasion)
- ökonomisch orientierte Instrumente wie Abgaben, Zertifikate, Subventionen und Kompensationslösungen
- zivilrechtliche Vorschriften des Haftungsrechts
- ordnungsrechtliche Vorschriften als sogenannte Umweltauflagen mit direkten umweltbezogenen Verhaltensvorgaben (Gebote und Verbote).

Umweltauflagen stellen bis heute das absolut vorherrschende Instrument der Umweltpolitik dar, da der Gesetzgeber in der Zwischenzeit eine ganze Fülle von Vorschriften erlassen hat, die vermutlich auch weiterhin ausgebaut und verschärft werden. Schien die Dominanz der Auflagen zu Beginn der Umweltpolitik aufgrund des drängenden Handlungsbedarfs und des Mangels an Erfahrung mit alternativen Instrumenten noch verständlich, so wird inzwischen die Forderung nach Einrichtung und Weiterentwicklung ökonomisch orientierter Instrumente (insbesondere Abgaben) immer drängender, die bisher fast völlig vernachlässigt worden sind[2]. Zwar sichern Auflagen ein Mindestmaß an umweltschonendem Verhalten, aber ihr gravierender Mangel liegt neben der volkswirtschaftlichen Ineffizienz[3] darin, daß sie im Gegensatz zu den ökonomisch orientierten Instrumenten keine Anreize für freiwillige Umweltschutzmaßnahmen enthalten. Stattdessen bleiben die durch die Auflagen tolerierten Umweltverschmutzungen vom Verursacher oft unbeachtet, da keine Kostenwir-

---

1) Vgl. Wicke 1989, S. 165 ff.; Bonus 1981, S. 103 ff.; Hansmeyer/Schneider 1990, S. 52 ff.

2) Vgl. Hansmeyer/Schneider 1990, S. 38 ff.; Faber/Stephan/Michaelis 1988, S. 49 ff.

3) Vgl. Wicke 1989, S. 174 ff.

kungen mit ihnen verbunden sind. Innovationen beschränken sich deshalb zumeist auf Verfahren, welche die erlaubten Grenzwerte einhalten[1].

Luft/Lärm	Gewässer	Abfall	Produkte	Sonstiges
Bundesimmissionsschutzgesetz (1974)	Wasserhaushaltsgesetz (1957)	Abfallbeseitigungsgesetz (1972)	Düngelmittelgesetz (1977)	Bundesnaturschutzgesetz (1976)
Durchführungsverordnung zum BImSchG (1974 ff.)	Verwaltungsvorschriften über Mindestanforderungen (1979–1981)	Abfallnachweis VO (1974)	Futtermittelgesetz (1975)	Bundeswaldgesetz (1975)
TA-Luft (1974)	Landeswassergesetze (ab 1970)	Abfallbeförderungs-VO (1974)	Pflanzenschutzgesetz (1968)	Gesetz über Umweltstatistiken (1974)
TA-Lärm (1968)	VO über Anlagen für wassergefährdende Stoffe (Entwurf)	Abfalleinfuhr-VO (1974)	Waschmittelgesetz (1975)	Atomgesetz (1959)
Smog-VO der Länder (1974)	Abwasserabgabengesetz (1976)	Altölgesetz (1968)	DDT-Gesetz (1972)	Strahlenschutzverordnung (1976)
Verordnung über Großfeuerungsanlagen (1983)		Tierkörperbeseitigungsgesetz (1975)	Arzneimittelgesetz (1961)	Raumordnungsgesetz (1965)
Benzin-Blei-Gesetz (1971)			Lebensmittel- und Bedarfsgegenständegesetz (1974)	Bundesbaugesetz (1960)
Fluglärmgesetz (1971)			Chemikaliengesetz (1982)	Umweltkriminalitätsgesetz (1980)
Verkehrslärmgesetz (Entwurf)				Gentechnologiegesetz (Entwurf)
Störfall-Verordnung (1980)				Tierschutzgesetz (1972)

VO = Verordnung
in Klammern = Erscheinungsjahr

Abb. 3-1: Ausgewählte Gesetze und Verordnungen im Umweltschutzbereich (Quelle: Stahlmann 1988, S. 23)

Die Entwicklung dieses stark ausgeprägten Systems von Auflagen bedeutet für die Unternehmungen, daß Umweltnutzung inzwischen unter einem weitgehenden behördlichen Genehmigungsvorbehalt steht. Viele Unternehmungsbereiche sind betroffen von Inputauflagen, Prozeßnormen, Reduzierungsverpflichtungen, Produktnormen oder Ansiedlungsverboten, wie sich aus Abbildung 3-1 ableiten läßt. Die differenzierten Rechtsvorschriften legen mit ihren Durchführungs-

1) Vgl. Hansmeyer/Schneider 1990, S. 54; Faber/Stephan/Michaelis 1988, S.56 f.; Royston 1979, S. 125.

bestimmungen die ablauforganisatorischen Vorgänge oft bis ins Detail fest (bspw. Regeln für Emissionskontrollen)[1].

Des weiteren bestehen Vorschriften über die Bestellung spezieller Aufgabenträger, sogenannter Betriebsbeauftragter für Umweltschutz, die im Rahmen der hier zu behandelnden Themenstellung der organisatorischen Gestaltung von besonderer Relevanz sind[2]. Bei Vorliegen bestimmter Bedingungen, die auf Umfang und Gefährlichkeit direkter Umweltschädigungen bezogen sind, besteht die Pflicht, Betriebsbeauftragte zu ernennen. Abbildung 3-2 zeigt die möglichen Formen von Betriebsbeauftragten und die entsprechenden Bestellungsgrundlagen, die sich aus den direkt von der Unternehmung ausgehenden Belastungen der verschiedenen Umweltmedien ergeben. Zweck dieser seit Mitte der 70er Jahre bestehenden Vorschriften ist, daß der Gesetzgeber die Wahrnehmung spezieller Umweltschutzaufgaben sicherstellen wollte. Prinzipiell ähnlich für alle drei Ausprägungsformen definiert das gesetzliche Pflichtenheft folgende Aufgaben der Betriebsbeauftragten[3]:

- Überwachung der Anlage(n)
- Instruktion der Belegschaft
- Förderung umweltfreundlicher Verfahren und Prozesse
- Begutachtung von Investitionsvorhaben aus Umweltschutzperspektive
- Berichterstattung an den Betreiber.

---

1) Inzwischen ist eine praxisorientierte Literatur entstanden, die den Unternehmungen mit aktuellen Nachschlagewerken Hilfeleistungen bei der Umsetzung dieser Bestimmungen bieten will. Vgl. etwa Schiegl 1988.

2) Vgl. dazu ausführlich Kapitel 6 und 7.

3) Vgl. § 54 BImSchG, § 21e WHG, § 11e AbfG. Über die genaue organisatorische Gestaltung dieses Amtes enthält das Gesetz keine Aussagen, so daß eine weitgehende Gestaltungsfreiheit besteht.

Betriebsbeauftragte für	Bestellung bei	gesetzliche Grundlage
Immisionsschutz	Anlagen nach § 1 der 5. BImSchV	§ 53 BImSchG
Gewässerschutz	Abwassereinleitung in Gewässer über 750 m³ pro Tag	§ 21a WHG
Abfall	Anlagen nach § 1 Abf BetrV	§ 11a AbfG
	+ ggfs. jeweils auf Anordnung der Behörde	

Abb. 3-2: Bestellungsvorschriften für Betriebsbeauftragte

Darüber hinaus gelten seit 1990 die Vorschriften zur "Mitteilungspflicht der Betriebsorganisation" nach § 52a BImSchG. Einerseits müssen die Betreiber genehmigungspflichtiger Anlagen eine Anzeige gegenüber der Behörde ausfertigen, wie und auf welche Weise durch organisatorische Regelungen die Befolgung von Umweltschutzvorschriften sichergestellt wird[1]. Sie verlangen andererseits eine Mitteilung, welche Person innerhalb der Unternehmungsleitung die Betreiberpflichten wahrnimmt[2]. Zur weiteren ausdrücklicheren Verankerung innerhalb der Unternehmungsleitung befinden sich momentan in der Diskussion

1) Obwohl die Verpflichtung zur organisatorischen Gestaltung sich schon aus anderen, länger existierenden Rechtsvorschriften herleitet, hat diese Vorschrift in der Praxis anscheinend für einige Unternehmungen erst den Anstoß dargestellt, sich mit der Organisationsproblematik intensiv oder sogar erstmalig auseinanderzusetzen. Vgl. dazu Schwaderlapp 1993, S. 9; Antes 1993, S. 18. Dabei macht § 52a BImschG weder Aussagen zur organisatorischen Gestaltung noch zu Inhalt und Umfang der Mitteilung darüber. Vgl. Feldhaus 1991, S. 928.

2) Es ist zu betonen, daß diese Mitteilung keine Auswirkungen auf die Verantwortlichkeit sämtlicher Mitglieder der Unternehmungsleitung besitzt. Vgl. Feldhaus 1991, S. 928; Haker/Krieshammer 1991, S. 83.

neue rechtlichen Vorschriften über die geplante Einrichtung eines "Umweltschutzdirektors", der für die Belange des Umweltschutzes zuständig sein soll[1].

Insgesamt läßt sich festhalten, daß als Konsequenz dieser vielfältigen, stellenweise äußerst komplizierten und zunehmend restriktiven Rechtsvorschriften den Unternehmungen zusätzliche Aufgaben erwachsen sind. Diese müssen organisatorisch bewältigt werdem, da sich die Unternehmungen mit der Erfassung, Interpretation und betrieblichen Umsetzung der Rechtsgrundlagen zu befassen haben. Bei Nichteinhaltung der Auflagen drohen Sanktionen nach dem Umweltstrafrecht, die bisher in der Praxis eher in einem untergeordneten Ausmaß verhängt wurden, vermutlich aber ein gestiegenes Bewußtsein bei den verantwortlichen Entscheidungsträgern bewirkt haben[2]. Treten im Zuge einer Umweltbelastung Schädigungen eines Dritten ein, so kann die Unternehmung haftungsrechtlich belangt werden. Dabei hat der Gesetzgeber die Durchsetzung von Schadenersatzansprüchen durch die Einführung einer Gefährdungshaftung ab 1991 gegenüber dem vorherigen Prinzip der Verschuldenshaftung für die Geschädigten vereinfacht[3]. Der dadurch praktisch eingetretenen Umkehr der Beweislast im Schadensfall kann sich eine Unternehmung nur durch eine vollständige Dokumentation des Betriebsablaufs entziehen mit dem Nachweis, daß die Auflagen eingehalten worden sind[4]. Aus dieser Anforderung lassen sich gravierende Auswirkungen auf das innerbetriebliche Informationswesen ableiten. Den Stellenwert der Rechtsvorschriften als stärksten Einflußfaktor auf das umweltbe-

---

1) Vgl. dazu etwa Rehbinder 1990.

2) Vgl. Kloepfer 1989, S. 242 ff.; Schall 1990, S. 1263 ff.; Eidam 1991a. Zu den Konsequenzen von Verstößen gegen umweltrechtliche Vorschriften vgl. ausführlich Kapitel 6.

3) Vgl. Landsberg/Lülling 1990; Hager 1991.

4) Vgl. Gasser 1992, S. 158; Landsberg/Lülling 1991, S. 159 ff.; Fleckenstein 1990, S. 225 f.

zogene Unternehmungsverhalten und auf organisatorische Anpassungsmaßnahmen belegen empirische Ergebnisse[1].

3.1.2 Gesellschaft

Unternehmungen müssen feststellen, daß ihre Aktivitäten im Umgang mit der natürlichen Umwelt ein zunehmend kritisches Interesse in der breiten gesellschaftlichen Öffentlichkeit finden. Publik gewordene Umweltschädigungen bergen für Unternehmungen ein großes Konfliktpotential, da sie als Institutionen des öffentlichen Lebens offenbar weitgehenden Begründungs-, Legitimations- und Handlungszwängen gegenüber der Gesellschaft unterliegen[2]. Grundlage für dieses Verhältnis bildet ein sich vollziehender Wertewandel in der Gesellschaft, der zu einem deutlich gestiegenen Umweltbewußtsein und einer kritischeren Einstellung gegenüber Produktionsrisiken geführt hat. Umweltschutz besitzt inzwischen einen sehr hohen gesellschaftspolitischen Stellenwert[3], und umweltbeeinträchtigende Industriebetriebe sehen sich mit weitreichenden Forderungen und verstärkten Widerständen aus der breiten Öffentlichkeit konfrontiert.

Die Bedeutung der artikulierten Umweltschutzforderungen variiert im Zeitablauf durch Änderungen in der Anzahl interessierter Gruppierungen[4], wie Abbildung 3-3 illustriert. Eingetretene Einzelereignisse (bspw. giftige Abwasserkonzentrationen) sind nicht nur ein Anliegen der direkt Betroffenen (Anwohner, Bürgerinitiativen), sondern auch von Personen, die aufgrund ihres Wissens (Experten, Intellektuelle) oder ihrer gesellschaftlichen Position (Journalisten,

---

1) Vgl. Kirchgeorg 1990, S. 180 f.; Umweltbundesamt 1991, S. 296 f.

2) Vgl. Dyllick 1989a, S. 276.

3) Vgl. zu empirischen Ergebnissen zur Bedeutung des Umweltschutzes in der Gesellschaft Dyllick 1990, S. 7; o.V. 1988, S. U3.

4) Vgl. Achleitner 1985, S. 93 ff.; Dyllick 1989b, S. 231 ff.

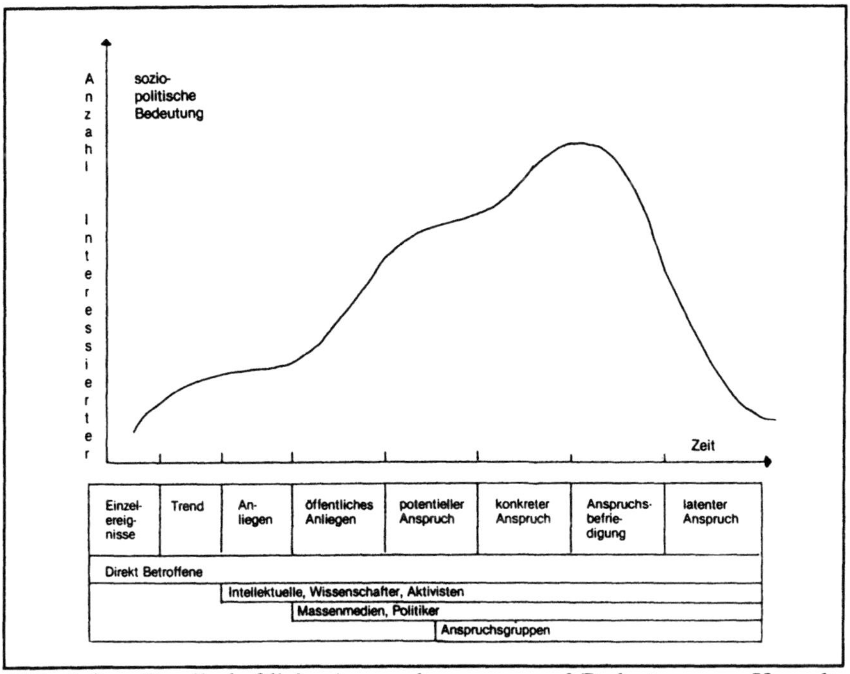

Abb. 3-3: Gesellschaftliche Anspruchsgruppen und Bedeutung von Umweltschutzforderungen (In Anlehnung an: Achleitner 1985, S. 94)

Politiker) interessiert sind. Medien greifen daraufhin die jeweilige Thematik auf und verbreiten sie, so daß daraus ein relevantes öffentliches Anliegen entsteht. Dabei kanalisieren und selektieren die Medien den Informationsfluß und haben einen wesentlichen Einfluß auf die Rangordnung der Themen in der öffentlichen Meinung[1]. Durch die zunehmende Behandlung in der Öffentlichkeit wird das Anliegen auch von den etablierten Institutionen (Parteien, Umweltschutzverbände) vertreten, welche der Unternehmung mit Ansprüchen (bspw. Einbau von Filteranlagen, Produktionsverbot) gegenübertreten. In dieser Phase wird die Problematik aufgrund der diskutierten Ansprüche für die Unternehmung deutlich erkennbar. Gleichzeitig hat sie noch die Möglichkeit, Einfluß auf die weitere Entwicklung und Ausgestaltung der Ansprüche zu nehmen (Informationsveranstaltungen, Verhandlungen). Die Unternehmung sieht sich letztlich mit ganz konkreten Forderungen (z.B. Einbau einer Filteranlage) konfrontiert, wobei ihr

1) Vgl. Dyllick 1989b, S. 76 ff.

eigener Verhaltensspielraum nur noch in der Abwägung zwischen Erfüllung und Verstoß gegen die Ansprüche liegt.[1]

Für eine Unternehmung ist es wegen mehrerer Probleme schwierig, eine solche Entwicklung einer umweltpolitischen Fragestellung und die damit verbundenen Ansprüche zu antizipieren. Ein Teil der Anspruchsgruppen (etwa direkt Betroffene) bleibt personell anonym, da sie über eine hohe Mitgliederzahl verfügen und nicht oder nur gering institutionalisiert sind[2]. Kenntnis und Sicherheit bezüglich der Ansprüche entstehen erst im Laufe der Zeit, doch schwinden im gleichen Umfang die Handlungs- und Beeinflussungsmöglichkeiten durch die Unternehmung[3].

Es wird erkennbar, daß das Management der Beziehungen zur Öffentlichkeit ein äußerst sensibles Aufgabenfeld darstellt, da der Verlust der Vertrauensbasis in der Gesellschaft schwerwiegende Konsequenzen nach sich ziehen kann[4]. Treten öffentliche Imageverluste ein, können daraus unterschiedliche Reaktionen wie Bürgerproteste oder Informationskampagnen gegen Unternehmungen resultieren. Daneben sind Auswirkungen des gesellschaftlichen Drucks auf andere relevante Kontextfaktoren wahrscheinlich. Bei grundlegenden Problemen ist zu vermuten, daß sie ihren Niederschlag in neuen oder geänderten rechtlichen Normen finden und die gesetzlichen Vorschriften weiter verschärfen[5]. Ebenso müssen Unternehmungen potentielle Einflüsse auf ihre Marktbeziehungen berücksichtigen,

---

1) Vgl. Achleitner 1985, S. 95.

2) Vgl. Brenken 1988, S. 212.

3) Vgl. Dyllick 1989b, S. 247.

4) Vgl. dazu o.V. 1989, S. 319, mit der eindringlichen Schilderung der Schwierigkeiten des Ölproduzenten Exxon im Zusammenhang mit den Folgen der Ölkatastrophe vor Alaska 1989.

5) Vgl. Raffee 1979, S. 6.

wobei aber empirische Ergebnisse zeigen, daß in allen Branchen der gesellschaftliche Druck stärker empfunden wird als die Umweltschutzforderungen der relevanten Marktteilnehmer[1].

3.1.3 Marktteilnehmer

Im Rahmen ihrer Aktivitäten hat eine Unternehmung auf verschiedenen Märkten differenzierte Beziehungen zu anderen Marktteilnehmern. Dabei existieren aufgrund vorhandener Sanktionspotentiale auch Machtbeziehungen, aufgrund derer die einzelnen Marktteilnehmer versuchen, sich gegenseitig im Verhalten zu beeinflussen und den freien Verhaltensspielraum des anderen einzuengen[2]. Eine Unternehmung kann vertikalen (aus vor- oder nachgelagerten Stufen des ökologischen Produktlebenszyklus) oder horizontalen (aus gleichgelagerter Stufe) Machtbeziehungen ausgesetzt sein.

Umweltschutzansprüche der Abnehmer[3] sind für eine produzierende Unternehmung von zentraler Bedeutung. Empirische Untersuchungen belegen, daß der Anteil der umweltbewußten Abnehmergruppen in den letzten Jahren stark zugenommen hat[4]. Diese Veränderungen schlagen sich im Kaufverhalten der Abnehmer nieder, insbesondere wenn Umweltprobleme bei Gebrauch/Verbrauch oder Entsorgung von Produkten (incl. Verpackung) auftreten und der Abnehmer dadurch selber zum direkten Umweltschädiger wird. Die Umweltverträglichkeit ist insofern als eine wichtige Produkteigenschaft anzusehen. Die Anforderungen der Nachfrager gehen inzwischen häufig über die Eigenschaften des eigentlichen

1) Vgl. Kirchgeorg 1990, S. 184.

2) Vgl. Steffenhagen 1991, S. 39 f.

3) Hierunter sind neben privaten auch gewerbliche Abnehmer ("Industriekunden") zu verstehen.

4) Vgl. Meffert et al. 1986, S. 141 ff.; Raffee/Wiedmann 1987, S. 180; Meffert/Kirchgeorg 1992, S. 86 f.

Produkts hinaus und sind auch auf die Umweltauswirkungen der Produktions- und Beschaffungsprozesse bezogen[1]. Ansprüche der Abnehmer können somit weitreichende Maßnahmen auslösen, wenn sich der Produzent gezwungen sieht, neben internen Änderungen auch auf externe Anpassungen etwa bei Zulieferern hinzuwirken. Werden Abnehmer nicht hinreichend befriedigt, drohen öffentlichkeitswirksame Beschwerden, geändertes Nutzungsverhalten oder Konsumboykotte[2]. Umgekehrt ergeben sich aber bei Berücksichtigung ökologieorientierter Forderungen neue Ertragschancen durch die Nutzung dieses Bedürfnispotentials bei den Nachfragern. Durch die Einführung umweltfreundlicher Produktvarianten oder Produktinnovationen kann eine Unternehmung den Nachfragesog nach derartigen Gütern in Markterfolge umsetzen[3]. Oft müssen die Anbieter aber feststellen, daß zwischen bekundetem Umweltbewußtsein und tatsächlichem Kaufverhalten Divergenzen bestehen[4] und die Ausnutzung dieses Potentials schwierig ist.

Bei der Konzipierung umweltbezogener Absatzmaßnahmen ist der Handel zu berücksichtigen. Er verfügt als Absatzmittler über eine Schlüsselfunktion, da er die Einführung umweltverträglicher Produkte am Markt fördern oder behindern kann[5]. Einerseits kann der Handel Abnehmeransprüche weiterleiten, andererseits kann er eigene Forderungen aufstellen. Letzteres ist insbesondere dann zu erwarten, wenn er sich innerhalb seiner Tätigkeiten mit direkten Umweltschädigungen auseinandersetzen muß, die durch vorgelagerte Marktstufen (mit-)be-

---

1) Vgl. Wiedmann 1987, S. 212 f.

2) Vgl. Meffert/Kirchgeorg 1992, S. 90.

3) Vgl. Steger 1988, S. 161 ff.; Meffert et al. 1986, S. 144; Schreiner 1988, S. 227.

4) Zu den möglichen Erklärungsansätzen dieser Divergenzen vgl. Meffert/Kirchgeorg 1992, S. 92 ff.; Hopfenbeck 1990, S. 303 ff.; Wicke et al. 1992, S. 428 ff.

5) Vgl. Hansen 1988, S. 336. Zu den grundsätzlich in Absatzkanälen auftretenden Konfliktursachen vgl. Steffenhagen 1975, S. 71 ff.

dingt sind. Treten etwa Umweltprobleme bei Transport, Lagerung oder Rücknahme von Produkten (Bsp. Verpackungsverordnung) auf, deren Ursachen beim Produzenten liegen, so ist mit Druck auf die Hersteller zu rechnen, der bei Nichterfüllung bis zur Auslistung von Produkten führen kann[1].

Daneben beeinflussen das Wettbewerbsverhalten und die jeweilige Konkurrenzsituation die umweltbezogenen Absatzmaßnahmen. Unternehmungen müssen das Verhalten der Wettbewerber beachten, um nicht aufgrund von Schwächen beim Wettbewerbsfaktor Umweltverträglichkeit Marktanteile an die Konkurrenten zu verlieren. Empirische Ergebnisse belegen, daß der wesentliche Faktor für eine umweltbezogene Ausrichtung des Absatzverhaltens in der ökologieorientierten Wettbewerbsintensität liegt, die das Ausmaß bezeichnet, in dem die Konkurrenten sich über umweltfreundliche Produkte profilieren wollen[2]. Gleichzeitig ist es für den Erfolg dieser umweltbezogenen Absatzmaßnahmen von zentraler Bedeutung, daß auch die Konkurrenten umweltbezogene Aktivitäten ergreifen und sich somit Umweltfreundlichkeit überhaupt als ein Wettbewerbsfaktor auf einem Markt etablieren kann[3]. Immer stärker erkennen die Entscheidungsträger in den Unternehmungen die möglichen Wettbewerbsvorteile, die gerade für die deutschen Anbieter im Zuge der Verbreitung des Umweltbewußtseins auch auf den internationalen Märkten entstehen[4]. Andererseits kann es bei

---

1) Vgl. dazu Meffert/Kirchgeorg 1992, S. 238 und die Darstellung von Praxisbeispielen über umweltbezogenes Händlerverhalten bei Hopfenbeck 1990, S. 452 ff.

2) Vgl. Kirchgeorg 1990, S. 205.

3) Vgl. Meffert/Ostmeier 1990, S. 53.

4) Vgl. dazu die Ansichten des damaligen Vorstandsmitglieds Steger der Volkswagen AG in o.V. 1992a, S. 33 oder des damaligen Vorstandsvorsitzenden Dürr der AEG AG in Dürr, 1990, S. 79 f. Im Hinblick auf die im internationalen Vergleich gegebene Pionierrolle der deutschen Industrieunternehmungen bezüglich Umweltschutz werden zunehmend die Chancen und erste Erfolge betont, während in der Vergangenheit immer nur von Standortnachteilen die Rede war, die sich aus den Auflagen und den daraus resultierenden höheren Umweltschutzkosten bei der Produktion ergeben. Vgl. o.V. 1992b, S. 4 f.

branchenbezogenen Umweltproblemen, von denen alle Wettbewerber betroffen sind, durchaus sinnvoll sein, gemeinsam zu handeln und Vereinbarungen auf horizontaler Ebene zu treffen[1].

Außer den Anspruchsgruppen aus den nachgelagerten Marktstufen gehen auch von den Beschaffungsmärkten Einflüsse auf das Unternehmungsverhalten aus. Um Produkte und Produktionsprozesse umweltverträglich zu gestalten, ist es häufig erforderlich, daß die Zulieferer ihrerseits auf umweltgerechte Vorprodukte umstellen. Die Produzenten versuchen dann in diesem Sinne die Lieferanten zu beeinflussen, wobei der Druck dazu auch von Forderungen aus der Kundschaft, Gesellschaft oder rechtlichen Vorschriften ausgehen kann[2]. Dementsprechend wird die Machtposition und Verhandlungsstärke eines Zulieferers vermutlich immer stärker davon abhängen, inwieweit er diesen ökologischen Anforderungen entspricht[3]. Gleichzeitig legen Produzenten aufgrund des gestiegenen Verständnisses für ihre Verantwortlichkeit in allen Phasen des ökologischen Produktlebenszyklusses Gewicht auf die Vermeidung von Umweltstörungen, die direkt vom Zulieferer bei der Herstellung der Vorprodukte ausgehen. So sind diese indirekten Umweltschädigungen für deutsche Automobilhersteller zunehmend ein Kriterium zur Auswahl ihrer Zulieferer[4]. Umgekehrt ist es denkbar, daß Lieferanten Druck auf die Produzenten ausüben, wenn auf den ihnen nachgelagerten Stufen Umweltgefahren entstehen, welche die Akzeptanz in der Käuferschaft beeinträchtigen und damit auch den Absatz des Lieferanten gefährden. Für die Erkennung und Bewältigung dieser wechselseitigen Ansprüche wird (analog den Beziehungen zum Handel) zumindest ein vertikaler

---

1) Vgl. zu Branchenabkommen o.V. 1980, S. 1 f.

2) Vgl. Wicke et al. 1992, S. 141 ff.

3) Vgl. Meffert/Kirchgeorg 1992, S. 100 f.

4) Vgl. dazu innerhalb der Fallstudien aus der eigenen empirischen Untersuchung die Darstellung in Kapitel 12.3.

Informationsaustausch oder werden sogar bestimmte Formen der Zusammenarbeit notwendig[1].

Ähnliches gilt für die immer wichtiger werdenden Beziehungen gegenüber Entsorgern und Recyclingbetrieben, zu denen ebenfalls intensive Verbindungen notwendig sind[2]. Solche Betriebe verfügen über eine relativ starke Machtposition, wenn die anfallenden Entsorgungs- und Recyclingmengen über die bestehenden Kapazitäten hinausgehen und sie die Preise ständig erhöhen können. Entsorger und Recyclingbetriebe müssen die von ihnen ausgehenden Umweltgefahren minimieren, um nicht der Kritik ihrer Anwohner ausgesetzt zu sein (bspw. Müllverbrennungsanlagen oder Wiederaufbereitungsbetriebe). Üben sie dahingehend Druck auf die Produzenten aus und verlangen zur Aufnahme der Zusammenarbeit von diesen Angaben bezüglich der stofflichen Zusammensetzung der jeweiligen Materialien, um die technischen Prozesse sicher und umweltverträglich durchzuführen, stellt sich bei den Produzenten häufig das Problem, selbst keine vollständige Kenntnis über die Rückstände zu besitzen[3].

Schließlich gehen auch von außerhalb des ökologischen Produktlebenszyklus bestehenden Märkten Wirkungen aus, die im Rahmen des umweltbezogenen Verhaltens einer Industrieunternehmung zu beachten sind. Auf dem Personalmarkt richten Bewerber Erwartungen an den Umgang mit der Umwelt durch ihren potentiellen Arbeitgeber, die eine Unternehmung zu berücksichtigen hat,

---

1) Vgl. Dyllick 1990, S. 37 ff.

2) Vgl. Strebel 1988a, S. 136 ff.; Stahlmann 1991, S. 264 ff. Ein bekanntes Beispiel für derartige Entwicklungen ist das im Zusammenhang mit der Verpackungsverordnung errichtete sogenannte Duale System, das zu einer sachgerechten Entsorgung und Wiederverwertung von verbrauchten Verpackungen führen soll. Zur Darstellung der Funktionsweise des Dualen Systems vgl. Meffert/Kirchgeorg 1992, S. 257 ff.

3) Vgl. zum Problem der unvollständigen Information aufgrund der Fülle von Rückständen und deren schwankenden Zusammensetzungen Strebel 1990, S. 751 f.

wenn sie für Arbeitskräfte attraktiv bleiben will[1]. Vor dem Hintergrund des gestiegenen Umweltbewußtseins läßt sich vermuten, daß insbesondere hochqualifizierte Bewerber etwa für den Führungsnachwuchs besondere Ansprüche stellen. Ist die Wertschätzung auf dem Arbeitsmarkt gesunken, lehnen die potentiellen Bewerber den Kontakt zu einer Unternehmung oder sogar der ganzen Branche möglicherweise generell ab[2].

Vom Kapitalmarkt können Ansprüche ausgehen, die sich auf die Finanzierungsspielräume einer Unternehmung auswirken. Umweltfreundliches Unternehmungsverhalten hat eventuell günstigere Eigenkapitalbeschaffung zu Folge, wie etwa Investmentfonds belegen, die sich ausschließlich aus besonders ökologieorientierten Unternehmungen zusammensetzen[3]. Die Beziehungen zu den Kapitalgebern sind auch unter dem Umweltaspekt zu pflegen, da Unternehmungen Hauptversammlungen vermeiden möchten, die zu einem Tribunal über begangene Umweltvergehen ausarten. Attraktive Kredite für Umweltschutzinvestitionen vergeben Banken in Zusammenarbeit mit öffentlichen Institutionen[4].

Insgesamt bleibt festzuhalten, daß mit den vielfältigen Beziehungen zu den verschiedenen Marktteilnehmern sowie den anderen unternehmungsexternen Kontextfaktoren ein ganzes Bündel umweltbezogener Anforderungen entsteht. Wie empirische Studien belegen[5], steigt mit dem Druck dieser Ansprüche auch

---

1) Vgl. Remer/Sandholzer 1991, S. 391; Remer 1990, S. 1 f.; Winter 1988, S. 53.

2) Vgl. Freimuth 1990, S. 354 ff.

3) Vgl. Strebel 1991, S. 7.

4) Vgl. Hopfenbeck 1990, S. 413 ff.

5) Vgl. Nitze 1991, S. 214 ff. Dabei ist zur Untersuchung von Nitze kritisch anzumerken, daß die von ihm als organisatorische Maßnahmen bezeichneten Aspekte sich zum überwiegenden Teil auf Fragen der Unternehmungspolitik oder des Informationswesens beziehen und damit weniger die eigentlichen Elemente der organisatorischen Strukturgestaltung betrachten. Des weiteren erscheint es fraglich, inwieweit diesen unterschiedlichen Aspekten innerhalb (Fortsetzung...)

das Ausmaß angemessener organisatorischer Maßnahmen, die zur Erfüllung der Ansprüche getroffen werden müssen. Im folgenden werden die unternehmungsinternen Kontextfaktoren betrachtet, die hinsichtlich der organisatorischen Gestaltung von Bedeutung sind.

3.2 Unternehmungsinterne Kontextfaktoren

3.2.1 Erzeugnisprogramm

Mit dem Erzeugnisprogramm legt eine Unternehmung die zu fertigenden Produkte und die für die Produktion erforderlichen Prozesse fest. In Abhängigkeit von dem jeweils gewählten Erzeugnisprogramm ergeben sich aufgrund der verwendeten Rohstoffe und Prozeßtechnologien oder der entstehenden Abfälle die damit verbundenen Umweltrisiken. Faßt man die Unternehmungen zu einer Branche zusammen, deren Produkte zueinander in Substitutionskonkurrenz stehen und demzufolge über ein vergleichbares Erzeugnisprogramm verfügen, so zeichnen sich die einzelnen Branchen durch entsprechend verschiedene Umweltgefährdungen aus[1].

Mit der Wahl des Erzeugnisprogramms beeinflußt eine Unternehmung aber auch weitgehend die Beziehungen zu den für sie relevanten externen Kontextfaktoren. So wird das Verhältnis der einzelnen Branchen zu den Anspruchsgruppen wesentlich bestimmt durch die schädigenden Auswirkungen, die mit der Produktpalette und den Produktionsprozessen verknüpft sind[2]. Aus Abbildung 3-4 wird ersichtlich, daß insbesondere die spezifischen Umweltanforderungen an

---

5)(...Fortsetzung)
der von Nitze durchgeführten Auswertung ein gleiches Gewicht beigemessen werden kann. Vgl. Nitze 1991, S. 126 ff./208.

1) Vgl. Dyllick 1990, S. 15 f.

2) Vgl. Miles 1987, S. 2 f.

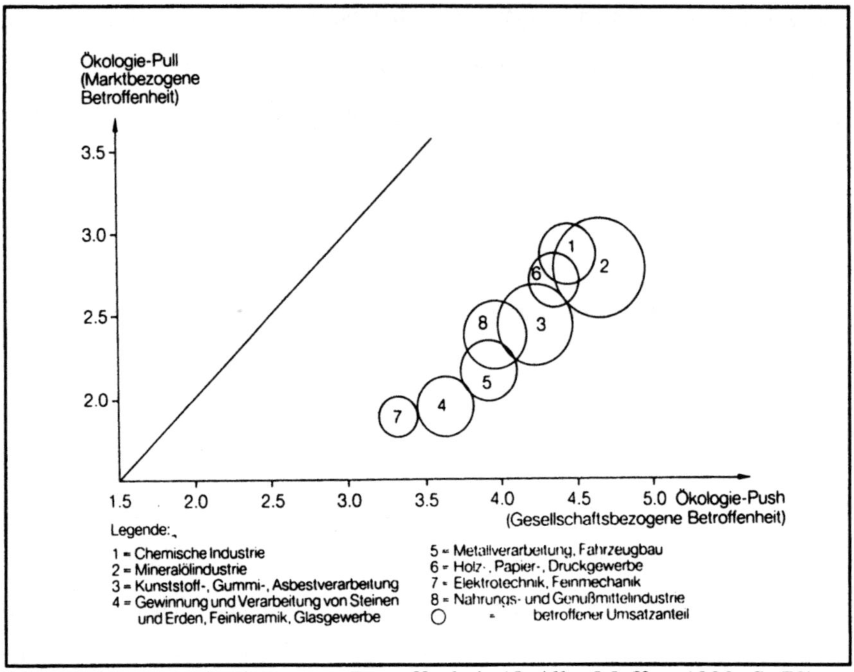

Abb. 3-4: Branchenbezogene Betroffenheit (Quelle: Meffert 1990, S. 78)

Chemieunternehmungen und Mineralölindustrie sehr hoch sind, während Unternehmungen der Elektrotechnik- und Feinmechanikindustrie merklich geringeren Ansprüchen unterliegen.

Zur Verringerung bzw. Vermeidung der mit der Erstellung des Erzeugnisprogramms verbundenen Umweltbeeinträchtigungen werden in aller Regel technische Innovationen erforderlich, wobei die Unternehmungen diese selber entwickeln oder auf dem Markt für Umweltschutztechnologien[1] kaufen können. Ist eigenes Know-How nicht vorhanden, wird eine Unternehmung in ihren Umweltschutzbemühungen von den Entwicklungen auf diesem Technologiemarkt abhängig.

Mit den spezifischen Erzeugnisprogrammen entsteht in den Branchen auch ein unterschiedlicher Druck zur organisatorischen Gestaltung. Branchen mit einem

1) Zu den Kennzeichen und Besonderheiten des Marktes für Umweltschutztechnologien vgl. Antes 1988, S. 64 ff.

besonderen Gefährdungspotential ergreifen umfangreichere Organisationsmaßnahmen als weniger umweltschädigende Branchen[1].

3.2.2 Unternehmungsgröße

Mit zunehmender Unternehmungsgröße ist zu vermuten, daß die von der Unternehmung ausgehenden Umweltbelastungen steigen. Dieser Effekt kann zum einen allein durch reines Mengenwachstum der umweltschädigenden Substanzen eintreten, zum anderen auch in der oft mit der Unternehmungsgröße zunehmenden Anzahl der Geschäftsfelder begründet sein, in denen qualitativ unterschiedliche Umweltgefährdungen entstehen. Große Unternehmungen müssen sich demzufolge mit einem umfangreichen und ausgeprägten Bündel von Umweltschutzaufgaben auseinandersetzen, die einer entsprechenden organisatorischen Gestaltung bedürfen. Daß das Ausmaß ökologieorientierter organisatorischer Maßnahmen mit der Unternehmungsgröße ansteigt, belegen empirische Ergebnisse[2]. Dabei ist dieser Befund im Zusammenhang mit von der Umweltproblematik unabhängigen Studien zu sehen, die generell bestätigen, daß große Unternehmungen etwa eine höhere Spezialisierung oder stärkere Entscheidungsdelegation aufweisen[3].

Neben diesen anwachsenden Umweltbelastungen müssen die Betriebe feststellen, mit zunehmender Größe einer hervorgehobenen Exponierung gegenüber den externen Anspruchsgruppen ausgesetzt zu sein. So unterliegen Großunternehmungen einer besonders aufmerksamen und kritischen Wahrnehmung ("Visibilität") durch die Öffenlichkeit. Selbst bei gleichem Umweltschädigungspotential wie kleinere Wettbewerber werden große Unternehmungen stellver-

---

1) Vgl. Nitze 1991, S. 231 ff.

2) Vgl. Nitze 1991, S. 206 ff.

3) Vgl. dazu bspw. Child 1973.

tretend für die ganze Branche von den Anspruchsgruppen ausgewählt. Sie werden dann mit Forderungen konfrontiert in der Annahme, daß bei Erfolg gegenüber dieser Großunternehmung die übrigen kleineren Produzenten folgen und sich ebenfalls anpassen werden.[1]

Andererseits verfügen große Unternehmungen über ein hohes Machtpotential. Sie sind in der Lage, durch Widerstandsmaßnahmen und Androhung von Sanktionen (bspw. Arbeitsplatzabbau wegen Produktionseinstellung) Ansprüche abzuwehren. Insbesondere können Großunternehmungen ihre Einflußnahme geltend machen durch Mitwirkung und Lobbyismus bei Verhandlungen über die Entstehung neuer rechtlicher Vorschriften[2]. Die unter Einfluß von Großunternehmungen erlassenen Umweltschutzauflagen beinhalten oft degressive Kostenkonsequenzen, von denen die kleineren Konkurrenten in relativ größerem Umfang betroffen sind und für sie insofern Wettbewerbsnachteile bedeuten[3]. Aufgrund finanzieller, sachlicher und personeller Restriktionen können sich kleine Unternehmungen häufig keine eigenen Kapazitäten für Umweltschutz leisten. Stattdessen sind sie dann gezwungen, etwa Beratungs-, Durchführungs- und Kontrollaufgaben zu externalisieren und die Dienste von Facheinrichtungen in Anspruch zu nehmen[4].

3.2.3 Mitarbeiter

Auch die eigenen Mitarbeiter sind als betriebsinterne Anspruchsgruppe hinsichtlich Umweltschutz zu beachten. Weite Kreise der Belegschaft von Industrie-

---

1) Vgl. Achleitner 1985, S. 175 ff.

2) Vgl. Bonus 1981, S. 109.

3) Vgl. dazu auch Achleitner 1985, S. 176.

4) Vgl. zur Problematik bei Klein- und Mittelbetrieben Pinter 1984, S. 28 ff.; Sprenger 1977, S. 12; Bonus 1981, S. 109.

unternehmungen haben ein Bewußtsein für ökologieorientierte Fragestellungen und unterscheiden sich darin von der breiten Öffentlichkeit[1]. Neben ihrer direkten Einsicht in die Notwendigkeiten einer umweltschonenden Produktion sind Arbeitnehmer aus besonders umweltkritischen Branchen noch einem speziellem gesellschaftlichen Druck ausgesetzt. Sie müssen sich in ihrem Privatbereich zuweilen für die Umweltbelastungen durch ihre arbeitgebende Unternehmung verantworten, wodurch Verunsicherung und Frustrationen entstehen können[2]. Stellen die Mitarbeiter ihre Anforderungen an umweltverträgliche Produktionsweisen, sind dabei Konflikte mit ihren eigenen Arbeitsplatzinteressen möglich. Kommt es nämlich zum Rückzug ihrer Unternehmung aus zu umweltschädigenden Geschäftsbereichen, bedeutet dies für die Arbeitnehmer den Verlust des Arbeitsplatzes[3].

Um die Ansprüche der Beschäftigten durchzusetzen, haben sich die Gewerkschaften dieser Thematik angenommen und diverse Forderungen erhoben, von denen einige vereinzelt durchgesetzt werden konnten[4]. So verlangen sie verbindliche Regelungen durch Tarifverträge oder Betriebsvereinbarungen über:

- freien Informationszugangs bezüglich Umweltauswirkungen für die Mitarbeiter bzw. Betriebsrat
- Beschwerde- und Reklamationsrechte in Verbindung mit Gesundheits- und Arbeitsschutzinteressen
- Mitbestimmungsrechte in Bezug auf die umweltbezogene Unternehmungspolitik durch den Betriebsrat bzw. die Einrichtung eines paritätisch besetzten Umweltausschusses.[5]

---

1) Vgl. Heine/Mautz 1989, S. 94.

2) Vgl. Winter 1988, S. 52 ff.

3) Vgl. Deutsche Bank AG 1988, S. 64 f.; Heine/Mautz S. 110 ff.

4) Vgl. Roth 1989, S. 728 ff.

5) Vgl. IG Metall 1988; Roth 1991, S. 195 ff.; Pickshaus 1991, S. 192 f.

Gleichzeitig können Divergenzen zwischen den umweltbezogenen Ansprüchen der Mitarbeiter und ihrem eigenen alltäglichen Verhalten am Arbeitsplatz auftreten. Wie noch ausführlich zu zeigen ist, verlangt die Berücksichtigung von Umweltbelangen ganz konkret von den einzelnen Personen im Betrieb ein Umdenken und das Aufgeben eingefahrener Handlungsweisen[1].

3.3 Ökologische Betroffenheit

Die beschriebenen Kontextfaktoren bewirken durch die von ihnen ausgehenden Einflüsse die ökologische Betroffenheit einer Unternehmung, wobei sich zwischen einer objektiven und einer subjektiven ökologischen Betroffenheit unterscheiden läßt. Während die objektive Betroffenheit oft nur ungefähr mittels bestimmter Indikatoren zu beschreiben ist, wird die subjektive Betroffenheit erkennbar in den Überzeugungen und Verhaltensweisen der Entscheidungsträger[2].

Die objektive ökologische Betroffenheit ist definiert durch die jeweils vorliegende Situation der relevanten Kontextfaktoren. Sie kann gemessen werden durch die Anzahl der Anspruchsgruppen, die Intensität der Forderungen bezüglich anfallender Umweltschutzkosten, der Anzahl der betroffenen Geschäftsfelder und der Höhe der möglichen Sanktionen gegenüber der Unternehmung (z.B. Marktanteils- oder Imageverluste)[3]. Im Hinblick auf das Unternehmungsverhalten ist die objektive Betroffenheit eher von theoretischer Bedeutung und als ein ideales Konstrukt zu charakterisieren.

Maßgeblich für das Unternehmungsverhalten und damit für die organisatorische Gestaltung ist die subjektive ökologische Betroffenheit, da die objektiv beste-

---

1 Vgl. Winter 1988, S. 102 ff.; Nitschke 1990, S.15 ff.

Vgl. Picot/Seidlmeier 1991, S. 7; Kirchgeorg 1990, S. 87.

Vgl. Kirchgeorg 1990, S. 87.

henden Tatsachen und Fakten in einem individuellen Wahrnehmungs- und Transformationsprozeß der Entscheidungsträger verarbeitet werden[1]. Die subjektive Betroffenheit stellt ein Perzeptionsproblem dar, inwieweit die relevanten Kontextfaktoren und die sich ergebenden Konsequenzen richtig eingeschätzt und prognostiziert werden können. Ausschlaggebend hierfür sind die Eigenschaften der verantwortlichen Manager, worunter insbesondere die Qualifikation, die generellen Werte und Einstellungen und die Motivation dieser Entscheidungsträger zu verstehen sind[2].

Einstellungen, Werte und Urteile der obersten Entscheidungsträger können unter dem Begriff Managementphilosophie zusammengefaßt werden[3]. In der Literatur ist unbestritten, daß von der Managementphilosophie ein wesentlicher Einfluß auf Informationswahrnehmung, -selektion und -verarbeitung ausgeht, woraus sich schließlich das interne Abbild eines Entscheiders über die vorliegende Kontextsituation entwickelt[4]. Ein hohes Maß an Qualifikation, d.h. Erfahrung, Kenntnisse und Fähigkeiten werden verlangt, wenn eine sehr komplex und dynamisch ausgeprägte Situation der Kontextfaktoren vorliegt. Große Schwierigkeiten liegen speziell im rechtzeitigen Erkennen schleichender Entwicklungen, die mit einem tiefgreifenden Wandel für die betroffene Unternehmung verbunden sind[5]. Vor dem Hintergrund der Umweltskandale in der Vergangenheit scheinen hier auf Managementebene Fehler begangen worden zu sein. Insgesamt ist davon auszugehen, daß in Abhängigkeit von den jeweiligen Eigenschaften der Entscheidungsträger eine subjektive ökologische Betroffenheit

---

1) Vgl. Achleitner 1985, S. 155. Zur grundlegenden Bedeutung dieses Phänomens für die organisatorische Gestaltung vgl. Welge 1987, S. 227 ff.; Kieser/Kubicek 1992, S. 372 ff.

2) Vgl. Picot/Seidlmeier 1991, S. 8; Marr 1989, S. 72.

3) Vgl. Staehle/Sydow 1992, Sp. 1288; Bleicher 1991, S. 8 f.

4) Vgl. Achleitner 1985, S. 158; Staehle/Sydow 1992, Sp. 1287.

5) Vgl. Marr 1989, S. 78.

in einer Unternehmung entsteht, mit deren Zunahme auch das Ausmaß organisatorischer Maßnahmen ansteigt, wie empirische Ergebnisse bestätigen[1].

Die dargestellten individuellen Eigenschaften des Managements beeinflussen aber nicht nur die Konstruktion eines subjektiven Modells bezüglich der relevanten Kontextfaktoren, sondern generell das ganze Unternehmungsverhalten und durchziehen insofern den gesamten Entscheidungsprozeß der organisatorischen Gestaltung. Für die ergriffenen Umweltschutzstrategien einer Unternehmung ist die Einstellung der Unternehmungsleitung über die Rolle der Unternehmung in der Gesellschaft von besonderer Wichtigkeit[2]. Der Umgang mit den Anspruchsgruppen wird stark durch die Einstellungen gegenüber diesen Anspruchsträgern (etwa hinsichtlich Glaubwürdigkeit, Sachkompetenz, Vertrauenswürdigkeit) bestimmt[3]. Schließlich unterliegt die Auswahl einer organisatorischen Struktur neben objektiv gegebenen Fakten ebenfalls den Inhalten der Managementphilosophie, innerhalb der die Entscheidungsträger sich etwa ihre eigenen Ansichten bilden über die Angemessenheit von Strukturalternativen[4]. Damit sind schon Aspekte angesprochen, die Gegenstand der weiteren Ausführungen sind. Anschließend ist auf die umweltbezogenen Inhalte der Unternehmungspolitik einzugehen. Dabei wird zunächst die Einordnung des Umweltschutzes in das Zielsystem der Unternehmung diskutiert, bevor mögliche strategische Verhaltensweisen dargestellt werden.

---

1) Vgl. Nitze 1991, S. 222 ff.

2) Vgl. Miles 1987, S. 39.

3) Vgl. Kirchgeorg 1990, S. 101.

4) Vgl. Welge 1987, S. 228; Wollnik 1980, Sp. 611 f.

4 Umweltschutz und Ziele der Unternehmung

Die Organisation des betrieblichen Umweltschutzes ist auf die Erreichung unternehmerischer Zielgrößen ausgerichtet. Die Ziele stehen in unmittelbarem Zusammenhang zu den organisatorischen Gestaltungsmaßnahmen und steuern die Entscheidungen über die Auswahl dieser Maßnahmen. Im folgenden wird deshalb zunächst auf das im Rahmen der Unternehmungspolitik festzulegende Zielsystem der Unternehmung eingegangen. Hierbei ist die Bedeutung des Umweltschutzes innerhalb des Zielsystems darzustellen, woraus sich Aussagen über die Relevanz von Umweltschutzaufgaben entwickeln lassen. Darüber hinaus ist zu betrachten, inwieweit aus den Unternehmungszielen direkt Aussagen über die Zweckmäßigkeit organisatorischer Gestaltungsmaßnahmen abgeleitet werden können. Um im weiteren Verlauf dieser Untersuchung Gestaltungsempfehlungen aufzustellen und zu begründen, sind Kriterien notwendig, anhand derer eine Bewertung der Gestaltungsmaßnahmen hinsichtlich der Erreichung der Unternehmungsziele vorgenommen wird. Mögliche Kriterien, die eine derartige Effizienzbeurteilung ermöglichen sollen, werden zum Schluß dieses Kapitels ermittelt.

4.1 Stellung des Umweltschutzes im Zielsystem

Ganz allgemein versteht man unter einem Ziel "einen Zustand der Unternehmung ..., der als erstrebenswert angesehen wird"[1]. Die Zielbildung ist ein zentraler Bestandteil der Unternehmungspolitik und ist der Ausgangspunkt für die Aktivitäten in den Unternehmungsbereichen, da Ziele die Aufforderung

---

1) Heinen 1976, S. 45; vgl. auch Hamel 1992, Sp. 2635; Kupsch 1979, S. 15. Vgl. auch Kapitel 2.2.

beinhalten, im Sinne der Zielerreichung zu handeln. Angesichts der Ergebnisse der empirischen Zielforschung kann davon ausgegangen werden, daß Unternehmungen nicht nur ein Ziel verfolgen, sondern ein ganzes Bündel von Zielen anstreben[1]. Die Menge der Ziele und ihre Ordnung aufgrund ihrer Beziehungen untereinander bilden insgesamt das betriebliche Zielsystem[2].

Ob und in welchem Umfang Umweltschutz bei den betrieblichen Entscheidungen und Handlungen berücksichtigt wird, ergibt sich aus der Stellung des Umweltschutzes im Zielsystem[3]. Wenn eine Unternehmung ökologieorientiertes Verhalten erreichen will, muß sie dem Umweltschutz dementsprechend Gewicht und Rang gegenüber anderen Zielgrößen einräumen. Dabei kann insbesondere danach differenziert werden, in welchem Verhältnis Umweltschutz gegenüber dem Gewinnstreben einer Unternehmung steht. Folgende Konstellationen sind denkbar:

- Die Festlegung der Zielprioritäten weist dem Gewinnstreben eindeutig den höchsten Stellenwert zu. Das unternehmerische Verhalten wird von traditionellen ökonomischen Zielgrößen dominiert und Umweltschutz erhält demzufolge ein untergeordnetes Gewicht. Ökologieorientierte Maßnahmen würden in einem solchen Fall weniger nach ihren Umweltauswirkungen als primär unter Gewinngesichtspunkten beurteilt.

- Umweltschutz tritt mit einem eigenen/gleichen Rang neben andere ökonomische Zielsetzungen. Bei dieser Konstellation bestünde keine Dominanz des Gewinnziels, sondern ökologieorientierte Ziele bilden

---

1) Vgl. Bidlingmaier 1968, S. 25 ff; Heinen 1976, S. 28 ff.; Ulrich 1978, S. 101.

2) Vgl. Hauschildt 1980, Sp. 2420; Hamel 1992, Sp. 2636 ff. Einen Überblick über mögliche unternehmerische Zielgrößen gibt z.B. Steffenhagen 1991, S. 66.

3) Die Diskussion um die Integration des Umweltschutzes in das Zielsystem hat in der jüngeren betriebswirtschaftlichen Literatur eine breite Beachtung gefunden. Vgl. zu den nachfolstehenden Ausführungen z.B. Strebel 1980; Terhart 1986a; Schreiner 1988; Schultz 1984; Frese/Kloock 1989; Kudert 1990; Bräuer 1992; Meffert/Kirchgeorg 1992; Hagen 1992; Nork 1992; Staehle/Nork 1992.

eine eigenständige Handlungsmaxime, aus der Ertragseinbußen resultieren können und in Kauf genommen werden. Umweltschutz ist dann ein autonom gesetztes Ziel, das unabhängig vom Gewinnstreben verfolgt wird. (Als Grundlage hierfür kann etwa eine in der Managementphilosophie enthaltene soziale Verantwortung der Entscheidungsträger angesehen werden.) In der Literatur ist es umstritten, inwieweit ein derartig "altruistisches" Verhalten Unternehmungsaufgabe ist oder überhaupt sein kann, da dem einerseits ordnungspolitische Bedenken entgegenstehen und andererseits in einem marktwirtschaftlichen System freiwillige Wettbewerbsnachteile eine unrealistische Annahme darstellen[1].

Außer diesen beiden Konstellationen unterschiedlichen Stellenwerts der Zielgrößen sind weiterhin die möglichen Interdependenzbeziehungen zwischen den Zielgrößen zu beachten. Dabei interessieren insbesondere folgende Beziehungen[2]:

- Umweltschutz wird als eine konkurrierende oder konfliktäre Zielgröße im Verhältnis zu den ökonomischen Interessen aufgefaßt. So lassen sich bei einer Umweltschutzinvestition (z.B. Installation einer Filteranlage) den ökologischen Vorteilen die damit verknüpften Kostenkonsequenzen gegenüberstellen, die zu einer Schmälerung des Gewinns führen.
- Andererseits können sich Umweltschutz und Gewinnstreben in einem komplementären Verhältnis zueinander befinden. Umweltschutz trägt dann zur Erschließung von Gewinnpotentialen bei. Anhand der in Kapitel 3 dargestellten Beziehungen zu den unterschiedlichen Anspruchs-

---

1) Vgl. Picot 1977, S. 25 ff.; Rückle 1989, S. 55; Anshen 1980, S. 26; Heinen 1976, S. 126. So formulieren Staehle/Nork 1992, S. 80: "Unternehmungen werden nicht gegründet, um Umweltschutzpreise zu gewinnen, sondern um nachhaltig ökonomische Erträge zu erwirtschaften."

2) Zu den möglichen Beziehungszusammenhängen zwischen Zielen vgl. grundsätzlich Heinen 1976, S. 94 ff.; Bidlingmaier 1968, S. 43 ff.

gruppen ist ein breites Spektrum von umweltbezogenen Unternehmungsaktivitäten denkbar, die gewinnsteigernd wirken. Beispiele wären Umsatzsteigerungen durch umweltschonende Produkte, Akzeptanzsicherung bei Genehmigungsbehörden durch Auflagenerfüllung oder Motivationssteigerungen bei Mitarbeitern durch umweltfreundliche Produktionsverfahren.

Damit ergibt sich für die empirische Zielforschung die Frage, welchen Stellenwert die Praxis dem Umweltschutz in den Zielsystemen zuweist und welche Beziehungszusammenhänge zwischen den Zielgrößen existieren. Zu der Problematik, ob Umweltschutz eine autonome Zielsetzung ist oder vom Gewinnstreben dominiert wird, existieren empirische Studien, aus denen Rückschlüsse gezogen werden können[1]. Insgesamt läßt sich daraus eine Tendenz zu einer steigenden Berücksichtigung des Umweltschutzes im Zielsystem entnehmen[2], wobei der dominierende Stellenwert von Wettbewerbsfähigkeit und langfristiger Gewinnerzielung unbestritten bleibt[3]. Inwieweit Umweltschutz als autonome Zielsetzung eine Verbreitung in der Praxis gefunden hat, ist anhand dieser Studien nicht zu bestimmen[4].

In Bezug auf die Zielbeziehungen ist vor dem Hintergrund des gestiegenen Umweltbewußtseins und der wachsenden Forderungen der Anspruchsgruppen davon auszugehen, daß langfristige Gewinnerzielung und Existenzsicherung nur

---

1) Vgl. die Untersuchungen von Meffert 1990; Raffee et al. 1988; Fritz et al. 1988; Töpfer 1985. Generell ist zu diesen Studien wie überhaupt zur empirischen Zielforschung kritisch anzumerken, daß darin die offiziellen Ziele erhoben werden, d.h. es handelt sich um die Zielgrößen, die nach außen verkündet werden (können oder sollen) und mithin dem Aspekt der sozialen Erwünschtheit unterliegen. Vgl. Strebel 1980, S. 47; Staehle 1989, S. 410 f.

2) Vgl. Fritz et al. 1988, S. 571 ff.

3) Vgl. Meffert 1990, S. 90; Fritz et al. 1988, S. 571 ff.

4) Vgl. zu dieser Problematik Umweltbundesamt 1991, S. 204.

möglich sind bei einem gewissen Mindestniveau an Umweltschutzmaßnahmen[1]. Demnach besteht unter längerfristigen Gesichtspunkten ein eher komplementärer Zusammenhang zwischen Umweltschutz und Gewinnzielen[2]. Abweichende Einschätzungen hinsichtlich eines positiven oder negativen Beitrags von Umweltschutzaktivitäten zum Gewinnziel scheinen sich häufig auf einen unterschiedlichen zeitlichen Betrachtungshorizont zurückführen zu lassen. Durch die anfänglich notwendigen Investitionsausgaben für umweltfreundliche Produkt- oder Prozeßinnovationen entstehen kurzfristig Gewinneinbußen, die zumeist aber in einem späteren Zeitraum kompensiert werden können[3]. In diese Richtung weisen auch Ergebnisse von jüngeren empirischen Untersuchungen, wie sie beispielsweise Abbildung 4-1 vermittelt[4]. Danach treten Konflikte entsprechend der traditionellen Argumentationsweise in der Praxis speziell gegenüber den kurzfristigen Gewinnen als Folge der mit Umweltschutzmaßnahmen einhergehenden Kostenwirkungen auf. Alle anderen ökonomischen Zielsetzungen befinden sich dagegen zumindest in einem neutralen oder sogar komplementären Verhältnis zu Umweltschutzzielen.

Zwischen den beschriebenen Konstellationen von Zielsystemen wird im Einzelfall sehr schwierig zu unterscheiden sein. Letztlich ist eine solche Differenzierung für die hier verfolgte Themenstellung irrelevant. In beiden Konstellationen kann Umweltschutz einen sehr hohen Rang einnehmen, woraus sich ein gleichartiges Spektrum von Umweltschutzaufgaben ableiten läßt und somit nicht

---

1) Vgl. etwa Frese/Kloock 1989, S. 5; Paul 1989, S. 284.

2) Vgl. Strebel 1980, S. 51; Schmid 1989, S. 25 ff.; Senn 1986, S. 60 f. Eher kritisch beurteilt dies dagegen Marr 1989, S. 106.

3) Vgl. Picot 1977, S. 34; Müller 1991, S. 33 f.

4) Vgl. auch die ähnlichen Resultate der Studie in Umweltbundesamt 1991, S. 204 ff.

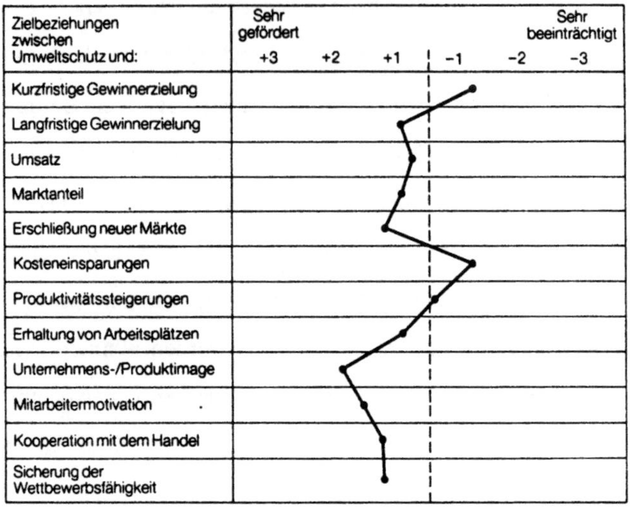

Abb. 4-1: Beziehungen zwischen ökologischen und ökonomischen Unternehmungszielen (Quelle: Meffert 1990, S. 85)

notwendigerweise ein Unterschied im Unternehmungsverhalten erkennbar ist[1]. Bei beiden Zielkonstellationen sind aufgrund (zumindest zeitweiser) potentiell konfliktärer Beziehungen zwischen Umweltschutz und Gewinnstreben schwierige Abwägungsentscheidungen darüber möglich, in welchem Umfang Umweltschutzmaßnahmen ergriffen werden sollen. Tritt Umweltschutz als autonomes Ziel neben ökonomische Interessen, so sind solche Kalküle generell für die Unternehmungsaktivitäten durchzuführen, um einen Ausgleich zwischen diesen Zielsetzungen zu gewährleisten[2]. Aber auch falls Umweltschutz der Dominanz von ökonomischen Interessen unterliegt, werden sehr häufig derartig komplexe Abwägungsprobleme zu bewältigen sein, da die einzelnen negativen und positi-

1) Für die diversen Anspruchsgruppen hätte eine entsprechend hohe Stellung des Umweltschutzzieles unter der Dominanz des Gewinnzieles den Vorteil, daß die betreffende Unternehmung ihre Umweltschutzmaßnahmen als ökonomische Notwendigkeit betrachtet und damit nicht aus einer Managementphilosophie resultiert, die etwa wegen personeller Inkonsistenzen einer sehr schnellen Änderungsgefahr ausgesetzt ist.

2) Vgl. Frese/Kloock 1989, S. 22.

ven Erlösbeiträge von Umweltschutzmaßnahmen oft zeitlich auseinander fallen und damit stark von Unsicherheit behaftet sein können. Genauso wie in der Vergangenheit vielmals der ökonomische Erfolg von umweltfreundlichem Verhalten unterschätzt wurde, wäre es denkbar, daß etwa in Folge einer allgemeinen "Umwelthysterie" zukünftig auch vermehrt umgekehrte Fehlbeurteilungen eintreten[1].

Die insofern als unergiebig anzusehende Diskussion bezüglich der Prioritäten zwischen ökonomischen und nichtökonomischen Zielen wird aufgelöst durch die hier vertretene systemorientierte Sichtweise, die die Prozesse zwischen Unternehmung und Kontextfaktoren in den Mittelpunkt der Betrachtungen rückt[2]. Unternehmungen sind keine autonomen Entscheidungseinheiten, die bestimmte Zielprioritäten festschreiben können, sondern müssen die Forderungen der unterschiedlichsten Anspruchsgruppen berücksichtigen, um auf Dauer existieren zu können. Zielsysteme basieren demnach auf Interaktionsprozessen zwischen Unternehmungsleitung und Anspruchsgruppen und sind so zu gestalten, daß über eine Befriedigung der Forderungen dieser Anspruchsgruppen deren Beitrag zum Unternehmungsfortbestand gewährleistet ist[3]. Eine vorrangige Aufgabe des Managements im Rahmen der Unternehmungspolitik liegt darin, Art und Höhe der Ansprüche (hier hinsichtlich Umweltschutz) zu bestimmen und eine Anpassung des Zielsystems an die jeweilige Situation vorzunehmen, was von den Entscheidungsträgern die schon weiter oben erwähnten angemessenen Fähigkeiten erfordert[4].

---

1) Vgl. allgemein zu der Problematik der Eindeutigkeit von Mittel-Zweck-Beziehungen zwischen ökonomischen und nicht-ökonomischen Zielen Marr 1989, S. 85.

2) Vgl. dazu insbesondere die Ausführungen in Kapitel 2.2.

3) Vgl. grundlegend zum sogenannten Ressourcen-Dependenz-Ansatz Pfeffer/Salancik 1978, S. 36 f.; Hill/Fehlbaum/Ulrich 1989, S. 145 ff.; Grabatin 1980, S. 64 f.

4) Vgl. Pfeffer/Salancik 1978, S. 18/89; Hamel 1992, Sp. 2646 f.

Bei der Gestaltung umweltbezogener Maßnahmen wird im folgenden davon ausgegangen, daß die nachstehenden inhaltlichen Problemfelder im Vordergrund stehen und von den Unternehmungen als relevante Zielsetzungen im Zusammenhang mit Entscheidungen über umweltbezogene Aktivitäten angesehen werden[1]:

- *Ökologische Qualität*: Diese Zielgröße gibt an, in welchem Umfang eine Unternehmung den Zustand der natürlichen Umwelt als schützenswert empfindet. Die Ausprägung dieser Zielgröße entspricht der Höhe des Antriebs, mit dem eine Unternehmung bei ihren Aktivitäten darauf achtet, die damit verbundenen direkten und indirekten Umweltschädigungen zu verringern oder zu vermeiden. Es macht hier keinen Unterschied, ob die Unternehmung das Ziel ökologische Qualität aus Sozialverantwortlichkeit oder aus Überlegungen zur langfristigen Sicherung der benötigten natürlichen Ressourcen verfolgt.

- *Soziale Akzeptanz*: Mit dieser Zielgröße ist das Ausmaß angesprochen, mit dem eine Unternehmung die Sicherung der Beziehungen zu den diversen Anspruchsgruppen anstrebt. Diese Beziehungen können angesichts der Auswirkungen des Unternehmungsverhalten auf den Zustand der natürlichen Umwelt positiv oder negativ beeinflußt werden. Hierbei läßt sich unterscheiden zwischen der Legalität, welche die Akzeptanz der staatlichen Institutionen beinhaltet, und der Legitimität, die sich aus der Akzeptanz der übrigen, insbesondere der gesellschaftlichen Anspruchsgruppen zuammensetzt. Wie schon bei der ökologischen Qualität ist es unerheblich, inwie-

---

1) Vgl. dazu ähnlich Meffert/Kirchgeorg 1992, S. 11 ff. und weiterhin Dyckhoff 1992b, S. 121.

weit soziale Akzeptanz aus moralisch-ethischem Antrieb[1] oder ökonomischen Gründen betrieben wird.

Ökonomischer Erfolg: Hiermit ist angesprochen, in welchem Umfang bei den Entscheidungen gewinnorientierte Aspekte im Vordergrund stehen, die sich z.B. in einem Ausbau der Wettbewerbsposition oder Stärkung der Ertragskraft durch Kostenreduzierungen ausdrücken können. Zur Sicherung der langfristigen Unternehmungsexistenz ist ein Mindestmaß an ökonomischen Erfolg unerläßlich[2].

Die Zielgrößen ökologische Qualität, soziale Akzeptanz und ökonomischer Erfolg bilden zusammen das Spektrum von Zielsetzungen, die insgesamt relevant sind für die Ausrichtung des umweltbezogenen Unternehmungsverhaltens. D.h. unterschiedliche Verhaltensweisen hinsichtlich Umweltschutz basieren auf einer unterschiedlichen Bedeutung oder Gewichtung dieser drei Zielgrößen. Da ein angemessener ökonomischer Erfolg eine Mindestvoraussetzung ist, kann vermutet werden, daß die Unterschiede im Zielsystem im wesentlichen in der Gewichtung der ökologischen Qualität und der sozialen Akzeptanz bestehen.

Angesichts der beschriebenen vielfältigen Konstellationsmöglichkeiten soll die konkrete Ausprägung der Gewichtung der definierten Zielgrößen sowie der zwischen ihnen bestehenden Beziehungen nicht weiter interessieren. Für die weiter unten in Kapitel 5.2 herzuleitenden strategischen Verhaltensweisen ist es unerheblich, ob etwa ökologische Qualität als ein vom ökonomischen Erfolg dominiertes Ziel anzusehen ist oder ein autonomes Ziel darstellt. Bevor auf die

---

1) Ein solcher Fall wäre etwa gegeben, falls ein Entscheidungsträger eigentlich dem Zustand der Umwelt gleichgültig gegenüber steht, aber trotzdem umweltverträgliche Maßnahmen ergreift, um die ihm berechtigt erscheinenden Forderungen und Interessen von Anspruchsgruppen nicht zu verletzen.

2) Vgl. Terhart 1986a, S. 403; Picot/Seidlmeier 1991, S. 10 f.

strategischen Verhaltensweisen bezüglich Umweltschutz und die damit verbundenen Aufgaben näher eingegangen wird, ist zunächst zu prüfen, inwieweit die dargestellten Ziele geeignet sind, als Beurteilungskriterien für die Zweckmäßigkeit von Regelungen zur organisatorischen Strukturgestaltung dienen zu können.

4.2 Zur Problematik der Bestimmung organisatorischer Gestaltungsziele

Gestaltungsentscheidungen über die organisatorische Struktur einer Unternehmung sind aufgrund des instrumentellen Charakters der Organisation auf die Erreichung der Unternehmungsziele ausgerichtet. Deshalb sind bei der Auswahl zwischen alternativen Struktursystemen deren jeweilige Konsequenzen im Hinblick auf ihren Beitrag zu den Unternehmungszielen zu ermitteln und danach zu bewerten. Aus den unterschiedlichen Organisationsstrukturen entstehen verschiedene Verhaltenswirkungen, die prognostiziert werden müssen und den organisatorischen Gestaltungszielen gegenüber zu stellen sind. Aus der Übereinstimmung zwischen diesen Größen ergibt sich die erwartete organisatorische Effizienz. Die Effizienz einer Organisationsstruktur kann somit als Realisationsgrad der angestrebten Zielsetzungen verstanden werden.[1]

Will man den Beitrag einer Organisationsstruktur direkt an den Unternehmungszielen messen bzw. zieht man diese Ziele als Kriterien für die Auswahl zwischen alternativen organisatorischen Regelungen heran, so treten dabei folgende Schwierigkeiten auf: Da Unternehmungsziele das Ergebnis eines Interaktionsprozesses zwischen mehreren Gruppierungen sind, können sich im Zeitablauf je nach Auftreten und Machtbasis dieser Gruppen Änderungen in der Ausprägung des Zielsystems ergeben. Benötigt werden aber längerfristig gültige Gestal-

1) Vgl. Frese 1987, S. 447 f.; Welge 1987, S. 591 ff.

tungsziele, an denen eine Orientierung bei Entscheidungen über organisatorische Strukturen möglich ist, weil diese von tendenziell dauerhaftem Bestand sind[1]. Des weiteren entsteht bei der Anwendung der Unternehmungsziele ein gravierendes Zurechnungsproblem. In aller Regel ist der genaue Beitrag einer organisatorischen Maßnahme zu einem Unternehmungsziel aufgrund der komplexen Wirkbeziehungen, die die Abschätzung einer spezifischen Maßnahme auf eine allgemeine Zielgröße stark behindern, nicht zu verfolgen[2]. Vielmehr werden die Unternehmungsziele in hohem Umfang auch von anderen betrieblichen Instrumenten außer der Organisationsstruktur beeinflußt, so daß keine Möglichkeit für eine isolierte Betrachtung der Effizienz von organisatorischen Regelungen besteht[3]. So kann etwa die Einhaltung anlagenspezifischer Emissionsgrenzwerte neben der Regelung der organisatorischen Zuständigkeit genauso auf die technische Ausstattung oder das personengebundene Fachwissen zurückzuführen sein.

Von daher ist es erforderlich, Gestaltungsziele herzuleiten, die gegenüber "Unternehmungszielen ein höheres Maß an Gestaltungsdauer und Verbreitung aufweisen und auf das Zielerreichungsinstrument Organisation speziell zugeschnitten sind."[4] Bezüglich der Einführung derartiger Gestaltungsziele, die als Effizienzkriterien genutzt werden können, stellt sich das Problem, daß diese Gestaltungsziele sich nicht logisch aus den Unternehmungszielen deduzieren lassen, sondern nur empirisch zu bestimmen sind[5]. Aufgabe der empirischen Forschung wäre demnach die Klärung des Zusammenhangs zwischen Gestaltungsziel und Unternehmungsziel einerseits und zwischen Gestaltungsziel und organisatorischer Maßnahme andererseits. Angesichts der vielfältigen Schwierig-

---

1) Vgl. Hill/Fehlbaum/Ulrich 1989, S. 158 f.; Scholz 1992, Sp. 547 f.

2) Vgl. dazu sehr anschaulich Frese 1987, S. 448.

3) Vgl. Hill/Fehlbaum/Ulrich 1989, S. 159; Welge/Fessmann 1980, Sp. 580.

4) Grochla/Thom 1980, Sp. 1499 f.; vgl. auch Fessmann 1980, S. 68.

5) Vgl. Frese 1987, S. 449.

keiten, die mit der empirischen Effizienzforschung verbunden sind[1], kann die Frage der Entwicklung eines konsistenten Gefüges von Effizienzkriterien nicht als gelöst betrachtet werden[2]. Dies gilt in besonderem Maße für die hier betrachteten umwelt- und sozialorientierten Ziele, da die Effizienzforschung sich traditionell stärker auf die ökonomischen Ziele konzentrierte und die Beziehungen zu externen Anspruchsgruppen erst von systemorientierten Ansätzen thematisiert wird[3].

Trotz der dargestellten Probleme bleibt die Notwendigkeit zur Aufstellung von Effizienzkriterien, welche die Beurteilung und Auswahl alternativer organisatorischer Regelungen erlauben. Im folgenden werden deshalb Kriterien hergeleitet, bei denen die subjektive Annahme besteht, daß die Erfüllung der Effizienzkriterien einen positiven Beitrag zur Erfüllung der Unternehmungsziele leistet und diese Größen weiterhin stark von organisatorischen Maßnahmen beeinflußt sind.

4.3 Gestaltungsziele zur organisatorischen Effizienzbeurteilung

Aufgrund der bestehenden Defizite in der Organisationstheorie sollen die zu entwickelnden Effizienzkriterien nicht zu komplex sein, sondern vielmehr eine zumindest grobe Orientierungshilfe bei der Bewertung alternativer Organisationsstrukturen sicherstellen. Unter Berücksichtigung der vorgenannten Einschränkungen erscheinen nachstehende Gestaltungsziele zur Effizienzbeurteilung geeignet[4].

---

1) Vgl. Fessmann 1980, S. 69 ff.; Scholz 1992, Sp. 546 ff.

2) Vgl. Frese 1987, S. 454.

3) Vgl. dazu Welge 1987, S. 606 ff.

4) Vgl. Hill/Fehlbaum/Ulrich 1989, S. 173.

Entscheidungsqualität: Bei der Auswahl zwischen alternativen Organisationsstrukturen ist zu bewerten, inwieweit die Strukturen eine inhaltlich kompetente Auseinandersetzung mit umweltbezogenen Fragen ermöglichen. Um die ökologische Qualität zu gewährleisten und die Akzeptanz von Anspruchsgruppen zu sichern, bedarf es einer Organisation, die entsprechende Ergebnisse von Entscheidungsprozessen fördert. Innerhalb der Entscheidungsvorbereitung ist eine angemessene Informationsversorgung erforderlich, die einerseits alle maßgeblichen Daten aus den verschiedenen Bereichen der Unternehmung und des Umsystems erfaßt und zusammenführt. Weiterhin muß die Informationsversorgung aktuell sein, damit Fehlentscheidungen aufgrund von Informationsdefiziten vermieden werden. Bei der anschließenden Entschlußfassung sind die vielfältigen mit umweltbezogenen Maßnahmen einhergehenden Aspekte zu berücksichtigen, wofür angesichts der strategischen Bedeutung von Umweltfragen ein großes Maß an Professionalität der Stelleninhaber notwendig wird.

Flexibilität: Anhand dieses Effizienzkriteriums sind Organisationsstrukturen danach zu beurteilen, wie zeitaufwendig die Maßnahmen zur Koordination der an umweltbezogenen Entscheidungen beteiligten Unternehmungseinheiten sind. In diese Betrachtung ist miteinzubeziehen, in welchem Ausmaß überhaupt zu koordinierende Interdependenzen entstehen, die aus der Arbeitsteilung zwischen verschiedenen Unternehmungseinheiten resultieren. Flexibilität drückt sich aus in dem Zeitraum, der verstreicht, bis eine Unternehmung ihr Verhalten auf eine geänderte Situation angepaßt hat[1]. Bei zunehmender Differenzierung und Spezialisierung in einer Organisationsstruktur verlieren die Einheiten den Überblick über den Gesamtvorgang, womit oft der Einsatz von aufwendigen

1) Vgl. Frese 1987, S. 457.

Koordinationsmechanismen erforderlich wird[1]. Gerade in besonders dynamischen Aufgabenbereichen wie etwa der Umweltschutzproblematik (bspw. veränderte Rechtsgrundlagen oder Handhabung von Störfällen) ist eine schnelle Anpassungsfähigkeit der Unternehmung wichtig, die durch ein entsprechendes Flexibilitätspotential der Organisation sichergestellt werden muß. Demnach ist die Organisationsstruktur darauf auszurichten, daß Anpassungsbedarf frühzeitig erkannt wird, die notwendigen Anpassungsentscheidungen schnell getroffen werden und dies ohne gravierende Störungen der übrigen Unternehmungsbereiche geschieht[2].

Ressourceneinsatz: Mit Hilfe dieses Kriteriums soll erfaßt werden, in welchem Umfang Ressourcen zur Einrichtung einer bestimmten organisatorischen Struktur für umweltbezogenen Aufgaben erforderlich sind. Des weiteren ist zu prüfen, inwieweit die jeweilige Struktur eine effiziente Nutzung der bereitgestellten Ressourcen gewährleistet. Darin kommt zum Ausdruck, daß eine Unternehmung aus Wirtschaftlichkeitsüberlegungen die angestrebte ökologische Qualität mit einem möglichst geringen Ressourcenverzehr erreichen will. Hinsichtlich der Erfüllung umweltbezogener Aufgaben geht es hierbei insbesondere um die Bildung und umfassende Nutzung der personellen Kapazitäten bzw. des spezifischen in der Unternehmung vorhandenen Fachwissens[3]. Daneben steht die Beachtung des Aufwands für informations- und kommunikationstechnische Sacheinrichtungen, ohne die eine qualifiziertes ökologieorientiertes Unternehmungsverhalten nicht durchführbar ist (bspw. Einführung eines rechnergestützten Informationssystems zur Erfassung und Dokumentation umweltrelevanter Betriebsdaten oder Anschlüsse an externe Datenbanken).

---

1) Vgl. Eisenführ 1990, S. 23 f.

2) Vgl. Grochla 1982, S. 94.

3) Vgl. Frese/Kloock 1989, S. 24.

Motivation: Schließlich sind Organisationsstrukturen auch im Hinblick auf die Erfüllung der Interessen und Bedürfnisse der Unternehmungsmitglieder zu bewerten. Nur motivierte Mitarbeiter setzen sich engagiert für die Unternehmungsbelange ein und verhalten sich gemäß den organisatorischen Regelungen, weshalb diese Mechanismen enthalten sollten, die die Leistungsbereitschaft des Personals unterstützen. Insofern bewirkt eine Berücksichtigung der Mitarbeiterziele auch eine Förderung der Unternehmungsziele[1]. Vielfach wünschen Unternehmungsmitglieder Selbstentfaltungsspielräume und Partizipationsmöglichkeiten an betrieblichen Entscheidungen[2]. Es ist von nicht zu unterschätzender Bedeutung, daß zwischen Unternehmungsleitung und Mitarbeitern zumindest ein grundsätzlicher Konsens darüber besteht, welche Bedeutung den Zielgrößen ökologische Qualität und sozialer Akzeptanz gegenüber dem ökonomischen Erfolg zuzurechnen ist. Beinhalten die am Arbeitsplatz auftretenden Entscheidungsprobleme bezüglich der Durchführung von umweltschutzorientierten Maßnahmen ein zu hohes Konfliktpotential, so sind diese Situationen für die Entscheidungsträger nicht mehr beherrschbar. Daraus können sich Demotivation und Verunsicherung ergeben.

Zusammen bilden die Gestaltungsziele einen Katalog von Effizienzkriterien, zwischen denen komplementäre, neutrale oder konfliktäre Beziehungen bestehen können. Über den Einfluß eines Gestaltungszieles auf die Ausprägung eines anderen lassen sich verschiedene Vermutungen aufstellen, die auf Plausibilitätsüberlegungen beruhen. So ist etwa anzunehmen, daß eine großzügige Ressourcenausstattung die Entscheidungsqualität steigert, aber neben den hohen Kosten auch zeitlich aufwendige Koordinationsverfahren entstehen, falls viele Personen an der Entscheidungfindung beteiligt sind. Während ausgiebige Ressourcen und eine hohe Entscheidungsqualität die Mitarbeitermotivation fördern dürften,

---

1) Vgl. Hill/Fehlbaum/Ulrich 1989, S. 161.

2) Vgl. Grochla 1982, S. 93 f.

können langwierige Koordinationsprozesse einerseits Ungeduld und Frustrationen bei den Entscheidungsträgern bewirken, andererseits aber die Zustimmung und Unterstützung der Beteiligten erreichen.

5 Umweltbezogene Unternehmungsstrategien

5.1 Grundlagen der Strategiebildung

Strategien lassen sich verstehen als grundsätzliche Vorgehensweisen oder allgemeine Verfahrensrichtlinien[1]. Sie sind ausgerichtet auf das Erreichen der Ziele einer Unternehmung, welche auf der Ebene des normativen Managements der Unternehmungspolitik festgelegt worden sind[2]. Die daran anknüpfende Ebene des strategischen Managements beinhaltet Entscheidungen über das grundlegende und längerfristige Vorgehen in Bezug auf die umweltbezogenen Ziele. In der betriebswirtschaftlichen Literatur existiert inzwischen eine Vielzahl von Ansätzen, die das strategische umweltbezogene Verhalten erfassen und beschreiben[3]. Obwohl für die meist konzeptionell bestimmten Strategietypen teilweise sogar identische Bezeichnungen verwendet werden, sind diese Ansätze oft nur schwer zueinander in Beziehung zu setzen, weil sie auf verschiedenen Kriterien basieren.

Trotz der schon bestehenden, zuweilen irreführenden Fülle von Strategietypologien entwickelt die vorliegende Arbeit einen eigenen Ansatz. Die zu bestimmenden Strategietypen sollen umfassend die mit der Umweltproblematik zusammenhängenden betrieblichen Aufgaben und Maßnahmen berücksichtigen und eine Systematik dieser betrieblichen Aufgaben beinhalten. Aufbauend auf

---

1) Vgl. etwa Ulrich 1978, S. 106 f.

2) Vgl. Bleicher 1991, S. 4 f.; Dyckhoff 1992b, S. 353 f.

3) Vgl. z.B. die Klassifikationen bei Steger 1988, S. 150 ff.; Wicke et al. 1992, S. 41 ff.; Frese/Kloock 1989, S. 4 ff.; Matschke/Lemser 1992, S. 95 ff. oder die stark beachtete, empirisch-induktiv hergeleitete Klassifikation bei Kirchgeorg 1990, S. 142 ff. Einen Überblick über die unterschiedlichen Ansätze geben Meffert/Kirchgeorg 1992, S. 141.

einer derartigen Strategietypologie, welche einen Überblick über die jeweiligen Aufgabenschwerpunkte des Unternehmungsverhalten gibt, kann im anschließenden Kernteil der Arbeit die strategieadäquate Gestaltung der Organisation diskutiert werden.

Den Hintergrund für die Herleitung der Strategietypen bilden die in Kapitel 4.1 ermittelten Zielgrößen ökologische Qualität, soziale Akzeptanz und ökonomischer Erfolg. Im Zusammenhang mit der Umweltproblematik ergibt sich eine Vielzahl von betrieblichen Aufgaben oder Maßnahmen, die auf das Erfüllen der genannten Ziele gerichtet sind und sich im weiteren Sinne mit den durch betriebliche Prozesse verursachten Auswirkungen auf die Umwelt befassen. Zusammen ergeben diese Maßnahmen ein Aufgabenfeld, welches als *Umweltmanagement* bezeichnet werden soll. Umweltmanagement umfaßt einen Katalog von Aufgaben, der aus unterschiedlichen Bereichen von Maßnahmen besteht, die im folgenden übersichtsmäßig dargestellt werden[1]. Dabei ist der Entwurf eines vollständigen und überschneidungsfrei konzipierten Katalogs umweltbezogener Aufgaben angesichts des gegenwärtigen Stands der Forschung sehr problematisch[2].

Innerhalb des Umweltmanagements sind zunächst die inhaltlich konkret auf Umweltschutz gerichteten Maßnahmen zu nennen, die substantiell Umweltschädigungen verringern oder vermeiden sollen. Hierbei ist insbesondere zu unterscheiden, ob sich diese *Umweltschutzmaßnahmen* auf die unmittelbar von der Unternehmung ausgehenden Umweltschädigungen beziehen (= direkter

---

1) Eine detaillierte Schilderung der Maßnahmen wird im Rahmen der Beschreibung der Strategien in den nachstehenden Kapiteln vorgenommen.

2) Die in der Literatur vorhandenen Ansätze zur Klassifikation der Aufgaben lehnen sich zum einen stark an die gesetzlich vorgeschriebenen Tätigkeiten des Betriebsbeauftragten für Umweltschutz an, wobei dies aber keinesfalls eine vollständige Erfassung der notwendigen Aufgaben ist. Zum anderen werden möglichst ausführliche Beschreibungen und Aufzählungen der betrieblichen Aufgaben vorgenommen, die jedoch relativ unsystematisch erscheinen.

Umweltschutz) oder auch auf mittelbare von den Produktlebens-Zykluspartnern ausgehende Belastungen gerichtet sind (= indirekter Umweltschutz)[1]. Die Planung von Umweltschutzmaßnahmen beinhaltet bei der Entscheidungsvorbereitung eine fundierte Informationsbeschaffung, woran sich die Entschlußfassung über Richtlinien und die durchzuführenden Maßnahmen anschließt. Die Realisation von Umweltschutzmaßnahmen kann unterschiedliche Funktionsbereiche einer Unternehmung (neben Reduktion etwa Beschaffung, Produktion oder Absatz) erfassen. Bei der Kontrolle von Umweltschutzmaßnahmen werden die tatsächlichen Ergebnisse überprüft, inwieweit sie den in der Planung festgelegten Vorgaben und Richtwerten entsprechen.

Umweltmanagement umfaßt aber mehr Aufgaben als die bisher dargestellten Umweltschutzmaßnahmen. Daneben stehen die *Kommunikationsmaßnahmen*, welche sich mit der Darstellung von Ausmaß und Ergebnissen der Umweltschutzmaßnahmen gegenüber den Anspruchsgruppen befassen, aber auch die Abwehr von Ansprüchen zum Inhalt haben können. Schließlich sind *Überwälzungsmaßnahmen* zu erwähnen, die als nicht zumutbar betrachtete Ansprüche und die damit verbundenen Konsequenzen auf andere Institutionen übertragen. Die beiden zuletzt aufgeführten Maßnahmenbereiche - Kommunikation und Überwälzung - werden in der Literatur selten oder überhaupt nicht betrachtet. Sie werden hier jedoch bewußt einbezogen, um alle Maßnahmen zu berücksichtigen, die in der Praxis bei der unternehmerischen Auseinandersetzung mit der Umweltproblematik eine Rolle spielen, wie Erfahrungsberichte immer wieder belegen.

Die zu bildenden Strategietypen werden definiert durch einen unterschiedlichen Umfang von Maßnahmen aus dem Katalog des Umweltmanagements. Kennzeichnend für die einzelnen Strategien sind also die darin enthaltenen Aufgaben

---

1) Zur Abgrenzung von direktem gegenüber indirektem Umweltschutz vgl. Kapitel 2.4.

und weniger die zugrundeliegenden Ziele. Prinzipiell sind die Strategien zwar zurückführbar auf eine unterschiedliche Gewichtung der Zielgrößen. Jedoch können die für die Strategien maßgeblichen Aufgaben nicht eindeutig einem bestimmten Ziel zugeordnet werden, sondern wirken häufig auf mehrere Ziele. So kann die Entwicklung eines verbrauchsgünstigen Kraftfahrzeugs außer der Erreichung der ökologischen Qualität auch einen positiven Beitrag zum ökonomischen Erfolg beisteuern. Für die hier verfolgte Themenstellung ist es weniger relevant, aufgrund welcher Ziele eine Maßnahme ergriffen wird. Stattdessen ist entscheidend, daß diese Maßnahme durchgeführt wird und demzufolge organisatorisch zu gestalten ist.

5.2 Charakteristika der umweltbezogenen Strategietypen

Im folgenden werden vier Strategietypen dargestellt, deren Bestimmung einerseits auf theoretischen, literaturgestützten Überlegungen beruht, andererseits aber von im Rahmen der eigenen empirischen Untersuchung gewonnenen Erkenntnissen beeinflußt ist[1]. Diese Strategietypen sind als idealtypische Ausprägungen zu verstehen. In der Realität dürften Mischstrategien gegenüber den hier diskutierten Reinformen überwiegen.

Entscheidendes Kriterium zur Differenzierung zwischen den Strategietypen ist innerhalb des Aufgabenkatalogs des Umweltmanagements das Ausmaß der Umweltschutzmaßnahmen, weil dieser Aufgabenbereich am aussagefähigsten ist für die Erklärung des Unternehmungsverhaltens. Das Ausmaß der beiden anderen Aufgabenbereiche Kommunikation und Überwälzung wird in Abhängigkeit des Umfangs der Umweltschutzaufgaben über Plausibilitätsannahmen

---

1) Eine ausführlichere Begründung für die Bestimmung dieser vier Strategietypen und der zwischen ihnen bestehenden Zusammenhänge erfolgt weiter unten in Kapitel 5.3, nachdem ihre inhaltliche Abgrenzung vorgenommen worden ist.

bestimmt. Der Umfang der betrieblichen Umweltschutzaufgaben kann sich innerhalb eines Kontinuum zwischen den Polen "keinerlei Umweltschutzmaßnahmen" und "alle erdenklichen Umweltschutzmaßnahmen" bewegen. Es gilt nun, in diesem Kontinuum solche Ausprägungen zu identifizieren, die möglichst prägnant sind für das Unternehmungsverhalten und die unterschiedlichen Anforderungen für den betrieblichen Ablauf verdeutlichen. Mit zunehmendem Ausmaß an Umweltschutzmaßnahmen ergeben sich die nachstehenden Strategietypen:

- *abwehrorientierte Strategie*
- *outputorientierte Strategie*
- *prozeßorientierte Strategie*
- *zyklusorientierte Strategie.*

5.2.1 Abwehrorientierte Strategie

Die abwehrorientierte Strategie stellt einen Extremfall dar bezüglich des Umfangs der betrieblichen Umweltschutzmaßnahmen. Sie ist dadurch gekennzeichnet, daß in ihr keine oder keine nennenswerten Umweltschutzmaßnahmen enthalten sind und die betreffende Unternehmung ihr traditionelles Verhalten ohne Anpassung an ökologische Belange fortsetzt. Es besteht eine Ignoranz gegenüber Maßnahmen, welche die schädlichen Umweltauswirkungen vermindern sollen, wodurch selbst die Einhaltung der gesetzlich vorgeschriebenen Grenzwerte und Auflagen nicht gewährleistet ist.

Es mag vielleicht verwunderlich erscheinen, daß eine derartige Strategie hier behandelt wird, wenn in ihr gar keine umweltschutzbezogenen Aufgaben enthalten sind und demnach nicht organisatorisch verankert werden müssen. Eine Erörterung ist deshalb sinnvoll, um das ganze Spektrum möglichen Unternehmungsverhaltens zu erfassen. Geht man davon aus, daß die Auseinandersetzung mit Umweltschutz die Unternehmungen erst im Laufe der letzten Jahrzehnte erreichte, dürfte diese Strategie bis in die 70er Jahre in der Praxis noch weiter verbreitet gewesen sein. Auch wenn die allermeisten Unternehmungen inzwischen Umweltschutzmaßnahmen ergriffen haben, sind nach wie vor manche Betriebe untätig geblieben, wie immer wieder bekannt werdende Fälle belegen. Die aktuelle empirische Bedeutung dieses Typs ist äußerst schwierig zu bestimmen, da die Unternehmungen aus Gründen der sozialen Erwünschtheit kaum ein solches Verhalten direkt zugeben können[1]. Die Behandlung der abwehrorientierten Strategie verdeutlicht darüber hinaus als Extremfall des umweltbezogenen Verhaltens die Abgrenzung gegenüber den anderen Strategien und erleichtert somit die Klarstellung. Obwohl mit dieser Strategie keine Umweltschutzaufgaben verbunden sind, ist sie schließlich auch deshalb von Interesse, da sich ihr andere Aufgabenbereiche aus dem Katalog des Umweltmanagements zuordnen lassen.

Eine denkbare Erklärung für eine derartige Passivität hinsichtlich Umweltschutzmaßnahmen kann in der Unkenntnis gesetzlicher Auflagen oder eigener betrieblicher Umweltschädigungen liegen. Insbesondere bei kleineren Unternehmungen sind Informationsdefizite zu vermuten[2]. Neben Unwissenheit soll im folgenden aber auch der Fall berücksichtigt werden, daß fehlende Umweltschutzmaßnahmen eine bewußt eingegangene Verhaltensweise darstellen.

Als Begründung für diese bewußte Ignoranz läßt sich vermuten, daß die Entscheidungsträger keine oder zu geringe Anreize für Umweltschutzmaßnahmen verspüren und die damit verbundenen Ausgaben als Kostenfaktor ohne Nutzen

---

1) Die betriebswirtschaftliche Literatur geht dagegen in aller Regel davon aus, daß die Unternehmungen zumindest die gesetzlichen Auflagen einhalten. Inwieweit dieser Annahme zu folgen ist bzw. die Praxis hinter dieser Erwartung zurückbleibt, wird genauer in Kapitel 6.1 betrachtet.

2) Vgl. Wicke et al. 1992, S. 600.

oder Gegenleistung einstufen[1]. Offensichtlich hat die ökologische Qualität keine weitere Bedeutung, so daß in Umweltschutzforderungen der Anspruchsgruppen eine unangemessene potentielle Belastung in Form von Kostenrisiken gesehen wird, welche die vermutlich im Mittelpunkt stehende Zielgröße ökonomischer Erfolg schmälern[2].

Deshalb ist die abwehrorientierte Strategie durch Maßnahmen gekennzeichnet, mit denen Ansprüche und die damit einhergehenden Kostenbelastungen von der Unternehmung ferngehalten werden sollen. Zu den Aufgaben der abwehrorientierten Strategie gehören zum einen die Kommunikationsmaßnahmen, welche die Ansprüche erst gar nicht entstehen lassen bzw. sie fernhalten. Hierbei setzt die Unternehmung sich aktiv mit den Anspruchsgruppen auseinander und versucht den Forderungen so zu begegnen, daß diese nicht wirksam werden[3]. Beispielhaft sind zu nennen Beeinflussungs- und Widerstandsmaßnahmen wie Lobbyismus oder Verzögerungsverhandlungen mit Behörden und Bürgerinitiativen. Des weiteren umfaßt die abwehrorientierte Strategie auch Überwälzungsmaßnahmen, mit denen bestehende Umweltschutzansprüche und deren Konsequenzen von der Unternehmung auf andere Institutionen verlagert werden. Darunter fallen etwa das Übertragen von umweltgefährdenden Betriebsprozessen auf andere Stufen innerhalb des ökologischen Produktlebenszyklus und das Versichern gegenüber möglichen Haftungsansprüchen.

Die völlige Passivität gegenüber Umweltschutzmaßnahmen und das aktive Einschreiten gegen Ansprüche dienen dazu, den überkommenen Status Quo in der Unternehmung aufrechtzuerhalten. Die als überzogen empfundenen An-

---

1) Zur Einschätzung von Umweltschutzaktivitäten als Kostenfaktor und den Schwierigkeiten von Kostensenkungspotentialen in der Praxis vgl. Meffert/Kirchgeorg/Ostmeier 1990, S. 48.

2) Zu den möglichen Risiken in Abhängigkeit von der jeweils beeinträchtigten Zielgröße vgl. Meffert/Kirchgeorg 1992, S. 156.

3) Vgl. Senn 1986, S. 288.

sprüche würden Veränderungen bewirken, vor denen man sich schützen will. Als Basis für ein derartiges Verhalten kann ein Selbstverständnis angesehen werden, nach dem die Sicherung des freien Entscheidungsspielraums der Unternehmung oberstes Gebot ist und fremde Ansprüche abzuwehren sind[1]. Durch die unterschiedlichen Gegenmaßnahmen versucht die Unternehmungsleitung, selber aktiv auf die Anspruchsgruppen einzuwirken und sich so den Forderungen zu entziehen[2]. Gerade aufgrund der Gegenmaßnahmen muß die Unternehmung aber eine große Öffentlichkeitswirkung (z.B. Resonanz in den Pressemedien) befürchten, woraus dann bei intensiven Widerstandsaktivitäten der Verlust der sozialen Akzeptanz resultieren kann[3]. Selbst wenn mit dieser Strategie auch kurzfristig Kosten für Umweltschutzinvestitionen vermeidbar sind, kann sie doch die Existenz gefährden. Bei einem Auflagenverstoß drohen Imageschädigungen und rechtliche Sanktionen, die möglicherweise bis zur Betriebsstillegung führen. Neben Akzeptanzproblemen können Wettbewerbsnachteile in Form von Marktanteilseinbußen entstehen, falls die Konkurrenten innovative Umweltschutzmaßnahmen ergreifen. Gelingt es den Konkurrenten, sich damit erfolgreich am Markt zu positionieren, kann der eigene ökonomische Erfolg auch bei einem Nachziehen ausbleiben, wenn eine rechtzeitige umweltschutzbezogene Ausrichtung verpaßt wurde[4].

5.2.2 Outputorientierte Strategie

Im Gegensatz zur abwehrorientierten Strategie ergreift eine Unternehmung, die eine outputorientierte Strategie betreibt, umweltschützende Maßnahmen. Ansatzpunkt für dieses Verhalten sind die bei der Produktion anfallenden schädlichen

---

1) Vgl. Miles 1987, S. 9 f.

2) Vgl. Pfeffer/Salancik 1978, S. 18/95 ff.

3) Vgl. Kirchgeorg 1990, S. 47.

4) Vgl. Meffert et al. 1986, S. 148; Picot/Seidlmeier 1991, S. 15.

Emissionen, die hier Output genannt werden sollen zum besseren Verständnis der Strategiecharakteristika. Umweltschutz wird im Rahmen dieser Stategie gleichgesetzt mit Kontrolle und Beherrschung der betrieblichen Emissionen und ist damit beschränkt auf die bereits existierenden Umweltgefahren. Die mit der outputorientierten Strategie verbundenen Umweltschutzmaßnahmen sorgen dafür, daß die Belastungen reduziert werden, die aus den unmittelbar in die Umwelt abgegebenen Emissionen, also dem schädlichen Output, entstehen. Diese strikte Outputorientierung läßt lediglich eine ausschnittsweise Betrachtung der umfassenden Umweltschutzproblematik zu.

Da die Umweltschutzmaßnahmen sich ausschließlich auf die unmittelbar von der Unternehmung ausgehenden Umweltschädigungen (= direkte Umweltschädigungen) beschränken, handelt es sich um direkten Umweltschutz. Verständlich wird die Konzentration auf direkte Umweltbelastungen dadurch, daß diese sich zweifelsfrei dem Unternehmungsgeschehen zurechnen lassen und auf ersichtliche Weise von Unternehmungsmitgliedern begangen werden, weshalb infolge dieser unmittelbaren Verantwortlichkeit ein besonders hoher Druck der Anspruchsgruppen zu vermuten ist. Außerdem haben die vom Gesetzgeber entwickelten Auflagen sich zumindest in der Vergangenheit in größerem Umfang auf die mit den Produktionsverfahren verbundenen direkten Umweltgefahren bezogen[1], während z.B. die Vorschriften über Produktspezifikationen, die auf indirekte Umweltbelastungen zielen, erst später an Gewicht zunahmen.

Weiteres Kennzeichen der Outputorientierung ist, daß die umweltschützenden Aufgaben als zusätzliche Maßnahmen zu den bestehenden betrieblichen Prozessen durchgeführt werden, welche nicht zu hinterfragende Fixpunkte darstellen. D.h. die bisherigen, die Umweltgefahren verursachenden betrieblichen Abläufe insbesondere im Produktionsbereich bleiben unverändert und werden um umweltschützende Maßnahmen erweitert. Schwerpunkt einer outputorientierten

1) Vgl. Wicke et al. 1992, S. 628.

Strategie ist damit die Einführung sogenannter additiver oder End-of-Pipe- (= EOP-)Technologien, worunter die einer unveränderten Standardproduktionstechnologie nachgeschalteten Reduktionsverfahren zusammengefaßt werden[1]. Der schädliche Output der Standardtechnologie geht als Input in die EOP-Technologie ein und wird in einem getrennten Verfahrensschritt in seiner Umweltschädlichkeit reduziert.

Da die EOP-Technologien im wesentlichen die Schadstoffe nur räumlich/zeitlich disponieren, ohne sie qualitativ umzuwandeln (z.B. durch Rückhaltung, Abscheidung, Diffusion oder Konzentration), tritt als Effekt primär eine Verlagerung der Belastung auf ein anderes Medium ein[2]. Wegen dieser offensichtlich beschränkten umweltschützenden Wirkung wird die ökologische Qualität nicht die alleinige und zentrale Bedeutung bei der Entscheidung für additive Maßnahmen haben; Stattdessen scheinen auch andere Kriterien hierfür maßgebend zu sein. Wesentlich für das Verständnis der Installation additiver Technologien ist die Tatsache, daß diese Maßnahmen eine einfache und effiziente Methode sind, ein gewisses Umweltschutzniveau und speziell die Einhaltung der gesetzlichen Auflagen zu erfüllen[3]. Ein Großteil der Unternehmungen wird additive Verfahren hauptsächlich auf das Erreichen der vorgeschriebenen Grenzwerte ausrichten, weil Emissionen unterhalb der Grenzwerte kostenfrei sind[4]. Demnach dürfte bei der outputorientierte Strategie der Gedanke im Vordergrund stehen, daß ein als notwendig erachtetes Maß an Umweltschutzaufgaben ergriffen werden muß und insbesondere die Einhaltung der Grenzwerte sicherzustellen ist. Unter diesen Gesichtspunkten stellt die soziale Akzeptanz eine maßgebliche Zielgröße dar, wobei der Gewährleistung der Legalität eine hervorgehobene Rolle zukommt.

---

1) Vgl. Müllendorff 1981, S. 256; Hansmeyer/Schneider 1990, S. 73; Kreikebaum 1990, S. 291.

2) Vgl. Antes 1988, S. 66; Hartje 1990, S. 140.

3) Vgl. Wicke et al. 1992, S. 602 ff.; Senn 1986, S. 107; Steger 1988, S. 157.

4) Vgl. Endres 1985, S. 66; Faber/Stephan/Michaelis 1988, S. 56.

Da EOP-Technologien angewendet werden, um bestimmte Grenzwerte zu garantieren, steht innerhalb der Umweltschutzmaßnahmen der Kontrollaspekt bei der outputorientierten Strategie im Vordergrund. Planungsaufgaben sind eher von untergeordneter Bedeutung, solange die zu erreichenden Sollwerte durch die Auflagen vorgegeben sind und mit der Produktion nur ein eng begrenzter Unternehmungsbereich betroffen ist. Bei der Beschaffung eines additiven Verfahrens kann häufig auf die am Markt angebotene Umweltschutztechnologie zurückgegriffen werden. Die mit den EOP-Maßnahmen verbundenen Realisationsaufgaben haben ebenfalls einen überschaubaren Umfang, da die vertraute Standardtechnologie im Produktionsbereich unverändert beibehalten wird. Die im Mittelpunkt stehenden Kontrollaufgaben umfassen die Überwachung der EOP-Technologie und der dazugehörigen Meß- und Regeltechnik, die zur Prüfung der anfallenden Emissionswerte dienen. Daneben ist der Aufbau eines qualifizierten Informationswesens notwendig, das den Zustand der EOP-Technologien und insbesondere Emissionslage dokumentiert. Diese Umweltschutzmaßnahmen vollziehen sich weitgehend isoliert von dem übrigen Unternehmungsgeschehen, während Rückkopplungsbedarf mit dem Produktionsbereich erst bei einem die Grenzwerte verletzenden Störfall entsteht. Abbildung 5-1 verdeutlicht, daß die nachgeschalteten Umweltschutzaufgaben der outputorientierten Strategie die bestehenden betrieblichen Abläufe unverändert lassen und nur einige Prozesse hinzufügen, die sich auf die anfallenden Emissionen beziehen.

Ergänzt werden die umweltschutzbezogenen Aktivitäten durch Kommunikationsmaßnahmen, in denen gegenüber den relevanten Anspruchsgruppen Art und Umfang dieser Umweltschutzbemühungen dargestellt wird. Im Mittelpunkt stehen hierbei Behördenkontakte, die durch intensiven Informationsfluß etwa bei der Abwicklung von Genehmigungsverfahren zur Sicherung der Legalität beitragen sollen. Weniger bedeutsam ist die Kommunikation mit den übrigen Anspruchsgruppen, da aufgrund der lediglich additiven Umweltschutzmaßnahmen diese nicht zu einer besonderen Profilierung geeignet sind, sondern nur

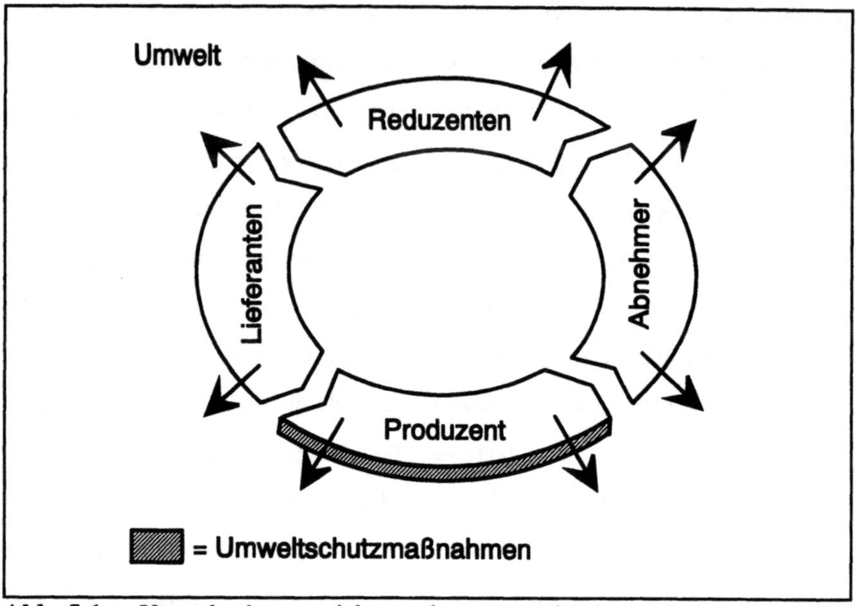

Abb. 5-1: Umweltschutzausrichtung der outputorientierten Strategie

eine Erfüllung des (Mindest-)Standards signalisieren können. Schließlich lassen sich mit dieser Strategie auch die schon in Kapitel 5.2.1 behandelten Maßnahmen zur Abwehr von Ansprüchen kombinieren. Im Unterschied zur abwehrorientierten Strategie werden Gegenmaßnahmen hier jedoch in einer anderen, abgeschwächten Form durchgeführt. So findet Kommunikation zur Abwehr von Ansprüchen tendenziell nur noch in frühen Phasen der Entstehung gesellschaftlicher Ansprüchen statt[1]. Maßnahmen im Vorfeld der Anspruchsentwicklung können eine große öffentliche Aufmerksamkeit noch vermeiden, wogegen spätere und konfliktreichere Aktivitäten sich negativ auf die für diese Strategie wichtige Zielgröße soziale Akzeptanz auswirken würden[2].

Vorteile der outputorientierten Strategie liegen darin, daß die damit verbundenen Aufgaben relativ problemlos und ohne tiefgreifende Veränderungen der bestehenden Abläufe verwirklicht werden können. Die einmal beschlossenen

---

1) Vgl. Kapitel 3.1.2.

2) Vgl. Steger 1988, S. 156 f.

Grenzwerte, die sich zumeist an die gesetzlichen Normen anlehnen dürften, sind eindeutig und operational und damit innerbetrieblich handhabbare Größen. EOP-Technologien sind relativ schnell und einfach einführbar[1]. Die Investitionsausgaben für additive Verfahren sind zwar teilweise erheblich[2], doch sind die Umstellungskosten insgesamt genauso wie die technischen Risiken eher gering, da die vertraute Standardtechnologie im Produktionsbereich beibehalten wird[3]. Langfristig können jedoch durch das Festhalten an EOP-Technologien Kostennachteile gegenüber Produktionsverfahren auftreten, die Umweltschädigungen erst gar nicht entstehen lassen[4]. Des weiteren drohen wie bei der abwehrorientierten Strategie Wettbewerbsnachteile gegenüber Konkurrenten, die kreativ und innovativ Umweltschutz als Chance auf dem Markt begreifen. Statt einer aktiven Einbeziehung in die Planung zur Gestaltung von Prozessen und Produkten ist der nachgeschaltete Umweltschutz in der outputorientierten Strategie vielmehr eine reaktive Kontrollaufgabe, die auch als routinisierte und repetitive Filterfunktion mit dem Ziel einer zumeist statischen Grenzwerteinhaltung angesehen werden kann.

5.2.3 Prozeßorientierte Strategie

Aufbauend auf einem anderen Umweltschutzverständnis verglichen mit der outputorientierten Strategie wird bei der prozeßorientierten Strategie ein erweitertes Spektrum von Umweltschutzmaßnahmen ergriffen. Wertet man Umweltschädigungen als logische Folge der Qualität innerbetrieblicher Abläufe, so rückt die Frage nach der Beherrschung der für die Umweltgefahren verantwort-

---

1) Vgl. Faber/Stephan/Michaelis 1988, S. 73 f.

2) Vgl. Steger 1988, S. 157.

3) Vgl. Hartje 1990, S. 150 ff.; Steger 1991, S. 36. Darüber hinaus werden praktisch ausschließlich EOP-Technologien nach bestehendem Subventionsrecht staatlich gefördert. Vgl. Steven 1992, S. 107; Strebel 1991, S. 9.

4) Vgl. Faber/Stephan/Michaelis 1988, S. 72.

lichen Prozesse in den Mittelpunkt der Betrachtung. Umweltschutz drückt sich im Rahmen der prozeßorientierten Strategie in dem Bestreben aus, die verursachenden Prozesse möglichst umweltgerecht zu gestalten, um die vorher definierten Umweltschutzniveaus zu erfüllen. Im Gegensatz zum nachgeschalteten Umweltschutz der outputorientierten Strategie setzen die Aktivitäten an den Prozessen als den Wurzeln der Umweltgefahren an und nicht erst an den Symptomen in Form des schädlichen Output[1]. Insofern läßt sich der Umweltschutz bei der prozeßorientierten Strategie als präventiv bezeichnen.

Trotz der Perspektivenausdehnung auf die verantwortlichen Betriebsprozesse findet auch hier eine Konzentration auf die direkt von der Unternehmung ausgehenden Umweltschädigungen statt. Die Maßnahmen sind also begrenzt auf direkten Umweltschutz, womit wieder produktionsbezogene Aspekte im Vordergrund stehen[2], da die Leistungserstellung maßgeblich für die unmittelbaren Umweltauswirkungen ist. Voraussetzung für eine präventive oder antizipative Behandlung der Umweltgefahren sind zum einen die Analyse potentiell schädlicher Faktoren im Vorfeld der eigentlichen Fertigung und zum anderen das Erkennen und Beheben von Belastungspotentialen während des Fertigungsablaufs. Hinsichtlich der Vermeidung von Umweltbelastungen wird es insofern notwendig, die der Fertigung vorgelagerten verschiedenen Planungsphasen der Produktion einzubeziehen. Aktivitäten in diesen Bereichen ergänzen die fertigungsbegleitenden Maßnahmen und können die Umweltverträglichkeit bereits vor Produktionsbeginn steigern.

---

1) Zur Abgrenzung dieser beiden Strategietypen und ihrer begrifflichen Bezeichnung vgl. auch die Unterscheidung von Umweltschutzmaßnahmen bei Müllendorff 1981, S. 229/250 f.

2) Umweltschutzmaßnahmen in anderen Funktionsbereichen wie etwa Beschaffung haben dabei keine nennenswerte Bedeutung und werden insofern bei der prozeßorientierten Strategie nicht weiter betrachtet. Vgl. dazu auch die Ausführungen im folgenden Kapitel 5.3.

Gegenüber der outputorientierten Strategie ist die prozeßorientierte Strategie durch einen zunehmenden Umfang an umweltschutzbezogenen Planungs- und Realisationsaufgaben gekennzeichnet. Dazu gehört die Definition oftmals unter gesetzlichen Grenzwerten liegender innerbetrieblicher Umweltschutzstandards und die frühzeitige Erkennung umweltgefährdender Prozesse, um damit Aktionsfelder zur Einführung von Umweltschutzmaßnahmen in den betroffenen Produktionsbereichen zu identifizieren. Neben der umweltschonenden Umstellung und Modifikation vorhandener Technologien durch geänderte Planung und Steuerung ist für diese Strategie die Installation und Anwendung sogenannter integrierter Produktionstechnologien ("clean technologies") charakteristisch. "Bei den 'sauberen' oder integrierten Produktionstechnologien wird der Produktionsprozeß selber geändert, so daß als Folge geringere oder für einen bestimmten Schadstoff keine Emissionen auftreten."[1] Die durch die Anwendung integrierter Verfahren entstehenden Emissionen weisen einen verminderten Schadstoffgehalt auf, der zumeist innerhalb der zulässigen Grenzwerte liegt und dann ohne additive Nachbehandlung in die Umwelt eingeleitet werden darf[2].

Vielfach sind die Unternehmungen zu selbständigen Innovationen durch Forschungs- und Entwicklungsanstrengungen gezwungen, da das betriebsspezifisch notwendige integrierte Produktionsverfahren auf dem Umwelttechnikmarkt nicht verfügbar ist[3]. Aufgrund der Einführung neuer oder geänderter Produktionstechnologien bzw. der modifizierten Anwendung vorhandener Technologien durch die Berücksichtigung des Umweltschutzes ergeben sich aber auch gravierende Konsequenzen für die Mitarbeiter in den betroffenen produktionsnahen Bereichen. Die erforderlichen Umstellungen zur Verankerung des Umweltschutzes in der Produktion verlangen entsprechende Qualifikationsmaßnahmen bei der Belegschaft.

---

1) Hartje 1990, S. 140; vgl. auch Antes 1988, S. 66; Senn 1986, S. 109.

2) Vgl. Lange 1978, S. 197.

3) Vgl. Nolte 1982, S. 85 f.

Additive Verfahren kommen bei dieser Strategie nur als Ergänzung zum Einsatz, sobald die angestrebten Werte nicht allein durch Verfahrenssubstitution oder -modifikation erreicht werden können, und sind deshalb von untergeordneter Bedeutung. Kontrollaufgaben spielen verglichen mit der outputorientierten Strategie eine relativ geringere Rolle angesichts der Bemühungen, schon durch die Gestaltung der Planungs- und Realisationsaufgaben eine umweltverträgliche Produktion zu erreichen. Die Dokumentation der Emissionsdaten bleibt jedoch eine unerläßliche Notwendigkeit und fließt außerdem als Informationsgrundlage in die Planung ein. Abbildung 5-2 zeigt, daß die präventiven Umweltschutzmaßnahmen innerhalb der prozeßorientierten Strategie die betrieblichen Prozesse zur Leistungserstellung im Produktionsbereich erfassen und diese verändern.

Daneben bestehen erweiterte Kommunikationsmaßnahmen mit den Anspruchsgruppen über die betrieblichen Umweltschutzbemühungen. Kontakte mit Behör-

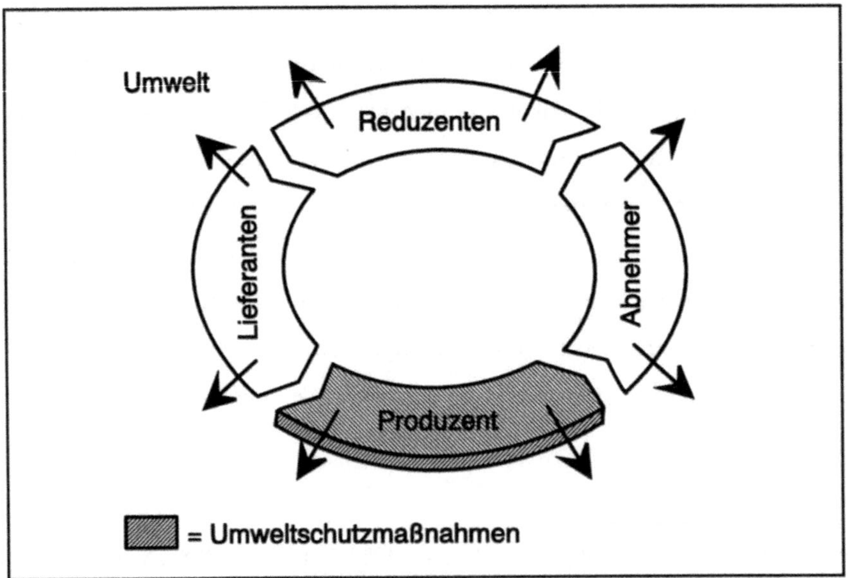

Abb. 5-2: Umweltschutzausrichtung der prozeßorientierten Strategie

den zur Durchführung und Darstellung der ergriffenen Maßnahmen werden ergänzt durch vertiefte Beziehungen etwa gegenüber der Gesellschaft, womit der Umfang der installierten sauberen Produktionstechnologien vermittelt werden soll. Bspw. sind angesichts der fortschrittlichen integrierten Verfahren Vorteile bei der sozialen Akzeptanz zu erwarten. Wie bei der outputorientierten Strategie sind auch hier Gegenmaßnahmen zur Abwehr von Ansprüchen denkbar, die allerdings nur in einem weiter verringerten Ausmaß wahrgenommen werden, da sie nicht die positiven Imageeffekte gefährden dürfen. Außerdem zeigen die Entscheidungsträger durch Installation der integrierten Technologie, daß sie der Umweltproblematik durchaus aufgeschlossen gegenüberstehen, weshalb ein geringeres Interesse an abwehrorientierten Maßnahmen unterstellbar ist.

Die Änderung der produktionsbezogenen Prozesse hin zur Umweltverträglichkeit signalisiert eine gehobene Bedeutung der ökologischen Qualität. Hinsichtlich des ökonomischen Erfolgs sind aber zumindest kurzfristig Nachteile mit der Einführung integrierter Technologien verbunden. Bei der Anschaffung entstehen hohe Investitionsausgaben für vollständig neue Produktionstechnologien, während bei der outputorientierten Strategie mit unveränderten Verfahren und additiven Maßnahmen nur die EOP-Technologien zu finanzieren sind und die bisherigen Produktionsverfahren als sunk costs betrachtet werden können[1]. Gleichzeitig ergeben sich mit der Implementation neuer Fertigungsanlagen in noch stärkerem Ausmaß als bei Verfahrensmodifikationen hohe Umstellungskosten (Qualifizierungsprogramme, neue Arbeitsplatzbeschreibungen etc.) und technische Risiken (z.B. höhere Ausfallwahrscheinlichkeit wegen Unerfahrenheit). Weiterhin geht ihre Einführung mit einen hohen Zeitaufwand wegen der umfangreichen Entwicklungs- und Implementationserfordernisse einher. Langfristig scheinen dagegen insbesondere mit integrierten Technologien Kostenvorteile realisierbar, da mit der Zunahme von Maßnahmen zur Gefahrenprophylaxe

1) Vgl. Hartje 1990, S. 148 ff.; Steger 1991, S. 36 f.

der Aufwand für nachträgliche Entsorgung abnimmt und die aufgepfropften additiven Betriebsabläufe überflüssig werden[1]. Daneben können in gewissem Maße Wettbewerbsvorteile aus der umweltfreundlichen Produktionsweise resultieren, sofern die Anspruchsgruppen die Anstrengungen in diesem Bereich honorieren.

5.2.4 Zyklusorientierte Strategie

Im Unterschied zu den vorangegangenen Strategien ist die zyklusorientierte Strategie durch das umfassendste Spektrum von umweltschutzbezogenen Maßnahmen gekennzeichnet und stellt gegenüber der abwehrorientierten Strategie den anderen Extremtyp durch das Ergreifen sämtlicher Umweltschutzaktivitäten dar. Grundlage bildet ein ganzheitliches Verständnis der Umweltproblematik, das an der Betrachtung des gesamten Produktlebenszyklus ansetzt und sich in einer Totalbetrachtung der ökonomischen Prozesse und ihrer Konsequenzen niederschlägt[2]. Neben direkten Umweltschutzmaßnahmen werden durch die Einbeziehung der aus der betrieblichen Perspektive vor- und nachgelagerten Stufen des Produktlebenszyklus auch indirekte Umweltschutzmaßnahmen ergriffen. Ökologische Probleme auf den verschiedenen Stufen des Produktlebenszyklus, so etwa bei Lieferanten, Abnehmern oder Reduzenten, werden im Zusammenhang mit innerbetrieblichen Abläufen gesehen, die oft in kausalem Verhältnis zueinander stehen[3].

---

1) Vgl. Strebel 1991, S. 9; Faber/Stephan/Michaelis 1988, S. 72; Meffert/Kirchgeorg 1992, S. 72 f.

2) In der Literatur findet sich für ein derartiges Verhalten häufig die Bezeichnung "integrierter Umweltschutz"; vgl. Strebel 1991, S. 4 ff.; Kreikebaum 1992a, S. 258 ff. Dieser Bezeichnungsweise wird hier aber bewußt nicht gefolgt, um eine trennscharfe Differenzierung zwischen den entsprechend titulierten Technologieverfahren (vgl. Kapitel 5.2.3) und den im folgenden darzustellenden Strategietypus zu ermöglichen.

3) Vgl. Hanssmann 1976, S. 175; Zahn/Schmid 1992, S. 75 f.

Zyklusorientiertes Verhalten bedeutet damit zum einen das Erkennen der eigenen Verantwortlichkeit für Umweltgefahren auf anderen Stufen und deren Bekämpfung durch geeignete Maßnahmen. Darunter fallen z.B. die Entwicklung von Produkten, die sich durch eine umweltfreundliche Nutzung oder Reduktion auszeichnen oder die Verwendung von Rohstoffen, die umweltschonend gewonnen werden[1]. Zum anderen gehen mit dieser unternehmungsübergreifenden Sichtweise aber auch Maßnahmen einher, welche die anderen Institutionen im Zyklus beeinflussen und unterstützen. Diese Maßnahmen sollen helfen, deren Prozesse so zu gestalten, daß sie geringere Umweltbelastungen auf anderen wie auch auf der eigenen Stufe hervorrufen. Gerade der letztgenannte Aspekt - z.B. Moralisierung und Unterstützung eines Zulieferes bei der Einführung umweltfreundlicher Produktionsverfahren (aus dessen Sicht also eine Aufforderung zu direkten Umweltschutzanstrengungen) - scheint heutzutage vielleicht noch übertrieben. Mit weiter steigenden Umweltansprüchen wird sich aber die Erkenntnis durchsetzen, daß jede Institution innerhalb des Zyklus als Mitverursacher für die darin anfallenden Umweltgefahren angesehen wird und aufgrund dieser wechselseitigen Ansprüche derartige Maßnahmen notwendig sind.

Für die einzelne Unternehmung bedeutet dies, daß sie die Beziehung zwischen den Ansprüchen ihrer verschiedenen Partner im Zyklus und ihren Umweltschutzaktivitäten anerkennt und die damit auf sie zukommenden Anforderungen berücksichtigt. Trotz dieser Hinwendung zu den Zykluspartnern dürfen herstellerbezogene Gesichtspunkte nicht vernachlässigt werden. Das gleichzeitige Erfassen von Anforderungen der Zykluspartner und der eigenen betrieblichen Realisationsmöglichkeiten muß zu Kompromissen führen. Voraussetzung dafür ist ein intensiver unternehmungsübergreifender Informationsfluß, der die im Kontakt mit den Zykluspartnern stehenden Unternehmungsbereiche wie Einkauf, Vertrieb oder Entsorgung einbezieht. Des weiteren sind in diesen Bereichen die Prozesse so zu gestalten, daß sie einen Ausgleich der betreffenden Ansprüche

---

1) Vgl. Strebel 1991, S. 7; Antes 1988, S. 48 f.

und Interessen beinhalten. Da sich die Umweltschutzmaßnahmen auf alle betrieblichen Prozesse erstrecken, wird in der zyklusorientierten Strategie Umweltschutz zu einer Querschnittsfunktion[1] und ist nicht mehr wie bei der output- oder prozeßorientierten Strategie auf den Produktionsbereich konzentriert. Umweltverträgliche Gestaltung aller Prozesse bedeutet die weitestgehende Verankerung präventiver Umweltschutzmaßnahmen in sämtlichen Unternehmungsbereichen. Dies beinhaltet neben der horizontalen Erweiterung auch eine vertikale Ausdehnung.

Die Umsetzung einer derartigen Strategie macht Umweltschutz zu einem gesamtunternehmerischen Handlungsschwerpunkt. Mit der Berücksichtigung der vielfältigen zyklusorientierten Umweltschutzinteressen und den daraus entstehenden Konflikten zu den traditionellen Prozeßinhalten wird der Komplexitätsgrad der Aufgaben steigen. Charakteristisch für die Zyklusorientierung ist eine umfangreiche Planung der Umweltschutzmaßnahmen, die bei der Festlegung des Umweltschutzniveaus die verschiedenen Ansprüche sowie Realisierungspotentiale berücksichtigen muß. Richtlinien bestimmen die eigenen Beeinflussungs- und Unterstützungsaktivitäten gegenüber den Zykluspartnern. Entsprechend groß ist das Spektrum der dazu gehörenden Realisationsaufgaben, die vielfältige Änderungen in den Abläufen sämtlicher Unternehmungsbereiche beeinhalten. Gleichzeitig gilt es insbesondere, die diversen und miteinander verknüpften internen und externen Schnittstellen zu steuern und koordinieren, um ein einheitliches und aufeinander abgestimmtes Verhalten sicherzustellen. Kontrollaufgaben haben dagegen wie schon bei der prozeßorientierten Strategie ein relativ geringeres Gewicht, da Umweltfreundlichkeit durch zyklusorientierte Planung und Realisation erreicht wird und die Prüfaktivitäten auf das notwendige Maß beschränkt werden können. Abbildung 5-3 stellt die unternehmungs-

---

1) Vgl. Steger 1988, S. 214; Hopfenbeck 1990, S. 388. Grundsätzlich kann unter einer Querschnittsfunktion eine Funktion verstanden werden, die nicht neben andere betriebliche Grundfunktionen tritt, sondern diese durchdringt bzw. überlagert. Vgl. Pfohl 1980, S. 1207.

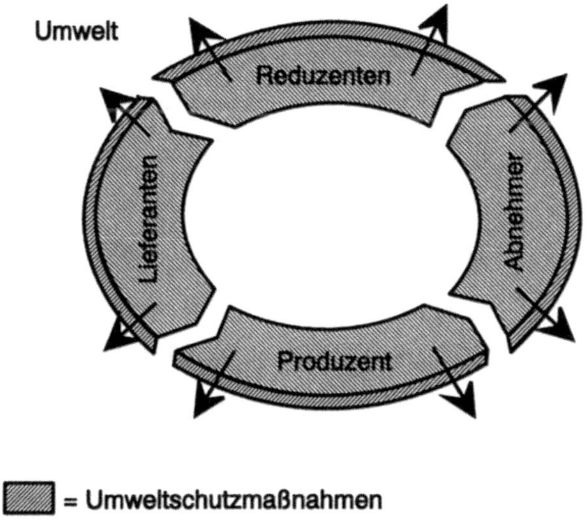

Abb. 5-3: Umweltschutzausrichtung der zyklusorientierten Strategie

übergreifende und umfassend präventive Perspektive der zyklusorientierten Strategie dar.

Außer den Umweltschutzmaßnahmen werden intensive und vertiefte Kommunikationsmaßnahmen gegenüber den unterschiedlichen Anspruchsgruppen wahrgenommen, um die anspruchsvollen und aufwendigen Umweltschutzbemühungen zu vermitteln. Mit Hilfe einer überzeugenden Kommunikationspolitik können die fundamentalen Fakten über die Ausprägung der Umweltschutzanstrengung sehr positive Effekte für die soziale Akzeptanz bewirken. Maßnahmen zur Abwehr von Ansprüchen sind zwar immer in einem gewissen Umfang notwendig (z.B. Versicherungen), werden aber im Rahmen dieser Strategie von weiter verringerter Bedeutung sein[1].

---

1) Daß selbst bei ausgiebigen Umweltschutzmaßnahmen diese auch mit Gegenmaßnahmen kombiniert werden, belegen die empirischen Ergebnisse bei Kirchgeorg 1990, S. 144 f.

Das Ausmaß der zyklusorientierten Umweltschutzaufgaben deutet auf einen sehr hohen Stellenwert der Zielgröße ökologische Qualität hin. Die ständige Berücksichtigung der verschiedenen Ansprüche strebt eine dynamische Verminderung der Umweltbelastungen auf allen Stufen des Produktlebenszyklus an und hat damit nicht mehr eine statische Grenzwerteinhaltung zum Ziel. Eine Verfolgung dieser Strategie verspricht eine Positionierung als ökologiebewußte Unternehmung und kann gegenüber der Konkurrenz entsprechende Wettbewerbsvorteile nach sich ziehen. Trotz dieser positiven Aussichten sind mit der Durchsetzung zunächst einige Schwierigkeiten verbunden, bis sie in ökonomischen Erfolg umgewandelt sind. Werden zur Belastungsvermeidung bzw. -verminderung integrierte Verfahren eingesetzt, sind die gleichen Nachteile zu erwarten, die schon bei der prozeßorientierten Strategie erwähnt wurden. Darüber hinaus bewirken die unternehmungsweite Verankerung von präventiven Umweltschutzmaßnahmen und die vielfältigen Modifikationen in den Betriebsabläufen eine Komplexitätssteigerung und damit einhergehende generelle Kosteneffekte, die erst längerfristig durch Markterfolge kompensiert werden können.

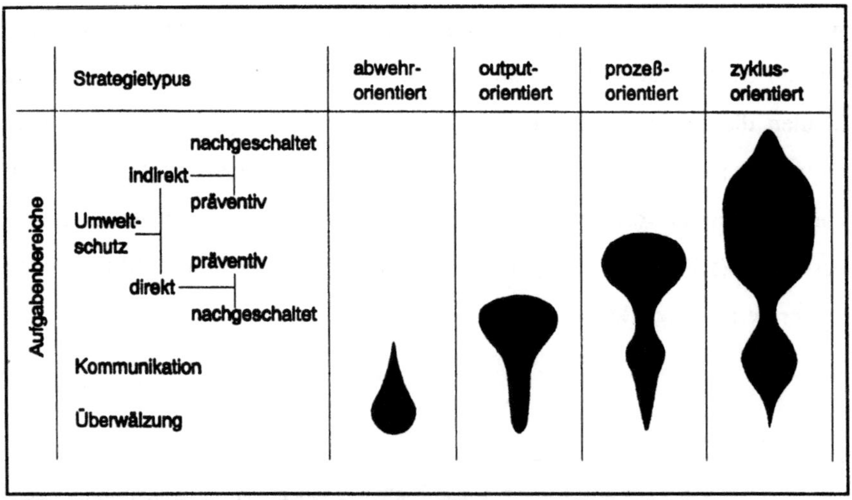

Abb. 5-4: Aufgabenumfang der umweltbezogenen Strategietypen

Zum Abschluß der Beschreibung der umweltbezogenen Strategietypen stellt Abbildung 5-4 die charakterisierenden Aufgabenschwerpunkte im Überblick dar. Die in den Spalten markierten Flächen sollen durch ihre Größe den Umfang der entsprechenden Aufgaben symbolisieren, wodurch die inhaltlichen Unterschiede zwischen den Strategietypen deutlich werden.

5.3 Relevanz der umweltbezogenen Strategietypen

Aus der vorangegangenen Charakterisierung läßt sich entnehmen, daß die Strategietypen hinsichtlich des unterschiedlichen Umfangs der Umweltschutzaufgaben keine Abkehr, sondern eine Erweiterung der vorhergehenden Strategie darstellen, aus welcher Akzentverschiebungen resultieren. Zunächst ist zu überlegen, inwieweit Aussagen zu einer dynamischen Strategiebetrachtung gemacht werden können und die Abfolge der einzelnen Strategietypen als ein zeitliches Stufenmodell aufzufassen ist.

Für eine intensivere Verankerung von Umweltschutzaufgaben im Zeitablauf spricht der zur Zeit herrschende Druck der Anspruchsgruppen, der allem Anschein nach auch zukünftig weiter wachsen dürfte. Dennoch muß betont werden, daß - auch falls die obige Darstellung dies suggeriert - nicht grundsätzlich davon ausgegangen werden kann, daß ein zwangsläufiger Trend in Richtung der Strategie mit den umfassendsten Umweltschutzmaßnahmen, also der zyklusorientierten Strategie besteht. Unternehmungen können sich in einer Situation von Kontextfaktoren befinden bzw. Inhalte der Unternehmungspolitik so festlegen, daß zum Beispiel eine outputorientierte Strategie auch längerfristig angemessen erscheint. Andererseits besteht keine unbedingte Notwendigkeit, vor dem Ergreifen einer zyklusorientierten Strategie die anderen Strategietypen anwenden zu müssen. So kann etwa bei Neugründungen relativ problemlos direkt eine umfassende antizipative Verankerung des Umweltschutzes ergriffen werden. Jedoch dürften sich solche Fälle in der Minderheit befinden und für bereits existierende Unternehmungen ein direkter Übergang von einem generell umweltschädigenden Verhalten zu einer zyklusorientierten Strategie ohne Zwischenstufen kaum vorstellbar sein. Insofern ist festzuhalten, daß eine Intensivierung der Umweltschutzmaßnahmen vermutlich schrittweise erfolgt und dabei Übergangsphasen zu bewältigen sind.

Da die Herleitung der Strategietypen im Prinzip auf der Betrachtung der Merkmale direkter vs. indirekter Umweltschutz und nachgeschalteter vs. präventiver Umweltschutz beruht, ist zu klären, inwieweit möglicherweise noch andere idealtypische Strategien durch Kombination dieser Merkmale bestimmbar sind. Sicherlich wäre eine Strategie identifizierbar, bei der nachgeschaltete direkte Umweltschutzmaßnahmen zusammen mit indirekten Umweltschutzmaßnahmen durchgeführt werden. Auch in der Praxis dürfte eine derartige Kombination von additivem Umweltschutz im Produktionsbereich mit Umweltschutzmaßnahmen in Einkaufs- oder Absatzbereichen von Bedeutung sein. Auf eine Einbeziehung weiterer Strategietypen wird im folgenden jedoch aus mehreren Gründen bewußt verzichtet. Einerseits soll die Betrachtung zunächst konzentriert aus der Perspektive des Produktionsbereichs und der daran gerichteten Anforderungen erfolgen. Das geschieht aus der Annahme heraus, daß dieser Bereich bei Industriebetrieben stark betroffen ist und damit besondere Anpassungsprobleme hinsichtlich der organisatorischen Gestaltung beinhaltet. Das Erfordernis einer eingehenden Diskussion der mit dem Produktionsbereich verbundenen direkten Umweltschutzmaßnahmen wird auch gestützt durch die eigenen empirischen Resultate[1]. Selbst wenn andere Funktionsbereiche ein ähnliches Problempotential aufweisen, lassen sich vermutlich die noch aufzustellenden organisatorischen Gestaltungsüberlegungen entsprechend übertragen und anwenden. Andererseits ist eine Eingrenzung auf wenige prägnante strategische Idealtypen von

1) Vgl. dazu Kapitel 11.

Nöten, um nicht die angestrebte Klarheit der Darstellungen zu gefährden und die Untersuchung insgesamt zu überfrachten.

5.4 Zusammenfassende Darstellung des Bezugsrahmens

Mit der Bestimmung der verschiedenen Strategietypen liegen nun sämtliche Komponenten des zu konstruierenden Bezugsrahmens vor. Dieser Bezugsrahmen erlaubt die umfassende und systematische Ordnung aller Aspekte, die für die organisatorische Gestaltung der umweltbezogenen Problematik aus unternehmerischer Sicht grundlegend sind. Eine zusammenfassende Veranschaulichung dieser relevanten Sachverhalte zeigt Abbildung 5-5.

Den Ausgangspunkt bilden die externen und internen Kontextfaktoren, denen sich eine Unternehmung gegenübersieht. Sie beeinflussen die Inhalte der Unternehmungspolitik, innerhalb derer der Stellenwert der für die Umweltproblematik maßgeblichen Ziele formuliert wird. Auf der Grundlage dieser Ziele lassen sich die Effizienzkriterien bestimmen, anhand derer die Eignung der zu entwickelnden organisatorischen Gestaltungsempfehlungen beurteilt wird. Weiterhin bildet die Gewichtung der Ziele die Basis für die Ausrichtung des umweltbezogenen strategischen Verhaltens. Mit der Entscheidung für eine der Strategien wird der Umfang der durchzuführenden Aufgaben aus dem Katalog des Umweltmanagements festgelegt. In Abhängigkeit von dem jeweils vorliegenden Strategietyp geschieht die organisatorische Gestaltung, die der Umsetzung der Strategie dienen soll. Der anschließende Teil der Untersuchung entwirft dementsprechend strategieadäquate Empfehlungen für die Ausprägung der struktur- und personenbezogenen Gestaltungselemente einer Organisation.

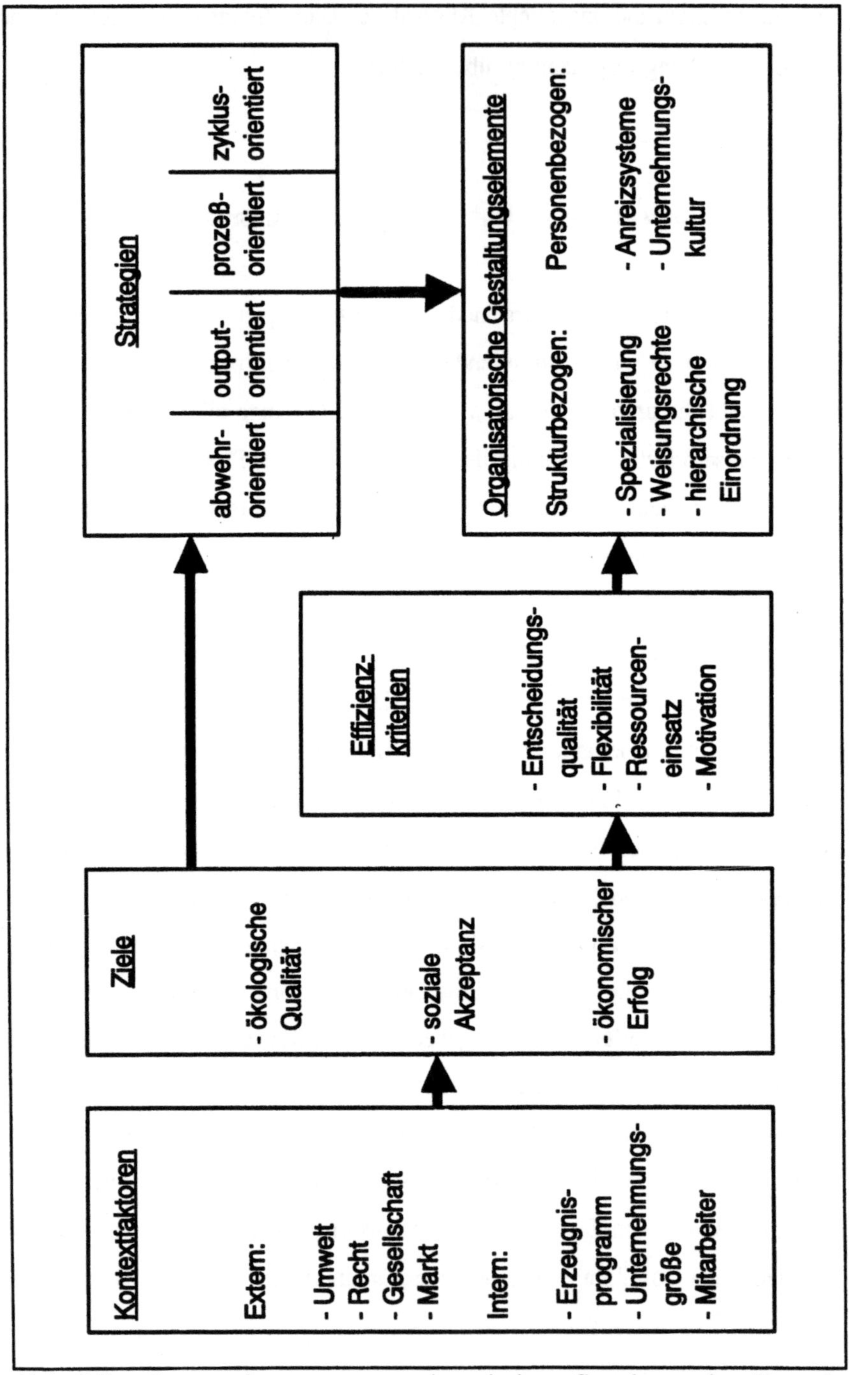

Abb. 5-5: Bezugsrahmen zur organisatorischen Gestaltung des Umweltschutzes

Teil II: Strategiegerichtete organisatorische Gestaltungskonzepte

In dem eigentlichen Kernteil dieser Untersuchung gilt es nun, Gestaltungsempfehlungen für die Organisation des Umweltschutzes herzuleiten. Die nachstehenden Organisationskonzepte sollen im Sinne von Gestaltungshilfen zur Erstellung der betriebsspezifischen organisatorischen Lösungen verstanden werden. Es ist zu betonen, daß aufgrund der im Einzelfall bestehenden Kontextsituation keine allgemeingültig idealen Gestaltungsempfehlungen entworfen werden können[1]. Dennoch lassen sich unter weitgehender Abstraktion von den unternehmungsspezifisch vorliegenden situativen Gegebenheiten Gestaltungsvorschläge entwickeln, welche die Funktion von groben Orientierungsmustern bei der Festlegung der individuellen organisatorischen Lösung übernehmen können. Zielsetzung der Gestaltung ist die Implementierung von organisatorischen Regelungen derart, daß die Leistungspotentiale der Unternehmung im Hinblick auf die verfolgte Strategie zur Geltung gebracht werden[2]. Insofern ist die gewählte umweltbezogene Strategie mit ihren jeweiligen Aufgabenschwerpunkten maßgebend und richtungsweisend für die organisatorischen Gestaltungsentscheidungen.

---

1) Zur Notwendigkeit der Berücksichtigung von situativen Einflußgrößen bei der organisatorischen Gestaltung vgl. Kieser/Kubicek 1992, S. 33 ff.; Welge 1987, S. 92 ff.; Grochla 1982, S. 111; Hill/Fehlbaum/Ulrich 1989, S. 319 ff. sowie Kapitel 2.3.

2) Vgl. Grochla 1982, S. 92.

Die folgenden Kapitel behandeln demzufolge differenziert nach den unterschiedlichen umweltbezogenen Strategietypen die organisatorische Gestaltungsproblematik und sind grundsätzlich analog aufgebaut nach dem klassischen Analyse-Synthese-Prinzip: Ausgangspunkt bildet eine genaue Aufgabenanalyse mit der Bestimmung der inhaltlichen Schwerpunkte der einzelnen Strategien. In der anschließenden Synthese erfolgen die Überlegungen zur eigentlichen organisatorischen Gestaltung. Zunächst wird mit der Spezialisierung die Verteilung der Aufgaben festgelegt, bevor die Beziehungen zwischen den betreffenden Einheiten durch Weisungsrechte und hierarchische Einordnung geregelt werden. Neben diesen strukturbezogenen Gestaltungsmaßnahmen sind auch die bei den einzelnen Strategien im Vordergrund stehenden personenbezogenen Gestaltungsmaßnahmen zu diskutieren, die zur Unterstützung der Leistungsbereitschaft der Mitarbeiter notwendig erscheinen.

Die Behandlung der abwehrorientierten Strategie bedarf jedoch als Sonderfall eines anders gearteten Vorgehens. Weil die vorliegende Arbeit bestrebt ist, einen Beitrag zu einem wirksamen Umweltschutz durch Gestaltung der betrieblichen Organisation zu leisten und abwehrorientierte Unternehmungen eben keine nennenswerten Umweltschutzmaßnahmen durchführen, werden auch keine organisatorischen Gestaltungsempfehlungen für derartige Betriebe vorgestellt. Stattdessen werden quasi in einem Exkurs die mit einem solchen Verhalten verbundene rechtliche Situation und der bestehende Zusammenhang zur Organisation erörtert. Zu prüfen ist der Einfluß der organisatorischen Gestaltung auf die rechtlichen Konsequenzen eines abwehrorientierten Verhaltens. Damit wird gleichzeitig die Frage nach der Wirksamkeit der existierenden Rechtsvorschriften untersucht.

6 Organisatorische Problematik der abwehrorientierten Strategie

Obwohl umweltschützende Maßnahmen inzwischen weit verbreitet sind, treten immer wieder Berichte über die Praxis auf, nach denen Betriebe keine umweltschützenden Maßnahmen ergreifen und Verstöße gegen Umweltschutzauflagen begehen. Zunächst ist zu klären, auf welche Weise und mit welchen Maßnahmen sich abwehrorientierte Unternehmungen mit der Umweltproblematik auseinandersetzen können. Es ist zu betonen, daß die Darstellung dieser Aufgaben nicht als Anleitung zum Unterlaufen von Umweltschutzanstrengungen zu verstehen ist. Vielmehr ist die Behandlung dieser Maßnahmen, die ein Bestandteil des Aufgabenkatalogs Umweltmanagement sind und auch Inhalt der übrigen Strategien sein können, insofern notwendig, als ihnen offensichtlich in der Realität eine nicht geringe Bedeutung zukommt. Um mögliche Gründe für das Verfolgen der abwehrorientierten Strategie zu bestimmen, werden anschließend die damit verbundenen rechtlichen Konsequenzen untersucht, bevor der Zusammenhang zwischen Organisation und rechtlichen Konsequenzen erörtert wird.

6.1 Aufgaben der abwehrorientierten Strategie

Trotz der Ignoranz gegenüber umweltschützenden Maßnahmen müssen abwehrorientierte Unternehmungen nicht ein vollkommen passives Verhalten bezüglich der Umweltproblematik verfolgen. Ihnen steht ein ganzes Spektrum von Gegenmaßnahmen zur Verfügung, um die auf sie zukommenden Ansprüche abzuwehren, ohne das betriebliche Verhalten ökologiegerecht anzupassen. Die Darstellung dieser Aufgaben im Zusammenhang mit Unternehmungen, die bewußt oder unbewußt umweltschützende Aufgaben unterlassen, soll verdeutlichen, durch welche legalen Maßnahmen versucht werden kann (und vermutlich auch versucht wird), dem ökologiebezogenen Anpassungsdruck zu begegnen und damit den Fortbestand des überkommenen umweltschädigenden Verhaltens zu ermöglichen.

Grundlage für die nachstehenden Maßnahmen ist eine gewisse Kenntnis der existierenden Ansprüche an die Unternehmung. Auch wenn aufgrund des damit verbundenen Aufwands eine Auseinandersetzung mit Umweltschutzaspekten weitgehend vermieden werden soll, ist ein bestimmtes Mindestmaß von Informationen über die bestehenden Ansprüche Voraussetzung zu deren Abwehr. Die dazu erforderliche Suche und Auswertung von Informationen wird sich neben der Erfassung von Anforderungen der Gesellschaft und Marktteilnehmern insbesondere auf die gesetzlichen Ansprüche konzentrieren.

Aus den der abwehrorientierten Strategie zuordenbaren Aufgaben sind zunächst die Kommunikationsmaßnahmen zu nennen, bei denen die Unternehmung sich aktiv mit den auf sie zukommenden Ansprüchen auseinandersetzt und diese in ihrer Wirksamkeit durch Beeinflussung und Widerstand abwenden will. Zu einer derartigen Abwehr können die folgenden Maßnahmen in verschiedenen Kombinationen durchgeführt werden[1].

Relativ häufig dürften in der Praxis Verhandlungen mit den jeweiligen Anspruchsgruppen vorkommen. Dabei stellen Unternehmungsvertreter den geäußerten Ansprüchen eigene Machtmittel entgegen, mit denen sie das Verhalten der anderen Verhandlungspartei beeinflussen wollen. So kann gegenüber den auflagenerlassenden Genehmigungsbehörden mit dem Abbau von Arbeitsplätzen oder Standortverlagerungen gedroht werden, da diese Institutionen bei ihrer Ent-

1) Vgl. zu den nachstehenden Ausführungen Pfeffer/Salancik 1978, S. 92 ff.; Hellriegel/Slocum 1986, S. 85 ff.

scheidungsfindung neben Umweltschutzspekten auch andere Argumente wie Wirtschaftsförderung oder öffentliche Finanzlage zu berücksichtigen haben[1].

Lobbyismus als Kontaktaufnahme mit Parlamentariern oder Regierungsvertretern im Zuge der Mitwirkung an Gesetzgebungsverfahren soll häufig das Entstehen von strengen Umweltschutzgesetzen verhindern oder abschwächen[2]. Der Gesetzgeber ist auf das spezielle Know-How aus den Betrieben bezüglich Umweltproblemen angewiesen, da sich die Kenntnis von Gefährdungen und deren Lösungsmöglichkeiten nur vor Ort entwickeln kann. Neben dem Einbringen des Sachverstandes entsteht gleichzeitig aufgrund des Wissens um die Problemlagen die Gelegenheit zum Beeinflussen und Umformen der Rechtsgrundlagen im Sinne der unternehmerischen Interessen[3]. Wie für Lobbyismusaktivitäten gilt auch bei manchen anderen Kommunikationsmaßnahmen, daß die Ziele in aller Regel stärker und effizienter durch Zusammenschlüsse erreicht werden, weshalb die Unternehmungen Verbänden und Wirtschaftsvereinigungen beitreten.

Im Rahmen der Öffentlichkeitsarbeit können Meinungen und Werte vermittelt werden, welche die Unternehmungsziele wiedergeben. Es wird hingewiesen auf die Probleme bei der Erfüllung von Ansprüchen und dargestellt, weshalb diese überzogen und unangemessen erscheinen. Dadurch läßt sich ein Dialog mit der Öffentlichkeit über die eigene Situation und die bestehenden Absichten entwikkeln, der darauf zielt, daß diese positiv aufgenommen werden[4]. Weiterhin können sich Unternehmungsvertreter als Mitglieder in Vereinigungen von Anspruchsgruppen (z.B. Bürgerinitiativen) engagieren, um dadurch die Interessen und Problemlage der Unternehmung zu verbreiten. Umgekehrt wird bei der

---

1) Vgl. Terhart 1986b, S. 69.

2) Vgl. Raffee 1979, S. 9.

3) Vgl. Bonus 1981, S. 109.

4) Vgl. etwa Meffert/Kirchgeorg 1992, S. 230 ff.

sogenannten Kooptation die Aufnahme von Vertretern von Anspruchsgruppen in die Unternehmung angestrebt (z.B. Wahl prominenter Mitglieder von Umweltschutzgruppierungen in den Aufsichtsrat) in der Absicht, daß sie als Mitglieder der Unternehmung sich mit deren Interessen identifizieren und ihre ursprünglichen Überzeugungen nicht länger gegen die Unternehmung richten.

Obwohl es also mittels dieser unterschiedlichen Kommunikationsmaßnahmen möglich erscheint, durch die aktive Beeinflussung das Entstehen oder die Wirksamkeit der Ansprüche zu verhindern und somit ein gewisses Mindestmaß an sozialer Akzeptanz zu erreichen, kann daneben eine informationsbezogene Abschottung der Unternehmung der Abwehr von Ansprüchen dienen. Das Nichtmitteilen und Verbergen bestehender betrieblicher Gefährdungspotentiale soll das Mißtrauen der Anspruchsgruppen verhindern[1]. Um der öffentlichen Informationskontrolle zu entgehen, wird deshalb eine Verschleierung oder Geheimhaltung über vermeintliche Umweltprobleme betrieben[2].

Zu den beschriebenen Kommunikationsmöglichkeiten zur Abwehr von Ansprüchen ist unabhängig von der Frage nach der moralischen Berechtigung kritisch anzumerken, daß mit ihnen bestimmte Gefahren verbunden sind. Nehmen die Anspruchsgruppen die durchgeführten Kommunikationsmaßnahmen oder die Informationszurückhaltung als Beeinflussungsversuche wahr, die auf eine Ver-

---

1) Vgl. zu dieser Problematik auch Dyllick 1990, S. 41 f.

2) Das Entstehen rechtlicher Ansprüche kann auch durch das betriebliche Innovationsverhalten verhindert werden. Der Verzicht auf Entwicklung und Einsatz von neuen und umweltfreundlichen Technologien verhindert eine Verschärfung der rechtlichen Normen, die beim Betrieb von Anlagen einzuhalten sind. Da die Norm "Stand der Technik" durch Anlagen und Verfahren definiert wird, die mit Erfolg im Betrieb erprobt sind, werden Unternehmungen zuweilen auf die Innovation verzichten, um zu verhindern, daß für sie selbst und die Konkurrenten an allen Betriebstätten die Umrüstung auf den Qualitätsstandard der neuen Technologie verbindlich vorgeschrieben wird. Vgl. Hartje 1990, S. 178; Endres 1985, S. 66. Als Resultat entstehen in solchen Fällen regelrechte branchenweite Innovationsverhinderungskartelle. Vgl. Strebel 1988b, S. 102.

hinderung umweltfreundlicher Maßnahmen zielen, ist zukünftig mit einer gesteigerten Anspruchshaltung von ihrer Seite zu rechnen. Selbst wenn durch die dargestellten Gegenmaßnahmen kurzfristig eine Senkung der Ansprüche erreicht wird, können sie durch das Erregen von Mißtrauen längerfristig kontraproduktiv wirken.

Läßt sich der Anspruchsdruck nicht durch Kommunikation mindern, sondern erreicht er die Unternehmung, stehen Überwälzungsmaßnahmen zur Abwehr zur Verfügung. Überwälzung bedeutet, daß der bestehende Anspruch in seiner Wirksamkeit bestehen bleibt, aber auf andere Institutionen übertragen wird. So können vertragliche Vereinbarungen mit Zykluspartnern beinhalten, daß diese die umweltbelastenden Aktivitäten durchführen, wodurch direkte Umweltbelastungen in indirekte transformiert werden. Der Anspruchsdruck richtet sich nicht mehr direkt gegen die Unternehmung und ist dadurch abgeschwächt. Beispiele wären die Verpflichtung eines Zulieferers zur Lagerung gefährlicher Einsatzstoffe oder deren Transport[1]. Dies kann aber auch die Überwälzung besonders umweltbelastender Produktionsprozesse bedeuten, was somit eine Änderung der eigenen Fertigungstiefe bedeutet. Eine vertragsmäßig gesicherte Überwälzung ganzer Produktionsbereiche ermöglicht sogar den Verzicht der eigenen Herstellung bestimmter Zwischenprodukte. Entscheidendes Kriterium für das Gelingen solcher Überwälzungsmaßnahmen ist die Verhandlungsmacht der betreffenden Zykluspartner[2].

Neben den Maßnahmen zur Überwälzung der ökologischen Gefahren kommt die Überwälzung der damit verbundenen Kostenrisiken in Betracht. Dazu dient der Abschluß von Versicherungen, die unvorhersehbare Kosten in zwar teure, aber überschaubare und regelmäßige Prämienzahlungen transformieren. Der Stellenwert von Versicherungen im Zusammenhang mit der Umweltproblematik nimmt

---

1) Vgl. Haller 1991, S. 178 f.

2) Vgl. Meffert/Kirchgeorg 1992, S. 164.

derzeit stark zu[1], was sich als Folge des Umwelthaftpflichtgesetzes und der damit zusammenhängenden Konstruktion einer neuen Haftpflichtversicherung ergibt[2].

Angesichts der generell eher lückenhaften Kenntnis des Versicherungsträgers über die konkreten betrieblichen Gegebenheiten besteht ein Anreiz, nicht alle Gefährdungspotentiale mitzuteilen, um nicht allzu hohe Prämien zahlen zu müssen. Gleichzeitig ist es möglich, daß der Versicherte nach Abschluß des Vertrages ein nachlässigeres, umweltgefährdenderes Verhalten betreibt und für den Versicherungsträger ein größeres Risiko entsteht, als vor Abschluß beobachtet ("moral-hazard"-Problem)[3]. Deshalb sieht die neue Haftpflichtversicherung Pflichten des Versicherten und Rechte des Versicherungsträgers vor, die eine vollständige und aktuelle Informationslage beim Versicherungsträger gewährleisten sollen. Eine Unternehmung muß sich dann mit ausführlichen Spezialfragebögen und Betriebsbegehungen durch kompetente Versicherungsexperten auseinandersetzen[4]. Die zu erwartenden Anforderungen an einen Versicherungsabschluß zu akzeptablen Konditionen werden deshalb nur mit angemessenen Umweltschutzmaßnahmen zu erfüllen sein. Die Erlangung eines Versicherungsschutzes im Rahmen der abwehrorientierten Strategie dürfte nach diesen zukünftigen Haftpflichtbedingungen äußerst schwierig werden, zumal sogar schon die nicht unverzügliche Anpassung an behördliche Auflagen den Verlust des Versicherungsschutzes nach sich zieht[5].

---

1) Vgl. Haller 1991, S. 181.

2) Wesentlich an dieser Versicherung, für die teilweise eine Versicherungspflicht besteht, ist, daß sie sich auf alle Umweltmedien erstreckt. Einen Überblick über die Kennzeichen dieser zukünftig wohl grundlegenden Versicherung gibt Niehörster 1992.

3) Vgl. Endres/Schwarze 1991, S. 10 ff.; Rückle 1992, S. 51.

4) Vgl. Hopfenbeck 1990, S. 446.

5) Vgl. Niehörster 1992, S. 90.

Alle Ansprüche und daraus resultierende Risiken, die nicht durch Kommunikations- oder Überwälzungsmaßnahmen abwendbar sind, werden bei der abwehrorientierten Strategie von der Unternehmung selbst getragen. Welche Aufgaben zur Handhabung der möglichen Folgen notwendig sind (z.B. Vorkehrungen für den Fall von Betriebs- oder Hausdurchsuchungen und Vernehmungen[1]), soll hier nicht weiter betrachtet werden.

Die organisatorische Bewältigung der genannten Aufgaben im Rahmen der abwehrorientierten Strategie ist hier aufgrund der schon geschilderten Argumente nicht von weiterem Interesse. Inhalt und Umfang dieser Aufgaben sind so geartet, daß sie keine wesentliche Änderung traditioneller Strukturen erforderlich machen und von bereits bestehenden Einheiten zusätzlich übernommen werden können. Denkbar ist etwa eine Betrauung der Rechtsabteilung mit dem Abschluß von Versicherungen oder Verträgen mit Zykluspartnern[2]. Genauso wäre eine Zuordnung zu einer bestehenden Risiko-Management-Abteilung zu erwägen, welche die Zuständigkeit für die Handhabung der verschiedenen betrieblichen Risiken besitzt[3]. Da es nicht im Bestreben dieser Arbeit liegt, Betriebe zu einer abwehrorientierten Strategie zu ermuntern, sondern vorhandene Mißstände aufzudecken und zu beheben, die zu einem solchen Verhalten führen können, ist die Wirksamkeit der rechtlichen Konsequenzen zu prüfen[4].

---

1) Vgl. Eidam 1991b, S. 175; Raeschke-Kessler/Schendel/Schuster 1990, Kennzahl 804.

2) Vgl. Werder/Klinkenberg/Frese 1990, S. 157.

3) Vgl. Haller 1986, S. 39 ff.

4) Nicht weiter eingegangen wird auf mögliche organisatorische Probleme wie Motivationsschwierigkeiten, die aus dem Unterlaufen von Umweltschutzauflagen resultieren. Hierdurch können Mitarbeiter in Konfliktsituationen geraten und Frustrationen oder Ängste erzeugt werden. Vgl. dazu Eidam 1991a, S. 160 ff.

6.2 Rechtliche Konsequenzen der abwehrorientierten Strategie

Als ein mögliches Indiz für die empirische Verbreitung der abwehrorientierten Strategie können die offiziellen Zahlen über registrierte Umweltdelikte angesehen werden, die Abbildung 6-1 illustriert. Zu diesen Zahlen hinzuzufügen sind die nicht bekannt gewordenen Dunkelziffern von Umweltvergehen, die gerade im gewerblichen Bereich in besonderem Umfang vermutet werden[1]. Der Eindruck einer in den letzten Jahren stark gestiegenen Umweltkriminalität täuscht, vielmehr ist die gewachsene Anzahl registrierter Umweltdelikte zurückzuführen auf ein höheres Umweltbewußtsein und geändertes Anzeigeverhalten der Öffentlichkeit[2]. Bezogen auf die insgesamt erfaßten Straftaten schätzen empirische Untersuchungen den Anteil von Klein- und Mittelbetrieben auf ca. 24% und den industrieller Großbetriebe auf ca. 6%, wobei insbesondere letztgenannte ökologisch schwerwiegendere Schäden verursacht haben[3].

Das Ausmaß dieser Zahlen legt den Verdacht nahe, daß zumindest bei einigen der darin enthaltenen Unternehmungen der Verstoß gegen Umweltschutzauflagen nicht auf Informationsdefiziten oder unbeherrschbaren technischen Risiken, sondern auf bewußten Entscheidungen basieren könnte. Deshalb ist zu klären, in welchem Umfang eine Unternehmung mit rechtlichen Konsequenzen bei einem Auflagenverstoß zu rechnen hat.

---

1) Vgl. Rometsch 1992, S. 253; Geulen 1988, S. 323.

2) Vgl. Meinberg/Möhrenschläger/Link 1989, S. 216.

3) Vgl. Meinberg 1988, S. 122 ff. Danach sind weitere Anteile an den Straftaten in Höhe von jeweils ca. 15% den Bereichen Landwirtschaft, Schiffahrt und Private zuzurechnen, während ca. 5% durch Öffentliche begangen werden. Bei über 15% der Straftaten ist dieser Untersuchung zufolge aus den statistischen Daten der Täterkreis nicht feststellbar. Generell ist anzumerken, daß kaum aussagekräftige empirische Forschungsergebnisse zu Umweltstraftaten vorliegen und zumeist zeitlich überholt sind.

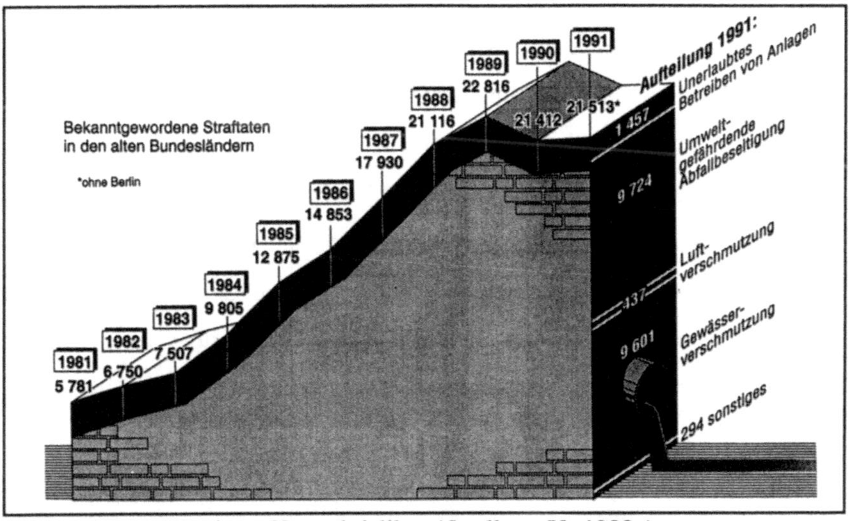

Abb. 6-1: Registrierte Umweltdelikte (Quelle: o.V. 1992c)

Solche rechtlichen Konsequenzen und die damit verbundenen monetären Auswirkungen können anhand eines Entscheidungsmodells untersucht werden, wobei als Ziel die Minimierung der zu erwartenden Kosten angenommen wird[1]. Darin wird aus Unternehmungsperspektive ein Entscheidungskalkül aufgestellt, das die Kostenkonsequenzen von Befolgung und Nichtbefolgung der Auflagen vergleicht. Für die Alternative Auflagenbefolgung lassen sich die Kostenkonsequenzen aus den Auszahlungen für Anschaffung und Betrieb der Umweltschutzmaßnahmen berechnen. Denen stehen bei der Alternative Auflagenverstoß die möglichen öffentlich-rechtlichen Konsequenzen in Form von Sanktionen gegenüber. Zusätzlich sind bei der Bewertung der Alternativen die möglichen privat-rechtlichen Konsequenzen in Form von Haftungsansprüchen der Geschädigten zu betrachten. Da der Eintritt der rechtlichen Konsequenzen nicht sicher ist, können ihre Kosten über den Erwartungswert resultierend aus Höhe und Wahrscheinlichkeit des Eintritts der Konsequenzen bestimmt werden. Basierend auf empirischen Daten von Anfang der 80er Jahre hat Terhart anhand eines derartigen Entscheidungsmodells in dem Kalkül zwischen Verstoß und Befol-

---

1) Vgl. Terhart 1986b.

gung den Auflagenverstoß als die kostenminimale Alternative ermittelt[1]. Dabei ist kritisch anzumerken, daß dieses Modell lediglich die öffentlichen Sanktionen erfaßt und die privaten Haftungsansprüche nicht berücksichtigt. Gerade die Neuerungen des Umwelthaftungsgesetzes können aber das Kalkül in die andere Richtung beeinflussen, weshalb ein eindeutiges Urteil über die Wirksamkeit des Umweltrechts zur Zeit nicht möglich ist[2]. Im folgenden sollen beide möglichen rechtlichen Konsequenzen betrachtet werden, die für die Entscheidung über einen Auflagenverstoß relevant sind und somit Bestimmungsfaktoren der abwehrorientierten Strategie darstellen.

Hinsichtlich der möglichen Haftungsansprüche von Geschädigten ist mit der Abkehr von der bis 1990 grundsätzlich gültigen Verschuldenshaftung eine gravierende Änderung eingetreten. Nach diesem inzwischen überholten Haftungsprinzip waren Ansprüche aufgrund einer Fülle prozessualer Schwierigkeiten praktisch nicht durchzusetzen, da der Geschädigte den Kausalitätsnachweis erbringen mußte und der Schädiger bei Auflagenbefolgung grundsätzlich nicht haftete[3]. Die Erfolgsaussichten für den Geschädigten blieben im wesentlichen beschränkt auf wenig komplexe Schädigungen bei überschaubaren Kausalzusammenhängen[4]. Die Bedeutung der Verschuldenshaftung war insofern gering einzuschätzen und für Unternehmungen bestand nur ein minderes Haftungsrisiko[5].

---

1) Vgl. Terhart 1986b, S. 146 ff. Dieses Ergebnis bestätigt sich für unterschiedliche Risikoeinstellungen bei der Annahme realistischer Nebenbedingungen. Eine Auflagenbefolgung wird erst rational, sobald der Auflagenverstoß entdeckt worden ist, da dann mit einer gesteigerten Behördenaufmerksamkeit zu rechnen ist. Vgl. Terhart 1986b, S. 105.

2) Neben diesen direkten rechtlichen Konsequenzen müssen Unternehmungen insbesondere weitere negative Effekte im öffentlichen Ansehen befürchten, die sich aus der Publizität von rechtlichen Ermittlungen gegen sie ergeben ("Prangerwirkung").

3) Vgl. Hoppe/Beckmann 1989, S. 264.

4) Vgl. Kloepfer 1989, S. 240.

5) Vgl. Rückle 1992, S. 60.

Im Unterschied dazu tritt mit dem neuen Umwelthaftungsgesetz und dem darin enthaltenen Prinzip der Gefährdungshaftung für ab 1991 eingetretene Schäden eine grundlegend andere Situation ein. Wesentliches Kennzeichen ist neben der Haftung für Schäden aus einem auflagenkonformen Normalbetrieb die Erleichterung des Kausalitätsnachweises durch Einführung einer Ursachenvermutung und Einrichtung von Auskunftsansprüchen[1]. Auch wenn noch keine Zahlen vorliegen, erscheint es doch wahrscheinlich, daß für die Unternehmungen damit ein verschärftes Haftungsrisiko eintritt[2]. Für das angesprochene Entscheidungskalkül ist wichtig, daß das Haftungsrisiko beim Auflagenverstoß noch weitaus größer geworden ist als das zusätzlich entstandene Haftungsrisiko bei Auflagenbefolgung. Mit dem auflagenkonformen Verhalten sind nämlich bestimmte Haftungsprivilegien verbunden. Bei einem Nachweis über die Einhaltung des Normalbetriebs erfolgt keine Ursachenvermutung[3] und gleichzeitig tritt eine Haftungshöchstgrenze in Kraft[4]. Es ist zu vermuten, daß mit der Einführung des neuen Umwelthaftungsgesetzes ein starker Anreiz geschaffen wurde, die Auflagen durch das Ergreifen von Umweltschutzmaßnahmen einzuhalten, was insofern die Abkehr von der abwehrorientierten Strategie bewirken würde.

Während Haftungskonsequenzen nur bei dem Vorliegen eines Schadens entstehen können, sind Sanktionierungskonsequenzen bei jedem nicht-rechtskonformen Verhalten möglich. Zur Sanktionierungspraxis existieren mehrere empirische Untersuchungen, die relativ gesichert erscheinen, da sie trotz verschiedener Erfassungszeiträume zu in der Tendenz vergleichbaren Ergebnissen

---

1) Vgl. z.B. Landsberg/Lülling 1990.

2) Vgl. Schreiner 1988, S. 212. Inwieweit durch die kodifizierte Form der Gefährdungshaftung tatsächlich eine verursachungsgerechte Kostenzuordnung zu den verantwortlichen Unternehmungen erreicht werden kann, beleuchten kritisch Hemmelskamp/Neuser 1993.

3) Vgl. Landsberg/Lülling 1991, S. 159 ff.; Gasser 1992, S. 158; Raeschke-Kessler/Schendel/Schuster 1990, Kennzahl 850, S. 7.

4) Vgl. Landsberg/Lülling 1991, S. 245 ff.

gelangen[1]. Bei der Ermittlung der Sanktionswahrscheinlichkeit als der Anzahl der verhängten Strafen im Verhältnis zur Anzahl begangener Straftaten belaufen sich die Schätzungen für 1990 auf eine Quote zwischen 1% und 9%[2]. Die Schwankungsbreite entspringt unterschiedlichen Annahmen über die Dunkelziffer der entdeckten Delikte. Diese geringe Sanktionswahrscheinlichkeit deutet auf das Bestehen eines beachtlichen Vollzugsdefizits bei Umweltstraftaten hin, wodurch sich Unternehmungen für einen Auflagenverstoß entscheiden könnten. Um diesen Sachverhalt genauer zu fassen, läßt sich die Sanktionswahrscheinlichkeit in ihre Teilkomponenten Entdeckung (Anzeige), Aufklärung (Ermittlung eines Tatverdächtigen) und Verurteilungswahrscheinlichkeit (Verhängung einer Strafe) zerlegen und im Rahmen eines Entscheidungsbaums darstellen, wie Abbildung 6-2 zeigt. Die Statistik weist aus, daß Delikte zwar häufig aufgeklärt werden, aber viele der eingeleiteten Verfahren mit einer Einstellung und nicht mit einer Verurteilung enden[3]. Obwohl gerade Industriebetriebe ökologisch schwerwiegende Schäden verursachen, werden diese Verfahren häufiger eingestellt und somit strafrechtlich nicht erfaßt[4].

Die potentiellen Sanktionen des Umweltstrafrechts reichen von Geldstrafen und Abschöpfung illegaler Gewinne (sogenannter Verfall) über Betriebsuntersagungen bis zu Berufsverboten und Freiheitsstrafen. Den Schwerpunkt der verhängten Sanktionen bilden eindeutig Geldstrafen. Das Strafmaß der Geldstrafen ist als gering zu bezeichnen, da der überwiegende Teil unter 2.000 DM liegt und lediglich 3% der Geldstrafen über 9.000 DM hinausgehen[5]. Aufgrund der

1) Vgl. Rometsch 1992, Terhart 1986b, Meinberg 1988.

2) Vgl. Rometsch 1992, S. 253. Diese Ergebnisse bestätigen in der Tendenz die für den Zeitraum von 1978 bis 1982 ermittelte Sanktionswahrscheinlichkeit von 4-12% bei Terhart 1986b, S. 100.

3) Vgl. Meinberg 1988, S. 139 ff.; Dölling 1988, S. 335; Schall 1990, S. 1263 f.

4) Vgl. Meinberg 1988, S. 148/154; Rometsch 1992, S. 252 f.

5) Vgl. Rometsch 1992, S. 254 und das ähnliche Ergebnis bei Terhart 1986b, S. 84 ff.

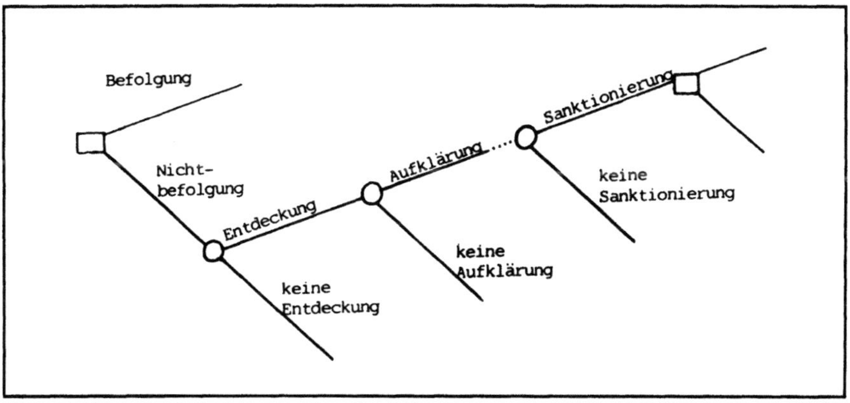

Abb. 6-2: Aufgliederung der Sanktionierungswahrscheinlichkeit nach Teilkomponenten im Entscheidungsbaum (Quelle: Terhart 1986b, S. 125)

bestehenden Kopplung der Höhe des Strafmaßes mit dem ökologischen Schaden kann gefolgert werden, daß überwiegend Bagatellfälle in den Strafvollzug gelangen. Freiheitsstrafen bewegen sich in einer Größenordnung von 2% an den gesamten Verurteilungen, doch werden diese meistens auf Bewährung ausgesetzt und haben insofern fast keine Bedeutung[1]. Die anderen genannten Sanktionsmöglichkeiten besitzen in der Praxis offenbar überhaupt keine Relevanz[2].

Vor dem Hintergrund dieser empirischen Ergebnisse scheinen beträchtliche Lücken bei der Bestrafung von Umweltdelikten zu existieren, die sich in einer geringen Sanktionswahrscheinlichkeit und einem niedrigen Sanktionsumfang ausdrücken. Diese nicht übermäßigen Risiken dürften bei einem kalkulierenden Täter keine abschreckende Wirkung sondern eher das Gegenteil auslösen[3], wodurch auch das obengenannte Resultat des Entscheidungskalküls verständlich wird.

1) Vgl. Dölling 1988, S. 335; Terhart 1986b, S. 83.

2) Vgl. Rometsch 1992, S. 255; Terhart 1986b, S. 81 ff.

3) Vgl. Rometsch 1992, S. 255; Dölling 1988, S. 335.

Zu klären bleiben die Gründe, weshalb Umweltdelikte mit einer so geringen Wahrscheinlichkeit sanktioniert werden, obwohl sie inzwischen relativ häufig angezeigt[1] und aufgeklärt werden. Ein Faktor scheint in der Abhängigkeit der Strafbarkeit vom Behördenverhalten und Verwaltungspraxis, der sogenannten Verwaltungsakzessorität zu liegen. Da Behörden bei ihren Entscheidungen auch andere Aspekte außer Umweltschutz berücksichtigen[2], treten sie nicht immer entschlossen gegenüber Schädigern auf. Geschehen Umweltverstöße mit Wissen bzw. Duldung der Behörden oder laufen Verhandlungen mit der Behörde, erhält der Täter einen Rechtfertigungsgrund und ist strafrechtlich nicht belangbar[3]. Als weiterer Grund werden hinter Umweltvergehen oft intelligente Wirtschaftsstraftäter vermutet. Hochqualifizierte Experten, die ihre Aktionen geschickt planen und ausführen und dabei über umfangreiche technische und finanzielle Mittel verfügen, sind schwer zu fassen[4], wobei sich offensichtlich insbesondere größere Unternehmungen ihrer Verantwortlichkeit entziehen können[5].

Schließlich wird als gravierendes Problem bei der Sanktionierung die Zurechenbarkeit der Umweltdelikte innerhalb einer Organisationsstruktur angesehen, was für die hier zu behandelnde Thematik von hervorgehobener Bedeutung ist. In großen Unternehmungen mit komplexen Organisationsstrukturen aufgrund ausgeprägter Arbeitsteilung und Delegation ist es mit dem bestehenden rechtlichen Instrumentarium äußerst schwierig, das individuelle Verschulden einzelner Aufgabenträger zu ermitteln[6]. Der Zusammenhang zwischen Gestaltung der Organisationsstruktur und den möglichen rechtlichen Konsequenzen wird im nächsten Kapitel eingehend dargestellt.

---

1) Vgl. Abbildung 6-1.

2) Vgl. Kapitel 6.1.

3) Vgl. Geulen 1988, S. 323 f.; Terhart 1986b, S. 70 f.; Tiedemann 1980, S. 42.

4) Vgl. Meinberg/Möhrenschläger/Link 1989, S. 233; Geulen 1988, S. 323.

5) Vgl. Wulff-Nienhüser 1987, S. 400 f.

6) Vgl. Terhart 1986b, S. 76; Hümbsch-Krusche/Krusche 1983, S. 284 f.; Dölling 1988, S. 337; Schall 1990, S. 1272; Knechtli 1991.

6.3 Organisation und rechtliche Konsequenzen

Nicht nur die Vorschriften des Umweltrechts haben Auswirkungen auf die organisatorische Gestaltung (bspw. Bestellung von Betriebsbeauftragten), sondern die organisatorische Gestaltung beeinflußt umgekehrt auch die möglichen umweltrechtlichen Konsequenzen. Wie zu zeigen ist, verfügt eine Unternehmung über einen Entscheidungsspielraum bei der Gestaltung der Organisationsstruktur, der unterschiedliche Sanktions- und Haftungskonsequenzen nach sich zieht. Sinn der nachstehenden Ausführungen ist nicht die Darstellung einer Anleitung, wie die für Umweltschädigungen verantwortlichen Personen und Institutionen vor den rechtlichen Konsequenzen geschützt werden können. Stattdessen sollen eine Offenlegung der bestehenden Lücken und Hinweise auf Änderungsmöglichkeiten zur Schließung der Schlupflöcher durch Gesetzgeber und Rechtsprechung beitragen[1].

6.3.1 Organisation und Sanktionierungskonsequenzen

Begeht eine Unternehmung einen Auflagenverstoß, lassen sich drei Ebenen unterscheiden, die von einer Sanktion potentiell betroffen sein können:

- die individuell handelnde Person, wobei die "Handlung" auch in einer Unterlassung von Umweltschutzmaßnahmen bestehen kann. Hierbei sind insbesondere die Betriebsbeauftragten zu nennen, die per Gesetz als mit einem Pflichtenheft versehene betriebliche Aufgabenträger vorgeschrieben sind[2].

---

1) Es erscheint verwunderlich, daß bisher die damit zusammenhängende organisatorische Problematik in der Betriebswirtschaftslehre überhaupt nicht oder in einem anderen Licht behandelt wird, obwohl die bestehenden Sanktionsdefizite seit längerem in den Rechtswissenschaften bekannt sind.

2) Vgl. Kapitel 3.1.1.

- die Leitungsperson, die aufgrund ihrer Vorgesetztenposition für das Verhalten des Betriebsbeauftragten verantwortlich ist;
- die Unternehmung selbst, die den mögliche Vorteil aus dem Auflagenverstoß erhält.

a) Strafrechtliche Verantwortlichkeit des Betriebsbeauftragten

Für Delikte, die im Rahmen des Unternehmungsgeschehen begangen werden, ist strafrechtlich nur ein bestimmter Personenkreis zu belangen. Sanktionierbar sind allein die Personen, welche über eine gewisse Entscheidungsbefugnis verfügen. Der Sinn dieser Regelung liegt darin, eine Abwälzung der Verantwortlichkeit auf Weisungsgebundene zu verhindern[1]. Sanktionen können sich ausschließlich richten gegen[2]:

- Gesellschafter, Organmitglieder und deren Vertreter
- Beauftragte, die den Betrieb ganz oder zum Teil leiten (leitende Angestellte)
- ausdrücklich Beauftragte, die in eigener Verantwortung Aufgaben des Inhabers wahrnehmen.

Wird der Betriebsbeauftragte lediglich mit den Pflichten der gesetzlich vorgesehenen Aufgaben ausgestattet, so ist darin keine ausdrückliche Übertragung im strafrechtlichen Sinne zu sehen[3]. Seine gesetzlichen Aufgaben sind als allgemein umschriebene Aufgaben zum Schutz der Umwelt zu verstehen, die er im Rahmen der notwendigen betrieblichen Arbeitsteilung ausübt[4]. Ein ausdrücklicher Auftrag ist in der Praxis nicht üblich bzw. schlecht nachzuweisen[5].

---

1) Vgl. Terhart 1986b, S. 72.

2) Vgl. § 14 StGB und analog § 9 OWiG.

3) Vgl. Terhart 1986b, S. 74 f.

4) Vgl. Triffterer 1980, S. 104 f.

5) Vgl. Achenbach 1990, S. 602; Triffterer 1980, S. 107.

Auch eine entsprechende Benennung des Betriebsbeauftragten gegenüber Externen wie Behörden ist hierbei irrelevant[1].

Zur Strafbarkeit mangelt es dem Betriebsbeauftragten des weiteren an der notwendigen Entscheidungsbefugnis, denn diese ist in den gesetzlichen Vorschriften nicht beinhaltet[2]. Dem Betriebsbeauftragten fehlt die tatsächliche Möglichkeit zur Abwendung oder Verhinderung von Delikten, da allein durch seine gesetzlichen Aufgaben ein Auflagenverstoß nicht unterbunden wird. Aus den aufgeführten Gründen ist zu folgern, daß ein Betriebsbeauftragter in der vom Gesetzgeber konstruierten Form nach aller Regel strafrechtlich nicht belangt werden kann[3].

Eine Strafbarkeit des Betriebsbeauftragten ist aber in Betracht zu ziehen, falls er in Erweiterung der gesetzlichen Pflichten über Entscheidungsbefugnisse verfügt[4]. Bestehen solche Entscheidungsbefugnisse, kann insbesondere dann eine Strafbarkeit vermutet werden, wenn der Betriebsbeauftragte einen Verstoß gegen seine gesetzlichen Aufgaben begeht und etwa seiner Meldepflicht bei einer Grenzwertüberschreitung nicht nachkommt[5]. Zusammengefaßt hängt die Frage der Sanktionierbarkeit von Betriebsbeauftragten damit ab von der organisatorischen Regelung, ob dieses Amt von einem Entscheidungsträger bekleidet wird oder nicht.

---

1) Vgl. Dreher/Tröndle 1991, S. 97.

2) Vgl. Paul 1988, S. 58 ff.; Steindorf 1986, § 324, Rdnr. 49.

3) Vgl. Triffterer 1980, S. 105 f.; Sander 1985, S. 54; Terhart 1986b, S. 75.

4) Vgl. zu den Bedingungen einer Strafbarkeit das Urteil des OLG Frankfurt 1987, S. 379; vgl. weiterhin Rehbinder/Burgbacher/Knieper 1972, S. 12 ff. Maßgeblich für das Bestehen von Entscheidungsbefugnissen sind die tatsächlichen Verhältnisse und nicht die formale Betrauung.

5) Vgl. Sander 1985, S. 55; Paul 1988, S. 61 ff.

b) Strafrechtliche Verantwortlichkeit von Leitungspersonen

Greifen Gesellschafter, Organmitglieder und deren Vertreter als die leitenden Personen selber aktiv in die betrieblichen Prozesse ein, die zu einem Auflagenverstoß führen, machen sie sich strafbar[1]. Dagegen können sie für ein Delikt nicht zur Rechenschaft gezogen werden, sofern sie die betreffenden Aufgaben wie in arbeitsteiligen Strukturen üblich delegiert haben und bspw. die Betriebsbeauftragten diese Aufgaben ausführen[2]. Möglich bleibt eine Bestrafung aufgrund einer Verletzung der Aufsichtspflicht, falls die leitenden Personen nicht die erforderliche Sorgfalt bei Auswahl (Bestellung qualifizierter und zuverlässiger Personen), Anweisung (klare Definition und Zuweisung der übertragenen Aufgaben) und Kontrolle (Überprüfung der Erledigung) der ausführenden Personen gezeigt haben[3]. Selbst wenn eine mangelnde Sorgfalt nachweisbar ist, entsteht häufig das Problem, daß die Aufsichtspflichtverletzung nicht einer bestimmten Person zugerechnet werden kann, da eine Delegation auf andere Ebenen entsprechend der hierarchischen Struktur möglich ist[4].

Ist die Verteilung der Aufgaben und Zuständigkeiten nicht festzustellen, resultieren daraus sogenannte "Organisationsverschulden" oder "Organisationsmängel"[5]. Vor diesem Hintergrund ist die schon erwähnte Vorschrift des § 52a BImSchG[6] zu betrachten, die ausdrücklich eine Darlegung der Aufgabenverteilung gegenüber der Behörde verlangt. Die Erfüllung dieser "Mitteilungspflicht zur Betriebsorganisation" ist notwendig, um nicht der Aufsichtspflichtverletzung

1) Vgl. Dreher/Tröndle 1991, S. 98.

2) Vgl. Triffterer 1980, S. 106; Terhart 1986b, S. 75.

3) Vgl. Steindorf 1986, § 324, Rdnr. 44.

4) Vgl. Triffterer 1980, S. 113 f.

5) Vgl. Moschke 1991; Sander 1985, S. 49.

6) Vgl. Kapitel 3.1.1.

bezichtigt zu werden[1]. Sind die Personen identifizierbar, die ihre Aufsichtspflicht verletzt haben, können nur die Vergehen von Organen, Gesellschaftern und echten Führungskräften, also den Angehörigen der höchsten Hierarchieebenen geahndet werden; Entscheidungsträger auf mittleren und unteren Ebenen sind nicht strafbar[2]. Insofern sind die Sanktionierungsmöglichkeiten gegen die verantwortlichen Vorgesetzten abhängig von dem Ausmaß der Delegation von Entscheidungen auf die unteren Hierarchieebenen.

c) Strafrechtliche Verantwortlichkeit der Unternehmung

Geldbußen gegen die Unternehmung können bei einem Vergehen von Organen und Gesellschaftern bzw. deren Vertretern verhängt werden[3]. Dies ist gegeben, falls ein Angehöriger dieses Personenkreises in die Begehung eines Auflagenverstoßes verwickelt ist oder seine Aufsichtspflicht verletzt hat. Sind Organe und Gesellschafter jedoch nicht mit dem Betriebsgeschehen befaßt oder üben keine Leitungsfunktionen aus, ist die Unternehmung nicht sanktionierbar. Genauso unterbleibt die Geldbuße, wenn die verantwortlichen Entscheidungsträger nicht unter die Grenzen des beschriebenen Personenkreises fallen[4]. In einem solchen Fall ist die Abschöpfung des zugeflossenen Vermögensvorteils möglich, wobei dies in der Praxis aber keine Bedeutung hat. Die Verhängung eines derartigen Verfalls ist nämlich bereits bei einem theoretisch bestehenden privatrechtlichen Haftungsanspruch ausgeschlossen, wovon regelmäßig auszugehen ist[5].

---

1) Vgl. Haker/Krieshammer 1991, S. 88 ff.; Adams/Löhr 1991; Eiff 1991, S. 373 f.

2) Vgl. Achenbach 1990, S. 604.

3) Vgl. Terhart 1986b, S. 75; Sander 1985, S. 49.

4) Vgl. Achenbach 1990, S. 606; Triffterer 1980, S. 126.

5) Vgl. Rometsch 1992, S. 250; Dölling 1988, S. 339.

Insgesamt ist also festzuhalten, daß zwar umfassende Sanktionsmöglichkeiten und eine potentielle strafrechtliche Verantwortlichkeit entsprechend den innerbetrieblichen Aufgaben vorliegen, deren praktische Umsetzung aber durch organisatorische Strukturen behindert werden kann. "Das derzeit zur Verfügung stehende strafrechtliche Instrumentarium gestattet der Großindustrie beim Versuch der Zurechnung von strafbaren Verstößen gegen die Umwelt eine Verwandlung der 'Organisation der Verantwortlichkeit' in die 'Organisierte Unverantwortlichkeit'."[1] Die Sanktionslücken resultieren insbesondere aus einem Mißverhältnis zwischen betrieblicher Entscheidungsbefugnis und strafrechtlicher Verantwortlichkeit in bestimmten Organisationsstrukturen. Bei großen Betrieben mit weitreichender Dezentralisation und Delegation von Weisungsbefugnissen sind Entscheidungsträger vielfach nicht mit den sanktionierbaren Personen (Organe, Gesellschafter, oberste Führungskräfte) identisch und deshalb schwer bestrafbar. Dagegen dürfte in kleineren bzw. mit gebündelten Weisungsbefugnissen ausgestatteten Betrieben häufig eine Entsprechung zwischen Entscheidungsträgern und sanktionierbaren Personen bestehen, so daß diese von daher einfacher zu belangen sind. Weiterhin können durch die Übertragung der Umweltschutzzuständigkeit an einen nicht entscheidungsberechtigten Betriebsbeauftragten dieser und die Delegierenden straffrei gehalten werden.

Angesichts der beschriebenen Probleme, wonach bei einem Auflagenverstoß unter Umständen alle Sanktionsmöglichkeiten ins Leere laufen, hat auch der Gesetzgeber Handlungsbedarf erkannt und will diese Mißstände noch im Laufe der jetzigen Legislaturperiode angehen durch das Zweite Gesetz zur Bekämpfung der Umweltkriminalität (2. UKG). In der Diskussion befinden sich folgende Vorschläge, die zur Schließung der aufgezeigten Lücken geeignet erscheinen[2]. Hinsichtlich des Betriebsbeauftragten ist durch einen Verzicht auf das Erfordernis der ausdrücklichen Beauftragung zumindest die Sanktionier-

---

1) Krusche 1989, S. 489; vgl. ähnlich Terhart 1986b, S. 76.

2) Vgl. etwa die zusammenfassende Darstellung bei Achenbach 1990.

barkeit der entscheidungsberechtigten Betriebsbeauftragten zu erreichen[1]. Würde das Amt des Betriebsbeauftragten per Gesetz mit Entscheidungsbefugnis ausgestattet, entsteht eine generelle Strafbarkeit, wobei sich dann aber die Frage der Zumutbarkeit für die betreffende Person stellt und Rekrutierungsschwierigkeiten für diese Position zu erwarten sind[2]. In Bezug auf Geldbußen gegen die Unternehmung und Aufsichtspflichtverletzungen durch Vorgesetzte ist eine Ausweitung des Täterkreises in Betracht zu ziehen. Statt des bisherigen eng begrenzten Personenkreises könnte als Grundlage eines Tatbestandes das Vergehen sämtlicher verantwortlicher Entscheidungsträger angesehen werden[3].

Inwieweit die aufgezeigten Lücken tatsächlich abgedeckt werden, ist momentan eher skeptisch zu beurteilen, da ähnliche Vorschläge bereits 1986 im Rahmen des Zweiten Gesetz zur Bekämpfung der Wirtschaftskriminalität (2. WiKG) politisch nicht durchsetzbar waren. Der momentane Stand des Gesetzgebungsverfahren läßt statt der hier skizzierten umfassenden Vorschläge eine lediglich begrenzte Ausweitung des Täterkreises betreffend Aufsichtspflichtverletzungen und Unternehmungsgeldbußen erwarten[4].

6.3.2 Organisation und Haftungskonsequenzen

Entstehen im Zuge einer Umweltbelastung Haftungsansprüche, welche die Unternehmung zu begleichen hat[5], haften die Gesellschafter einer Kapitalgesell-

---

1) Vgl. Meinberg/Möhrenschläger/Link 1989, S. 299; Dölling 1988, S. 339.

2) Vgl. Paul 1988, S. 65; Sander 1985, S. 55. Vgl. zu dieser Problematik auch die Ausführungen in Kapitel 7.2.3.

3) Vgl. Terhart 1986b, S. 175; Triffterer 1980, S. 126 ff.; Meinberg/Möhrenschläger/Link 1989, S. 299.

4) Vgl. den Gesetzentwurf der Bundesregierung in BT-Drucksache 1991.

5) Dies ist vorstellbar, wenn kein Haftpflichtversicherungsschutz besteht, weil

(Fortsetzung...)

schaft maximal bis zur Höhe ihrer Einlage[1]. Damit ist nicht sichergestellt, daß genügend Vermögen zum Schadensersatz zur Verfügung steht, insbesondere wenn es sich bei der verursachenden Unternehmung um eine Tochtergesellschaft mit eigener Rechtspersönlichkeit innerhalb eines Konzerns handelt[2]. Einem Haftungsdurchgriff auf die Muttergesellschaft steht die rechtliche Selbständigkeit der Tochter entgegen. Demnach wäre eine Haftungsbeschränkung erreichbar durch eine Betriebsaufspaltung, bei der eine eigene Rechtspersönlichkeit für diejenigen Tochtergesellschaften geschaffen wird, von denen besondere Umweltbelastungen z.B. wegen hochgiftiger Deponierungsaktivitäten ausgehen. Daß derartige Überlegungen in der Realität offensichtlich eine gewisse Rolle spielen, belegen Praxisberichte[3].

Eine Ausnahme von dieser Haftungsbeschränkung entsteht beim Vorliegen eines Beherrschungs- oder Gewinnabführungsvertrags, da hierbei die herrschende Unternehmung den Gläubigern der abhängigen Unternehmung haftet, falls diese nicht die Forderungen erfüllen kann[4]. Daß unter bestimmten Umständen doch eine Haftung von Muttergesellschaften für ihre rechtlich selbständigen Töchter anzunehmen ist, deutet eine Entwicklung in der neueren Rechtsprechung an, die sich auch auf die Haftungsproblematik bei Umweltschäden übertragen läßt. Eine Verpflichtung der Muttergesellschaft zu Verlustausgleich und Ausfallhaftung

---

5)(...Fortsetzung)
etwa der Versicherungsträger aufgrund eines Auflagenverstoßes nicht leistet oder gar kein Vertrag abgeschlossen werden konnte.

1) Vgl. § 1 AktG und § 13 GmbHG.

2) Als extremes Beispiel aus der Praxis kann die Giftgaskatastrophe von Bhopal/ Indien 1984 herangezogen werden, wo den Vermögenswerten der nationalen Tochtergesellschaft eines amerikanischen Chemiekonzerns in Höhe von 25 Mio. $ Haftungsforderungen von 1,5 Mrd. $ gegenüber standen. Vgl. Kaiser 1988, S. 589.

3) Vgl. Göppert 1991, S. 28.

4) Vgl. § 322 AktG. In der Praxis haben Beherrschungs- und Gewinnabführungsverträge aber nur eine geringe Verbreitung. So wurden bis 1979 bundesweit nur ca. 400 Verträge registriert. Vgl. Kaiser 1988, S. 597.

läßt sich vermuten, wenn die Ziele und Interessen der Mutter einen generellen und permanenten Vorrang gegenüber denen der Tochter genießen[1]. Indizien für die Existenz einer solchen Beziehung ergeben sich im Zusammenhang mit der Organisationsstruktur. Dazu zählen ein andauerndes und umfassendes Weisungsrecht der Mutter[2], so daß die Tochter lediglich mit der Umsetzung der externen Vorgaben befaßt ist, und eine Eingliederung der Tochter in die Unternehmungsprozesse, die quasi der Stellung einer internen Betriebsabteilung in der Muttergesellschaft gleichkommt[3]. Dies könnte gegeben sein bei einer Tochtergesellschaft, die ausschließlich Entsorgungsaktivitäten durchführt für die Mutter wie bspw. Verbrennung von deren Produktionsrückständen. Ein weiteres Anzeichen ist in der Personalunion von Entscheidungsträgern zu sehen, da bei derartigen Doppelfunktionen in Mutter- und Tochtergesellschaft ein generelles Zurückstehen der Tochterinteressen zu vermuten ist[4]. Die Vermutung einer umfassenden und andauernden Leitung durch die Mutter kann schon entstehen, sofern die Hälfte der Mitglieder der Geschäftleitung bei der Tochter auch der Muttergesellschaft angehören[5]. Läßt sich nicht ein Gegenbeweis über die Berücksichtigung der Tochterinteressen erbringen, ist eine Haftung der Mutter in Betracht zu ziehen[6].

---

1) Vgl. BGH 1991, S. 2176 ff.; vgl. beispielhaft zu diesem grundlegenden Urteil die unterschiedlichen Kommentierungen bei Hommelhoff 1992 und Flume 1992.

2) Vgl. BGH 1991, S. 2178.

3) Vgl. Hommelhoff 1992, S. 309 f.

4) Vgl. BGH 1991, S. 2178.

5) Vgl. Knobbe-Keuk 1992, S. 1461.

6) Vgl. Hommelhoff 1992, S. 311.

7 Organisatorische Gestaltung der outputorientierten Strategie

7.1 Aufgaben der outputorientierten Strategie

Outputorientierte Unternehmungen beschränken sich auf direkte nachgeschaltete Umweltschutzmaßnahmen und betreiben diese in einem Umfang, der primär auf die Erfüllung der gesetzlichen Grundlagen zielt[1]. Sie installieren dazu EOP-Technolgien, die umweltbelastende Emissionen aus dem Produktionsbereich in weniger gefährliche Stoffe umwandeln, wobei die vorhandenen Produktionsverfahren unverändert bleiben und um die EOP-Technologien ergänzt werden. Wesentlich dürfte für eine solche Strategie das Bestreben sein, die bestehenden betrieblichen Abläufe ohne gravierende Auswirkungen der Umweltproblematik weiterführen zu können. Die Dominanz von Auflagen als umweltpolitischem Instrument und der umfangreiche Einsatz von EOP-Technologien lassen vermuten, daß diese Strategie in der Praxis eine weit verbreitete, wenn nicht sogar die überwiegende Verhaltensweise ist. Welche Aufgaben mit diesem Verhalten verbunden sind, soll nun näher betrachtet werden.

Grundlage der Planung von Umweltschutzmaßnahmen ist die Kenntnis der betreffenden rechtlichen Grundlagen. Aus der inzwischen entstandenen Fülle relevanter Umweltgesetze resultiert ein beträchtlicher betrieblicher Informationsbedarf. Das Sammeln, Erfassen und Interpretieren der Rechtsgrundlagen ist eine notwendige Voraussetzung, um jederzeit über die rechtlichen Pflichten informiert zu sein. Die Vorschriften sind häufig so umfassend und in einzelnen Bestimmungen derart kompliziert (oder sogar praxisfremd), daß ihre Auswertung hohe Anforderungen stellt und viel Fachverstand verlangt[2]. Dabei ergibt

---

1) Vgl. auch die Darstellung der Strategiecharakteristika in Kapitel 5.2.2.

2) Vgl. Frese 1992, Sp. 2436.

sich aus der Dynamik der Gesetzgebung eine besondere Problematik. Mögliche umweltpolitische Entwicklungen und Tendenzen müssen genau beobachtet werden, um sich abzeichnende Chancen und Risiken frühzeitig zu erkennen. Oft entsteht mit der Verabschiedung neuer Vorschriften ein so großer Vollzugsdruck, daß kaum Zeit zur Umsetzung und Änderung bleibt, falls etwa bestimmte Stoffe verboten oder Normen für Verfahren verschärft werden[1]. Antizipation und Berücksichtigung zukünftiger Entwicklungen im Umweltrecht kann deshalb einen wichtigen Zeitgewinn für betriebliche Anpassungsmaßnahmen bedeuten[2]. Besondere Anforderungen ergeben sich, wenn die Unternehmung über internationale Produktionsstandorte verfügt und demzufolge die unterschiedlichen Rechtssätze mehrerer Länder beachten muß[3].

Zwar kann wie beschrieben die Verarbeitung der Rechtsvorschriften einen großen Aufwand erfordern, jedoch vereinfacht sie innerhalb der outputorientierten Strategie andere betriebliche Planungsprozesse oder macht sie sogar überflüssig. Ist die (vermutlich häufig stillschweigende) Entscheidung getroffen, daß die betrieblichen Umweltschutzmaßnahmen sich in ihrem Umfang an den gesetzlichen Auflagen orientieren, sind damit auch Entscheidungen über die Höhe der betrieblichen Emissionen getroffen. Dadurch wird der weitere Planungsaufwand stark reduziert. Geht man davon aus, daß Unternehmungen heutzutage zwar ökologisch sensibilisiert sind, aber sich gleichzeitig aufgrund der komplexen inhaltlichen Probleme (was ist umweltfreundliche Produktion?) überfordert fühlen, so sind Rechtsgrundlagen für sie eine willkommene Maßgabe oder Richtschnur, um daran ihr Handeln auszurichten und innerbetriebliche Entscheidungsprobleme zu lösen bzw. ihnen auszuweichen. Insofern können Umweltschutzauflagen durchaus als geschätzte externe Planvorgaben zur Abkürzung von Entscheidungsprozessen angesehen werden. Dies wäre auch ein

---

1) Vgl. Steger 1992, S. 35.

2) Vgl. Schulz 1991, S. 9.

3) Vgl. Frese 1992, Sp. 2436.

Indiz zur Klärung, weshalb Praktiker gesetzliche Auflagen gegenüber alternativen umweltpolitischen Instrumenten mit größerem Entscheidungsspielraum präferieren[1], obwohl häufig Gegenteiliges behauptet wird. Auflagen sind innerbetrieblich gut durchsetzbar, da sie eine externe und damit betriebsneutrale Vorgabe darstellen und Rechtsvorschriften im allgemeinen eine hohe Akzeptanz entgegen gebracht wird. Schließlich enthalten Auflagen vielfach so konkrete Informationen, daß dadurch die Suche nach einer passenden EOP-Technologie erleichtert wird.

Weitere Planungsaufgabe ist die Suche und Bewertung alternativer EOP-Technologien, die geeignet erscheinen, die betrieblichen Emissionen in weniger schädlichen Output zu transformieren[2]. Ausgangspunkt für die Investitionsentscheidungen sind die mit den Produktionsprozessen anfallenden Emissionen, die als gegebener Fixpunkt angesehen werden, an welche die EOP-Technologie anzupassen ist. Beispiele für EOP-Technologien sind im Bereich Abfallbeseitigung Verbrennungsanlagen, im Bereich Luftreinhaltung Rauchgasentschwefelungsanlagen oder im Bereich Gewässerschutz Abwasserfilter[3]. Die Nachfrager nach EOP-Verfahren treffen inzwischen auf ein relativ breites Angebot, das mit der Bedeutung des Marktes für Umweltschutztechnik gewachsen ist. Angeboten wird eine Fülle von EOP-Technologien, da angesichts der Auflagendominanz ausreichende Marktanreize für die Hersteller existieren und die Probleme und Anforderungen bei technologischen Neuentwicklungen offensichtlich zu bewältigen sind[4]. Für einen Nachfrager wird das Finden einer adäquaten EOP-Technologie dadurch erleichtert, daß diese Verfahren häufig bei einer Gruppe von Schadstoffen anwendbar sind und somit zu verschiedenen Problemstellungen

---

1) Vgl. dazu die empirischen Ergebnisse in Deutsche BP AG 1986, S. 20 f.

2) Vgl. Hopkinson 1970, S. 17 f.

3) Vgl. die Übersichten bei Lange 1978, S. 183 f. oder Müllendorf 1981, S. 257.

4) Vgl. Hartje 1990, S. 162 ff./173 ff.

passen[1]. Mit der zwischenzeitlich fortgeschrittenen Verbreitung bestehen außerdem gute Chancen, bei anderen Anwendern Erfahrungsberichte über Einsatz und Bewährung der betreffenden EOP-Technologien einzuholen und dadurch Planungsaufwand und bestehende Ungewißheiten weiter zu verringern. Insgesamt ist festzuhalten, daß der Zugang zu geeigneten EOP-Technologien in aller Regel keine übermäßigen Schwierigkeiten beinhaltet und der Planungsaufwand durch die Orientierung an den Rechtsvorschriften in überschaubarem Umfang gehalten werden kann.

Auch die Realisationsaufgaben zur Durchführung der umweltschützenden Maßnahmen sind in ihrem Ausmaß begrenzt. Durch die Nachschaltung des EOP-Verfahrens an die unveränderte Standardtechnologie bleiben die im Produktionsbereich ablaufenden Prozesse unberührt und in ihrer Stabilität erhalten[2]. Zwar kann es im Einzelfall sogar notwendig sein, eine Erweiterung des Personals aufgrund der Anforderungen aus dem Betrieb der EOP-Anlage vorzunehmen, aber ein großer Teil dieser Verfahren weist einen eher geringen Handhabungsaufwand auf. Viele erst in jüngster Zeit entwickelte EOP-Verfahren beinhalten moderne Prozeßtechnik und funktionieren großen Teils automatisch. Dagegen bedarf moderne Technik regelmäßiger Wartungs- und Instandhaltungsmaßnahmen. Um den Wirkungsgrad auf einem hohen Niveau zu halten und Präzision und Zuverlässigkeit der oft teuren Anlagen auch längerfristig zu erhalten, sind Inspektionen und Kontrollen in bestimmten Intervallen unerläßlich[3].

Neben diesen vorbeugenden Inspektionen der Anlagen stehen die Kontrollen zur Überwachung der Emissionslage, welche die wesentliche Aufgabe der outputorientierten Strategie darstellen. Ihr Ergebnis entscheidet darüber, wie mit den

---

1) Vgl. Hartje 1990, S. 166 f.

2) Vgl. Müllendorf 1981, S. 263; Antes 1988, S. 74.

3) Vgl. Corsten/Götzelmann 1992, S. 116; Riker 1991, S. 62.

unerwünschten Rückständen zu verfahren ist und inwieweit Umweltschutzmaßnahmen zur Umwandlung des schädlichen Outputs ergriffen werden. Sofern die Kontrollen an dem Output des Produktionsprozesses ansetzen, regeln sie die Notwendigkeit einer Weiterbehandlung in den nachgeschalteten EOP-Verfahren. Mit der Überprüfung der Emissionen der EOP-Anlage bestimmen die Kontrollen über die Abgabe der Rückstände an die Umwelt oder die Durchführung weiterer schädlichkeitsverringernder Maßnahmen. Gegenüber den freiwilligen Kontrollen überwiegen im Rahmen der outputorientierten Strategie die gesetzlich vorgeschriebene Überwachungstätigkeiten zum Nachweis der Auflagenbefolgung. Die Aufrechterhaltung einer Betriebsgenehmigung verlangt Mitteilungen über auflagenkonforme Emissionswerte an die genehmigende Behörde. Darin ist zu belegen, daß die tatsächlichen Istwerte von Abwasser, Abluft, Abfall oder Lärm die festgeschriebenen Sollwerte nicht überschreiten[1].

Die inhaltliche Festlegung der betrieblichen Kontrollaufgaben erfolgt insofern als Reaktion auf die gesetzlichen Vorschriften und wird dabei zu einer gut definierten Routinefunktion. Mit der Ausrichtung auf die Rechtsvorschriften sind nicht nur die einzuhaltenden Sollwerte (Stoffeigenschaften, Quantität und Qualität) vorgegeben, sondern auch oft Aussagen über die Durchführung der Messung und den Ergebnisnachweis verbunden. Detaillierte Anweisungen können Meßinstrumente und -verfahren, Meßort, Umfang, Häufigkeiten, Fristen und Art der Dokumentation vorschreiben[2]. Um die Einhaltung der Auflagen zu überprüfen, ist einerseits der Einsatz geeigneter und zuverlässiger Meßinstrumente erforderlich. Andererseits müssen mit dieser Aufgabe technisch versierte und gewissenhafte Mitarbeiter betraut werden.

---

1) Vgl. etwa die Übersicht bei Schiegl 1988, Kapitel II-2.2.

2) So sind bspw. beim Betrieb von bestimmten luftverunreinigenden Anlagen der zuständigen Behörde Angaben über Art, Menge, räumliche und zeitliche Verteilung der Emissionen sowie über die Austrittsbedingungen zu machen. Inhalt, Umfang und Form dieser "Emissionserklärung" sind in der 11. BImschV geregelt. Vgl. Schulz, 1991, S. 14.

Kontrollen sind insbesondere zur rechtzeitigen Diagnose eines Störfalls wichtig[1]. Arbeiten die Anlagen nicht mehr im Normalbetrieb und überschreiten die Emissionen die zulässigen Grenzwerte, sind unverzügliche Situationsberichte notwendig zu einem schnellen und gezielten Ergreifen angemessener Reaktionen[2]. Während die nachgeschalteten EOP-Technologien ansonsten mehr oder minder isoliert von den Produktionsprozessen betrieben werden können, entsteht in einem Störfall ein sofortiger Rückkopplungsbedarf mit dem Produktionsbereich zur Einleitung eines Produktionsstops, falls eine weitere Grenzwertverletzung nicht anderweitig verhinderbar ist.

Neben den geschilderten umweltschützenden Maßnahmen werden innerhalb der outputorientierten Strategie Kommunikationsaufgaben nur in einem beschränkten Umfang wahrgenommen. Solange Umweltschutzmaßnahmen lediglich auf das Erreichen der gesetzlichen Vorschriften konzentriert sind und keine weitergehenden Aktivitäten unternommen werden, sind keine Legitimitätsgewinne zu erwarten, weshalb das umweltbezogene Verhalten den Anspruchsgruppen gegenüber auch nicht betont dargestellt wird. Beim Auftreten eines Störfalls sollte statt eines Herunterspielens oder Verschweigens einer offenen Information der Vorzug gegeben werden, da ein "scheibchenweises" und nachträgliches Zugeben für das Unternehmungsimage viel schädlicher sein kann[3].

Wichtig ist aber die Kommunikation mit den Behörden zur Sicherung der Legalität[4]. Die Beziehungen zu den Behörden sind großen Teils rechtlich notwendig und sollen zugleich die Planung, Durchführung und Kontrolle von Umweltschutzmaßnahmen begleiten, abstützen und nach außen darstellen.

---

1) Zur Definition des Störfalls vgl. Schiegl 1988, Kapitel III-2.2.12, S. 1 f.

2) Vgl. Thomas 1992, S. 12; Winter 1988, S. 99.

3) Vgl. Wicke et al. 1992, S. 581 f.

4) In der Literatur werden häufig Behördenkontakte und weitere Vertretungsaufgaben gegenüber Unternehmungsexternen zusammengefaßt als Repräsentationsfunktion bezeichnet. Vgl. Ullmann 1982, S. 105.

Anlässe für diese Kontakte können Neugenehmigungen oder Änderungen von Anlagen, Beschwerden (bspw. von Anwohnern über Lärmbelästigungen) oder behördliche Kontrollen (bspw. Betriebsbegehungen) sein. Dieses oft als konfliktreich eingestufte Verhältnis kann durch sachkompetente Mitarbeiter und frühzeitige Einbeziehung der Behörden in betriebliche Absichten entschärft werden[1]. Für die Unternehmung ist der Umgang mit den Behörden auch insofern hilfreich, als hierdurch Informationen über die Durchführung von Gesetzen erhältlich werden und das behördliche Beratungsangebot wahrgenommen werden kann[2]. Weiterhin ist zu erwarten, daß durch die Verbesserung des Informationsstands der Behörde aufgrund der Vermittlung der praktischen Probleme vor Ort häufig das zukünftige Behördenverhalten im Sinne einer größeren Praxisgerechtigkeit und Anwendbarkeit beeinflußt wird[3].

Kommunikative Maßnahmen zum Widerstand gegen Ansprüche wie etwa Verhandlungen mit Behörden zur Verhinderung von Auflagen spielen bei der outputorientierten Strategie nur eine eingeschränkte Rolle und dürfen nicht die essentiellen Beziehungen zu den Behörden verschlechtern. Genauso finden Überwälzungsmaßnahmen nur in untergeordneter Weise statt, wie bspw. Versicherungsabschlüsse immer in einem gewissen Maß zur Abdeckung vorhandener Betriebsrisiken erforderlich sind.

Diese Ausführungen lassen erkennen, daß für die Erfüllung der genannten Aufgaben der Aufbau eines Umweltinformationssystems erforderlich ist, in dem etwa technische, naturwissenschaftliche und rechtliche Daten erfaßt werden[4]. Darin können die gemessenen Emissionsdaten substanz- und anlagenspezifisch erfaßt und die einzelnen Stoffe und Verfahren nach ihrer Gefährlichkeit klassifi-

1) Vgl. Wilink o.J., S. 4 f.

2) Vgl. Hartje 1990, S. 146.

3) Vgl. Iselin 1972, 180 f.

4) Vgl. Gasser 1992, S. 165; Wicke et al. 1992, S. 566 ff.

ziert werden. Weitere Inhalte wären anlagenbezogene Daten wie Genehmigungen, Auflagen, Kontrollvorschriften oder Sicherheitseinrichtungen und substanzbezogene Daten über Kennzeichnungs-, Nutzungs- oder Lagervorschriften[1].

Mit der Aufzeichnung dieser Daten wird das Betriebsgeschehen nachvollziehbar und nachprüfbar. Zugleich unterstützt und erleichtert ein Informationssystem vielfältige Entscheidungen (bspw. Umweltverträglichkeitsbeurteilungen bei Innovationen) und Abläufe. In einem Störfall ist der Zugriff auf Betriebsdaten Voraussetzung für die Schaffung von Transparenz in der Krisensituation und das Einleiten geeigneter Reaktionsmaßnahmen[2]. Ein derartiges Informationssystem dient aber auch anderen Zwecken als der Erfüllung der internen Betriebsabläufe. Das Sammeln und Aufzeichnen der Daten erleichtert die Erstellung von verlangten Auskünften und Mitteilungen an die Behörden[3]. Des weiteren ist eine Dokumentation und Archivierung der Betriebsabläufe unerläßlich für eine haftungsrechtliche Entlastung gegenüber potentiellen Schadensersatzansprüchen von Geschädigten. Durch den Nachweis eines auflagenkonformen Normalbetriebs anhand der gespeicherten Emissions- und Anlagendaten kann eine die Unternehmung verdächtigende Ursachenvermutung verhindert werden[4]. Hinsichtlich der unter Umständen entstehenden Auskunftansprüche, die den Geschädigten eine Einsicht in die Betriebsunterlagen gestatten, ist bei der Ausgestaltung des Informationssystems zu beachten, daß dabei Betriebsgeheimnisse geschützt bleiben[5]. Ein qualifiziertes Informationssystem kann ebenfalls die Daten bereitstellen, die beim Abschluß einer Haftpflichtversiche-

1) Vgl. Riker, 1991, S. 61 f.

2) Vgl. Gasser 1992, S. 164.

3) Vgl. Schulz 1989, S. 55.

4) Vgl. Kapitel 6.2; Gasser 1992, S. 158.

5) Zum Ausgleich zwischen Auskunftsansprüchen und Betriebsinteressen vgl. Landsberg/Lülling 1991, S. 183 ff.

rung benötigt werden, um das Gefährdungspotential einer Unternehmung zu überprüfen[1].

7.2 Strukturbezogene Gestaltung

7.2.1 Bildung spezieller Umweltschutzeinheiten

Im Rahmen der Strukturgestaltung ist zunächst zu untersuchen, inwieweit eine Übertragung der Aufgaben auf bestehende Einheiten zweckmäßig erscheint oder ob spezielle neu einzurichtende Einheiten mit den Aufgaben zu betrauen sind. Damit ist auch auf die Frage der Zentralisation oder Dezentralisation[2] einzugehen. Hierbei ist zu prüfen, in welchem Umfang die Aufgaben eher konzentriert einer Einheit zugeordnet oder dezentral auf mehrere Einheiten verteilt werden sollen.

Da sich Umweltschutz innerhalb der outputorientierten Strategie auf die Emissionen der Produktionsprozesse bezieht, ist eine organisatorische Zuordnung zum Produktionsbereich[3] zu überprüfen. Obwohl enge inhaltliche Anknüpfungspunkte zur Produktion existieren, vollziehen sich die umweltbezogenen Aufgaben weitgehend unabhängig und isoliert von den bestehenden Produktionsauf-

1) Vgl. Wicke et al. 1992, S. 523.

2) Das Begriffspaar Zentralisation/Dezentralisation wird in der Literatur unterschiedlich interpretiert. Vgl. dazu Beuermann 1992; Hill/Fehlbaum/Ulrich 1989, S. 174 f.; Frese 1987, S. 225 f. Hier bedeutet Zentralisation (bzw. Dezentralisation) die Zusammenfassung (bzw. Trennung) von Aufgaben, die bezüglich eines Merkmals gleichartig sind. Vgl. Kosiol 1962, S. 81; Staehle 1989, S. 654.

3) Besteht aufgrund des Umfangs der eingesetzten EOP-Technologien in der Unternehmung ein eigener Reduktionsbereich, käme entsprechend eine Zuordnung zu diesem Bereich in Betracht. Die folgenden Ausführungen bezüglich des Produktionsbereichs sind in einem solchen Fall auf den Reduktionsbereich übertragbar.

gaben, die als gegebene Fixpunkte unverändert bleiben und in die Umweltproblematik nicht einbezogen werden. Da die Produktionsprozesse grundsätzlich unbeeinflußt ablaufen, entsteht keine sachliche Notwendigkeit, die umweltbezogenen Aufgaben in den Produktionsbereich zu integrieren.

Eine Ausnahme von dieser Unabhängigkeit bildet das Auftreten eines Störfalls, bei dem auch Anpassungsmaßnahmen im Produktionsbereich notwendig werden können. Geht man davon aus, daß traditionelle Produktionsstrukturen nicht auf die Umweltproblematik ausgerichtet sind, ist eine Übertragung auf Produktionseinheiten kritisch zu beurteilen hinsichtlich damit einhergehender Interessenkonflikte[1]. In einem Störfall kann eine übermäßige Dominanz der Produktionsinteressen vorliegen, die eine ausreichende Berücksichtigung von Umweltschutzinteressen nicht gewährleistet. Deshalb ist die Wahrnehmung der umweltbezogenen Aufgaben besser einer produktionsunabhängigen Einheit zuzuordnen.

Zwar vollziehen sich die umweltbezogenen Aufgaben der outputorientierten Strategie zum größten Teil losgelöst von den übrigen Unternehmungsprozessen, jedoch bestehen inhaltlich zwischen ihnen vielfältige Abhängigkeiten und Interdependenzen[2]. So sind die Aufgabenbereiche Überwachung der Auflageneinhaltung und Behördenbeziehungen eng miteinander verknüpft und bauen aufeinander auf. Investitionsentscheidungen über EOP-Technologien basieren auf der Kenntnis der rechtlichen Grundlagen. Diese Aufgaben sind weiterhin so wichtig für den Unternehmungsbestand, daß ihre Koordination sichergestellt sein muß. Unabgestimmte Aktivitäten gegenüber Behörden können im Extremfall Betriebsstillegungen zur Folge haben. Deshalb erscheint die Zentralisation der umweltbezogenen Aufgaben in einer Einheit von Vorteil zur Ermögli-

---

1) Vgl. ausführlich zu dieser Problematik Kapitel 7.2.3.

2) Zum Interdependenzbegriff vgl. Thompson 1967, S. 54 f.; Frese 1987, S. 190 ff.

chung einer vereinfachten Koordination[1]. Die Zentralisation bewirkt eine Verringerung des Koordinationsaufwands durch die Bündelung der Aufgaben innerhalb eines abgegrenzten Tätigkeitsbereichs und eines vereinfachten Informationsflusses innerhalb der Einheit[2]. Einer Dezentralisation steht der Sachzusammenhang zwischen den Aufgaben entgegen, der zu einem beträchtlichen Abstimmungsbedarf zwischen den dezentralen Einheiten führen würde[3]. Durch die Bildung einer zentralen Einheit werden zwar die Verbindungen zu anderen Unternehmungseinheiten unterbrochen und der Informationsfluß erschwert[4], jedoch hat dieser Nachteil nur untergeordnetes Gewicht aufgrund der tendenziellen Trennung der umweltbezogenen Aufgaben vom übrigen Unternehmungsgeschehen.

Daneben erfordert die sachgerechte Bewältigung dieser umweltbezogenen Aufgaben ein ausgeprägtes Spezialistentum. So sind bspw. Auswertung und Interpretation der oft schwer verständlichen Rechtsvorschriften nur durch den Einsatz qualifizierter Experten zu bewerkstelligen. Eine hohe Professionalität ist auch zum Verständnis und zur Überprüfung der vielfach komplexen technologischen Vorgänge notwendig[5]. Die Erfordernisse für eine hohe Entscheidungsqualität sprechen ebenfalls für die Zentralisation des Fachwissens in einer Einheit[6]. Im Unterschied zu einer dezentralen Verteilung der personellen Ressourcen, die eine solche Entwicklung behindern könnte, wird mit deren Zusammenfassung die Herausbildung von Spezialisten unterstützt[7].

---

1) Vgl. Senn 1986, S. 309; Paul 1989, S. 290; Royston 1979, S. 162.

2) Vgl. Kieser/Kubicek 1992, S. 84 f.; Welge 1987, S. 402; Kieser 1992, Sp. 58.

3) Vgl. Frese 1992, Sp. 2439 f.

4) Vgl. Gagsch 1980; Eisenführ 1990, S. 34.

5) Vgl. Schmid 1989, S. 89.

6) Vgl. Paul 1989, S. 290.

7) Vgl. Eisenführ 1990, S. 34 f.

Die Entwicklung und Unterstützung des fachspezifischen Know-Hows wirkt sich nicht nur positiv auf die Qualität der Entscheidungen aus, sondern führt darüber hinaus zu einer effizienten Ressourcennutzung. Mit dem Einsatz von Spezialisten sind schnelle Lern- und Erfahrungseffekte zu erwarten, so daß diese Experten für Problemstellungen aus dem Zusammenspiel rechtlicher, technischer und naturwissenschaftlicher Bereiche einen geringeren Zeitaufwand benötigen, als dies bei Nichtspezialisten der Fall ist[1]. Die Ressourcennutzung wird weiter gefördert durch die Zentralisation der Spezialisten und Sachmittel in einer Einheit. Bei einer Dezentralisation ist mit tendenziell höheren Kosten zu rechnen, da Personal- und Sachkapazitäten in verschiedenen Unternehmungsbereichen aufgebaut und bereitgehalten werden. Es kann ein höherer Gesamtbedarf an Ressourcen entstehen, welche nicht unbedingt permanent ausgelastet sind. Eine Zentralisation der zumeist teuren Spezialisten erlaubt dagegen in aller Regel eine geringere Ressourcenausstattung und einen Beschäftigungsausgleich bei schwankendem Arbeitsanfall[2] sowie die Vermeidung von Doppelarbeit.

Generell resultieren positive Motivationseffekte aus der mit der Zentralisation einhergehenden Überschaubarkeit der Aufgaben. Den Mitgliedern der Zentraleinheit wird Sicherheit vermittelt und ihre Identifikation mit der Arbeit gesteigert[3]. Daneben sind weitere motivationsstützende Effekte bei den übrigen Unternehmungsmitgliedern zu vermuten. Unter der Annahme, daß die sonstigen Fachbereiche und insbesondere der Produktionsbereich auf ihre bisherigen Aufgaben konzentriert sind, werden sie die Trennung der umweltbezogenen Aufgaben von ihren eigenen Tätigkeiten vorteilhaft bewerten. Sie können in ihren traditionellen Verhaltensmustern ohne Anpassung an Umweltschutzaspekte fortfahren. Negative Motivationswirkungen sind dagegen möglich in dem Verhältnis zwischen Umweltschutzeinheiten und sonstigen Einheiten. Da die

---

1) Vgl. Grochla 1982, S. 168; Bühner 1991, S. 103 f.

2) Vgl. Frese/Kloock 1989, S. 24; Eisenführ 1990, S. 35.

3) Vgl. Kieser 1992, Sp. 57.

anderen Fachbereiche von der Umweltproblematik nicht betroffen sind, besteht die Gefahr, daß sie Umweltschutzmaßnahmen als Fremdkörper empfinden oder sogar an deren Notwendigkeit und Berechtigung zweifeln. Bei einem Zusammenprall der unterschiedlichen Interessen können sich daraus Abteilungsegoismen und Konflikte entwickeln[1]. Die Motivationsschwierigkeiten sind im Zusammenhang mit den beschriebenen Problemen bei der abteilungsübergreifenden Koordination zu sehen, wobei die Auswirkungen aber beschränkt sind angesichts der weitgehenden Unabhängigkeit der umweltbezogenen Aufgaben von den sonstigen Prozessen.

Infolge dieser Unabhängigkeit der umweltbezogenen Aufgaben bei der outputorientierten Strategie ist als Ergebnis festzuhalten, daß statt einer Zuordnung zu vorhandenen Einheiten die Bildung eines speziellen Umweltschutzbereichs sinnvoll erscheint[2]. Unter Berücksichtigung der diskutierten Effizienzkriterien empfiehlt sich eine weitreichende Konzentration der umweltbezogenen Aufgaben in einer zentralen Umweltschutzeinheit. Daneben sind aber zumindest bei Existenz mehrerer Produktionsstandorte auch dezentrale Umweltschutzeinheiten einzurichten, da die Durchführung der rechtlich vorgeschriebenen Kontrollmessungen nur an den jeweiligen Standorten der betreffenden Anlage geschehen kann[3]. Genauso können die laufenden Kontakte zu Behörden wegen der erforderlichen Flexibilität vor Ort den dezentralen Einheiten zugeordnet werden.

---

1) Vgl. dazu auch Rehbinder 1990, S. 228. Studien über die Betriebsbeauftragten betonen die aus solchen Konflikten herrührenden Motivationsprobleme und sehen in Kompromißbereitschaft und Verhandlungsgeschick ein wesentliches Persönlichkeitsmerkmal zur Ausübung dieses Amtes. Vgl. Ullmann 1981, S. 1008; Theißen 1990, S. 109 f.

2) Losgelöst von den hier behandelten inhaltlichen Argumenten kann die Bildung einer Umweltschutzeinheit auch aus Gründen der Steigerung der sozialen Akzeptanz erfolgen, um etwa gegenüber Behörden eine hohe betriebliche Priorität und eine besondere Kompetenz bei Umweltbelangen zu dokumentieren. Vgl. Thomas 1988, S. 2163; Kieser 1992, Sp. 58.

3) Vgl. Frese 1992, Sp. 2444.

Dementsprechend empfiehlt sich eine zweigliedrige Lösung mit folgender Aufgabenverteilung zwischen zentraler Einheit und dezentralen Einheiten[1]:

Zentrale Umweltschutzeinheit:

- Erfassung und Interpretation rechtlicher Vorschriften
- Koordination, fachliche Beratung und Unterstützung der dezentralen Einheiten
- Beurteilung von Investitionsvorhaben in EOP-Technologien
- Unternehmungsweite Sammlung, Verarbeitung und Vernetzung von Daten und deren Dokumentation
- übergeordnete Kommunikationsaufgaben

Dezentrale Umweltschutzeinheiten:

- Durchführung von Kontrollmessungen und Überprüfung der Auflageneinhaltung
- laufende Kontakte zu Behörden
- Information der zentralen Einheit und des verantwortlichen Anlagenbetreibers am jeweiligen Standort.

Mit den für diese Strategie maßgeblichen speziellen Einheiten rücken gleichzeitig die vom Gesetz vorgeschriebenen Betriebsbeauftragten in den Mittelpunkt der Betrachtung. Das Minimum an Aufgaben zur Einhaltung der Auflagen kann von Betriebsbeauftragten ausgeübt werden, die vornehmlich die Stellen in den zentralen und dezentralen Umweltschutzeinheiten besetzen. Insbesondere der Aufgabenbereich der dezentralen Einheiten mit der Betonung von Kontrollmaßnahmen und Behördenkontakten gleicht stark dem in der Realität vorherrschenden Tätigkeitsfeld eines Betriebsbeauftragten wie empirische Ergebnisse

---

1) Vgl. auch die mehr oder weniger ähnlichen Vorschläge zur Verteilung der genannten Aufgaben bei Frese/Kloock 1989, S. 25; Senn 1986, S. 317; Meffert/Kirchgeorg 1992, S. 280 f.; Paul 1989, S. 290.

zeigen[1]. Obwohl die Institution des Betriebsbeauftragten mit dem gesetzlichen Pflichtenheft[2] vom Gesetzgeber breiter angelegt ist, sind seine Aktivitäten großen Teils auf die für diese Strategie typischen Routineaufgaben beschränkt, die stark technisch orientiert sind[3].

7.2.2 Zentrale Umweltschutzeinheit

a) Weisungsrechte

Für die Zentraleinheit Umweltschutz ist zu prüfen, ob und in welchem Umfang sie im Rahmen ihrer Aufgaben mit Weisungsrechten auszustatten ist oder ihr lediglich Beratungsrechte zukommen sollten[4]. Als eine typische Beratungsaufgabe kann die Beurteilung von Investitionsanträgen zu EOP-Technologien hinsichtlich ihrer Umweltauswirkungen angesehen werden. Das spezifische Know-How der Zentraleinheit fließt in Gutachten ein, welche die Entscheidungsgrundlage für derartige Investitionen darstellen, während die Entscheidung darüber als Element der strategischen Planung von der Unternehmungsleitung getroffen wird[5]. Weiterhin informiert die Zentraleinheit die Unternehmungsleitung bei Bedarf über aktuelle rechtliche Entwicklungen und erarbeitet Vorschläge zur Ausrichtung des umweltstrategischen Verhaltens, über das von der Unternehmungsleitung entschieden wird. Dabei läßt sich vermuten, daß innerhalb der outputorientierten Strategie derartige explizit durchgeführte grundsätzliche Planungsaufgaben wenn überhaupt, dann selten wahrgenommen

---

1) Vgl. hierzu neben den eigenen empirischen Ergebnissen in Teil III die Studien von Ullmann 1982, S. 109 f. bzw. 1981; Deutsche BP AG 1986; Theißen 1990; Nitze 1991.

2) Vgl. Kapitel 3.1.1.

3) Vgl. Winter 1988, S. 97.

4) Vgl. grundsätzlich zur Frage der Übertragung von Weisungsrechten auf Zentraleinheiten Kreikebaum 1992b, Sp. 2604 ff.

5) Vgl. Frese/Kloock 1989, S. 22.

werden. Unterstützend ist die Zentraleinheit Umweltschutz auch bezüglich der Überwälzungsmaßnahmen tätig. Sie entwickelt mit ihren Informationsverarbeitungs- und -verdichtungsprozessen die Datenbasis, die von den Spezialisten in Versicherungs- bzw. Rechtsabteilungen zum Abschluß entsprechender Verträge benötigt wird, um Transparenz über die bestehenden Umweltrisiken zu erhalten.

Von besonderer Bedeutung ist, inwieweit der Zentraleinheit Umweltschutz Weisungsrechte hinsichtlich der Durchführung von Kontrollaufgaben und Behördenkontakten zuzuordnen sind. Da diese Aufgaben im wesentlichen von den dezentralen Umweltschutzeinheiten ausgeübt werden, ist hiermit die Regelung des Unterstellungsverhältnisses der dezentralen Umweltschutzeinheiten verbunden.

Die dezentralen Einheiten besitzen nicht unbedingt das detaillierte rechtliche Fachwissen und die Einsicht in die unternehmungspolitischen Zusammenhänge, als daß sie selbständig die Konsequenzen ihres Verhaltens gegenüber Behörden abschätzen können. Zur Unterbindung eines autonomen Handelns und einer grundsätzlich konformen Ausrichtung der Behördenbeziehungen erläßt die Zentraleinheit Richtlinien, die für den Umgang mit Behörden bindend sind. Der Zentraleinheit kommt auch bei der Einleitung von Behördenkontakten und in Konfliktsituationen eine hervorgehobene Rolle zu. Obwohl die Behördenbeziehungen wegen der erforderlichen Kontinuität und Einheitlichkeit grundsätzlich nur von einem Mitarbeiter ausgeübt werden sollten, ist in solchen Ausnahmesituationen der Beistand und das aktive Eingreifen von Spezialisten aus der Zentraleinheit wichtig[1].

Hätte die Zentraleinheit in Bezug auf die Kontrollaufgaben nur beratenden Einfluß, würden die von ihr aus den Rechtsvorschriften abgeleiteten Grenzwerte und Verhaltensbestimmungen lediglich als Empfehlungen angesehen. Die

---

1) Vgl. dazu auch Ullmann 1982, S. 118 f.; Wilink o.J., S. 3.

dezentralen Einheiten wären zu deren Befolgung nicht verpflichtet. Neben der gefährdeten ökologischen Qualität aufgrund der uneinheitlichen Kontrollmaßnahmen würden ein eingeschränkter Informationsfluß und ein unabgestimmtes Verhalten gegenüber den Behörden zu befürchten sein. Eine solche Regelung könnte den Anforderungen dieser Strategie kaum gerecht werden.

Stattdessen erscheint es zur Sicherstellung einer einheitlichen Erfüllung dieser Aufgaben angebracht, die zentrale Umweltschutzeinheit mit einem fachlichen Weisungsrecht zu versehen. Danach erläßt die Zentraleinheit verbindliche Vorgaben für die Kontrollmaßnahmen und Behördenkontakte, die von den dezentralen Umweltschutzeinheiten befolgt werden müssen. Mit der Übernahme fachlicher Weisungsrechte verliert die zentrale Umweltschutzeinheit den Charakter einer reinen Stabsstelle, wodurch die Organisationsstruktur eher die Kennzeichen einer Matrixorganisation erhält[1], da die dezentralen Umweltschutzeinheiten neben ihrem Bereichsleiter[2] einem weiteren Fachvorgesetzten unterstellt werden. Die üblicherweise mit Matrixstrukturen verbundenen Konflikte[3] zwischen den Vorgesetzten bei der Steuerung der Schnittstelle sind innerhalb der hier vorliegenden Form aber weniger im inhaltlichen Bereich zu vermuten. Weil die Anweisungen der Zentraleinheit und des sonstigen Bereichsleiters verschiedene Aufgabengebiete betreffen, sind sie inhaltlich nicht direkt miteinander verbunden und bestehen eher nebeneinander. Beispielsweise stehen Anweisungen über die Durchführung von Emissionsmessungen nicht in sachlichem Konflikt mit sonstigen Anweisungen wie etwa zur Handhabung von Qualitätsprüfungen bei Produkten. Vielmehr können sich Probleme zwischen den Vorgesetzten über den Zugriff auf die dezentrale Umweltschutzeinheit aus

1) Zur Ähnlichkeit von Zentraleinheiten mit fachlichem Weisungsrecht und Matrixstrukturen vgl. Welge 1987, S. 498; Grochla 1982, S. 156; Hill/Fehlbaum/Ulrich 1989, S. 199 ff.

2) Vgl. dazu Kapitel 7.2.3.

3) Zu den Problemen und Gefahren von Matrixbeziehungen vgl. Scholz 1992b, Sp. 1307; Welge 1987, S. 571.

der zeitlichen Konkurrenz der verschiedenen Aufgabengebiete ergeben. Insbesondere für dringende Aufgaben in beiden Tätigkeitsbereichen müssen Regelungen gefunden werden, die den zeitlichen Vorrang festlegen. Aufwendige und die Flexibilität beeinträchtigende Konflikte können nur durch klare Abgrenzungen der Weisungsrechte und praktikable Richtlinien zur Gewichtung der unterschiedlichen Bereichsinteressen vermieden werden[1]. Generelle Nachteile der zentralen Umweltschutzeinheit im Konfliktfall sind möglicherweise darin begründet, daß sie aufgrund der häufig gegebenen räumliche Distanz zu den einzelnen Standorten ihren formalen Einfluß schlechter durchsetzen kann. Außerdem sind die dezentralen Umweltschutzeinheiten aufgrund langjähriger Zusammenarbeit eher loyal gegenüber ihrem Bereichsleiter, dem sie auch disziplinarisch unterstellt sind[2].

Die Ausstattung der Zentraleinheit mit einem fachlichen Weisungsrecht beruht auf der Annahme einer besonderen Kompetenz der darin zusammengefaßten Spezialisten. Stark divergierende Anforderungen in den dezentralen Einheiten wie bei internationalen Standorten mit unterschiedlichen Rechtsgrundlagen sind dagegen kaum von der Zentraleinheit zu bewältigen. Solche Bedingungen sprechen für eine größere Autonomie der dezentralen Einheiten, da sie wegen der räumlichen Nähe einen qualifizierteren Informationsstand erlangen[3]. Zugleich lassen sich mit dem weitgehenden Verzicht auf zeitraubende Abstimmungsmaßnahmen mit der weit entfernten Zentraleinheit langwierige Informationsflüsse vermeiden und insofern Flexibilitätsvorteile erzielen. In der Praxis ist dieser Fall aber offenbar ohne weitere Bedeutung, da im Ausland zumeist laschere Rechtsgrundlagen existieren, die bei Verfolgung der outputorientierten Strategie einen weitaus geringeren Handlungsbedarf zur Folge haben. Häufig

1) Vgl. Schemkes 1974, S. 440 ff.; Grochla 1982, S. 105.

2) Eine disziplinarische Unterstellung der dezentralen Einheiten ist allein schon wegen der räumlichen Trennung kaum machbar.

3) Vgl. zu dieser Problematik auch Frese/Kloock 1989, S. 24.

sind beispielsweise Kontrollaufgaben lediglich in einem derart verminderten Ausmaß vorgeschrieben, daß nicht einmal die Einrichtung dezentraler Umweltschutzeinheiten an den Werksstandorten notwendig wird.

Direkte persönliche Weisungen der Zentraleinheit lassen sich weitgehend auf Ausnahmesituationen wie Schwierigkeiten bei Behördenkontakten beschränken. Die umweltbezogenen Aufgaben der dezentralen Einheiten haben routinemäßigen und repetitiven Charakter und können somit standardisiert bzw. formalisiert[1] werden. Mit einer Formalisierung legt die Zentraleinheit die verbindlichen Verhaltensvorgaben schriftlich fest. Sie können in einem Umweltschutz-Handbuch als Nachschlagewerk zusammengefaßt werden, das zur gezielten Anleitung und Information der dezentralen Einheiten dient. Hierin befinden sich z.B. detaillierte Anweisungen zu den Kontrollaufgaben wie vorgegebene Grenzwerte, anzuwendende Meßverfahren und Prüfmittel, einzuhaltende Meßzeitpunkte und Reihenfolgen[2]. Für Datendokumentation und Informationsfluß erstellt die Zentraleinheit Formulare und Belege, sofern diese nicht schon rechtlich vorgeschrieben sind[3]. Neben der Entlastung der Zentraleinheit liegt der wesentliche Vorteil einer Formalisierung in der weiteren Routinisierung und sich ergebenden Handlungssicherheit bei den dezentralen Einheiten. Dies fördert eine konstante Qualität der Aufgabenerfüllung[4]. Dem stehen als Nachteile die Gefahr eines schematischen Verhaltens in Ausnahmesituationen und eine ver-

---

1) Vgl. grundlegend zur Formalisierungsproblematik Kieser/Kubicek 1992, S. 110 ff.; Grochla 1982, S. 174 ff.

2) Zu den Inhalten derartiger Handbücher vgl. auch Antes 1993, S. 18.

3) Vgl. hierzu Baetge 1988, S. 400 f.

4) Vgl. Kieser/Kubicek 1992, S. 111 f.; Grochla 1982, S. 180. Mit der Darstellung organisatorischer Regelungen innerhalb solcher Handbücher läßt sich weiterhin die nach § 52a BImSchG erforderliche Dokumentation der Wahrnehmung der Betreiberpflichten sicherstellen und somit eine erhöhte Rechtssicherheit bei Konflikten mit Behörden erzielen.

ringerte Motivation angesichts der hohen Monotonie der Arbeitsabläufe gegenüber[1].

b) Hierarchische Einordnung

Mit den der Zentraleinheit übertragenen Aufgaben und Weisungsrechten entsteht die Notwendigkeit einer hierarchisch hohen Einordnung. Sie benötigt innerbetrieblich eine starke Autorität, um die Anweisungen für die Kontrollaufgaben und deren Umsetzung und Befolgung wirksam durchzusetzen[2]. Ohne eine entsprechend hohe Positon werden sich die Umweltschutzbelange bei den dargestellten Konfliktpotentialen mit Bereichsleitern um den Zugriff auf die dezentralen Umweltschutzeinheiten kaum behaupten können. Die Möglichkeit eines direkten Zugangs zur Unternehmungsleitung ist nicht nur erforderlich zur Investitionsbeurteilung von EOP-Technologien und Präsentation von Umweltdaten[3]. Sie ist auch wichtig zur Vertretung der dezentralen Einheiten bei Konflikten mit den Bereichsleitern. Des weiteren verlangen auch die Beziehungen zu unternehmungsexternen Institutionen eine rangmäßig hohe Einordnung. Da die Zentraleinheit insbesondere bei kritischen Behördenbeziehungen zuständig ist, benötigen sie zu einem wirksamen Auftreten bei Verhandlungen eine starke Position[4]. Genauso sind im Rahmen von Lobbyismusaktivitäten nur hochgestellte Unternehmungsmitglieder in der Lage, die Mitarbeit in Verbänden oder Kontakte zu Politikern effektiv auszuüben.

Im Zusammenhang mit der hierarchischen Einordnung müssen ebenfalls die Anforderungen der bestehenden organisatorischen Struktur einer Unternehmung

1) Vgl. zu Effektivitätsauswirkungen der Formalisierung auch die Übersicht bei Hill/Fehlbaum/Ulrich 1989, S. 294 f.

2) Vgl. Frese 1992, Sp. 2441.

3) Vgl. Royston 1979, S. 161 f.

4) Vgl. Thomas 1992, S. 5; Frese 1992, Sp. 2441; Aldrich/Herker 1977, S. 225.

Berücksichtigung finden[1]. Funktional gegliederten Strukturen machen eine Zuordnung der Zentraleinheit Umweltschutz zur Unternehmungsleitung erforderlich, um ein angemessenes Gegengewicht zum Produktionsbereich zu erhalten. Dies wäre bei einer Eingliederung unter einen Funktionsbereich nicht gewährleistet. Für divisionale Strukturen mit stark heterogener Produktpalette wäre eine Einordnung der Zentraleinheit in die einzelnen Produktbereiche unter die jeweilige Bereichsleitung zu erwägen, wodurch mehrere bereichsspezifische Einheiten entstehen würden. Trotz der differenzierten Produktanforderungen bleiben die Anforderungen an die wesentlichen Umweltschutzaufgaben (wie Auswertung von Gesetzen und Vorgabe von Kontrollnormen) ähnlich. Insofern kann deren unternehmungseinheitliche Erfüllung von einer für alle Produktbereiche zuständigen Zentraleinheit übernommen werden, die unter der Unternehmungsleitung angesiedelt ist. Gravierendere Bereichsunterschiede sind bei stark ausgeprägten regionalen Strukturen zu erwarten. Sie können eine übergeordnete Zentraleinheit mit einer Zuständigkeit für verschiedene international ausgerichtete Unternehmungsbereiche überfordern[2]. Unter Umständen wird eine dreigliedrige Lösung sinnvoll: Eine zusätzliche unter der regionalen Bereichsleitung verankerte Umweltschutzeinheit übt die bereichsspezifischen Aufgaben (bspw. Gesetzesauswertung und Behördenkontakte) aus, welche für die unter der Unternehmungsleitung eingeordnete Zentraleinheit[3] in Ermangelung der notwendigen Kenntnisse bezüglich regionaler Besonderheiten nicht kompetent durchführbar sind. Wie schon geschildert bleiben solche Fälle die Ausnahme und brauchen an dieser Stelle nicht weiter betrachtet zu werden.

1) Vgl. grundlegend zu den verschiedenen Strukturausprägungen und -kennzeichen die ausführlichen Darstellungen bei Bleicher 1991, S. 388 ff. oder Frese 1987, S. 497 ff.

2) Vgl. dazu schon Kapitel 7.1.

3) Eine auf übergeordneter Ebene eingegliederte Zentraleinheit bleibt erforderlich zur Erfüllung unternehmungsweiter Aufgaben (Ausarbeitung genereller Konzepte, Gesamtdokumentation, Vermittlung von Erfahrungsaustausch etc.).

Vor diesem Hintergrund empfiehlt sich eine Einordnung der Zentraleinheit Umweltschutz direkt unter der Unternehmungsleitung[1]. In diese Richtung lassen sich auch Äußerungen von Praktikern interpretieren, die aufgrund der Einsicht in die strategische Bedeutung fordern, Umweltschutz zur "Chefsache" zu erklären[2]. Als Alternativen bieten sich hierbei an die Einordnung der Zentraleinheit Umweltschutz unter:

- die Unternehmungsleitung: In einem solchen Fall berichtet der Leiter der Zentraleinheit Umweltschutz an die Unternehmungsleitung insgesamt.
- ein Mitglied der Unternehmungsleitung: Dabei sollte wegen der bestehenden Interessenkonflikte eine möglichst neutrale und von der Leistungserstellung unabhängige Anbindung erfolgen statt einer Zuordnung zu dem Produktionsverantwortlichen.
- den Vorsitzenden der Unternehmungsleitung: Insbesondere bei besonders betroffenen Branchen scheint eine Unterstützung des Umweltschutzes durch die Autorität des "ersten Mannes" angebracht.

c) Interne Gliederung

Quantitativer und qualitativer Umfang der Aufgaben innerhalb der Zentraleinheit Umweltschutz ziehen eine Verteilung auf mehrere Stellen nach sich und begründen das Erfordernis einer internen Gliederung. Prinzipiell sind die nachstehenden Möglichkeiten zu unterscheiden:

- funktionsorientierte Gliederung: In einer Stelle(ngruppe) werden jeweils gleichartige Teilaufgaben zusammengefaßt (bspw. Investitionsbeurteilung, Genehmigungsverfahren oder Datendokumentation), die von den

---

1) Vgl. Eichhorn 1972, S. 645; Paul 1989, S. 290; Royston 1979, S. 161; Meuser 1993, S. 190.

2) Vgl. Necker 1988; Johann 1991, S. 21.

Aufgabenträgern für sämtliche Unternehmungsbereiche durchgeführt werden. Bei verschiedenen Umweltschutzproblemen müssen sich die dezentralen Umweltschutzeinheiten zwar an mehrere Ansprechpartner wenden, dafür fördert die Funktionsorientierung die Herausbildung fachlich versierter Spezialisten[1].

- objektorientierte Gliederung: Die Stellengliederung erfolgt nach den betroffenen Umweltmedien, so daß ein Aufgabenträger für bestimmte Arten von Rückständen (Abwasser, Abluft, Abfall) zuständig ist. Im Hinblick auf die Bewertung ergeben sich entsprechend ähnliche Effekte wie bei der funktionsorientierten Strukturierung.

- regionalorientierte Gliederung: Ein Aufgabenträger übernimmt alle zentralisierten Aufgaben für einen geographisch abgegrenzten Bereich (z.B. eine bestimmte Anzahl von Werken oder eine Region)[2]. Bei sämtlichen Umweltschutzbelangen können sich die dezentralen Einheiten an den eindeutig ihnen zugewiesenen Stelleninhaber wenden. Aber es besteht die Gefahr, daß das breite Anforderungsspektrum der unterschiedlichen umweltbezogenen Aufgaben den Mitarbeiter in der Zentraleinheit überfordert und die inhaltliche Qualität der Aufgabenerfüllung gemindert wird.

Bei der Auswahl zwischen den genannten Gliederungsmöglichkeiten wird vornehmlich der Sicherung der Sachkunde ein besonderes Gewicht zuzumessen sein, um eine unternehmungseinheitliche Umsetzung der komplexen Rechtsvorschriften zu ermöglichen. Eine regionale Ausrichtung auf die werksindividuellen Probleme wird von untergeordneter Bedeutung sein, solange von gleichen

---

1) Zu der Bewertung interner Gliederungsmöglichkeiten vgl. auch Domsch/Gerpott 1992, Sp. 1942.

2) Ähnlich dazu ist auch eine divisionalorientierte Gliederung denkbar, bei der die einzelnen Mitarbeiter der Zentraleinheit für die jeweiligen Belange der verschiedenen Produktbereiche zuständig sind.

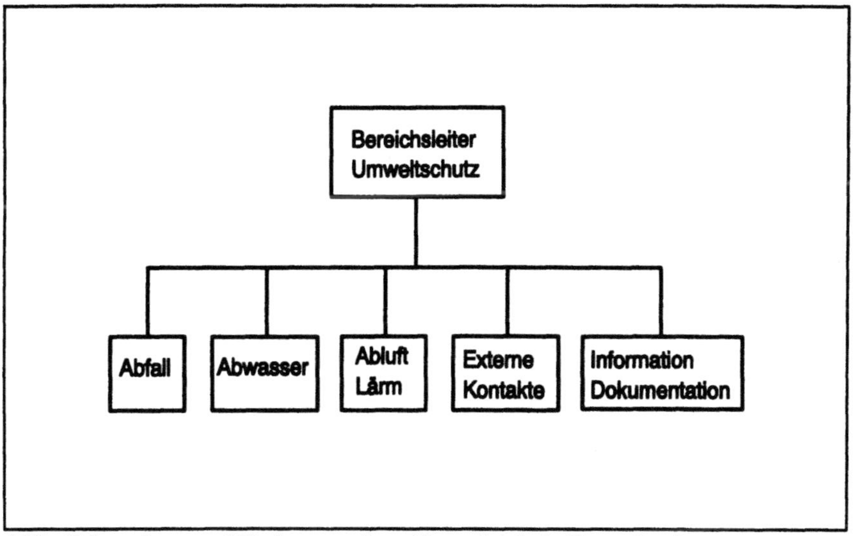

Abb. 7-1: Interne Gliederung einer Zentraleinheit Umweltschutz

Gesetzesgrundlagen auszugehen ist. Demnach bieten sich eine funktions- oder objektorientierte Gliederung an. Letztere wird durch die mediale Struktur der Gesetzesvorlagen gefördert, da die hierbei entstehenden homogenen Aufgabengebiete die Entwicklung des erforderlichen rechtsspezifischen Fachverstandes erleichtern. Denkbar sind auch Mischformen, bei denen verschiedene Gliederungsmöglichkeiten parallel Anwendung finden. Sie sind vermutlich auch in der Praxis weit verbreitet[1]. Abbildung 7-1 stellt eine derartige Mischform von objekt- und funktionalorientierter interner Gliederung einer Zentraleinheit dar.

7.2.3 Dezentrale Umweltschutzeinheiten

a) Weisungsrechte

Die dezentralen Einheiten unterliegen bei ihren Tätigkeiten (repetitive Kontrollmessungen und laufende Behördenkontakten) den Anweisungen der Zentraleinheit, deren Richtlinien sich aus den rechtlichen Grundlagen ergeben. Die

1) Vgl. beispielhaft Malle 1989, S. 98.

Frage ihrer eigenen Weisungsrechte bezieht sich primär auf das Verhalten bei Betriebsstörungen. Mit dem der outputorientierten Strategie zugrunde liegenden Ziel, rechtliche Auflagen einzuhalten, müssen wirksame Mechanismen installiert werden, um in einem die Grenzwerte verletzenden Störfall eine möglichst schnelle Rückkehr zu einem gesetzeskonformen Betriebsablauf zu garantieren. Dies bedeutet im Extremfall eine Produktionsunterbrechung. Diese Überlegungen entsprechen der Diskussion um den Betriebsbeauftragten, inwieweit dieses Amt per Gesetz mit solchen Weisungsrechten auszustatten ist[1]. Haben die dezentralen Einheiten als Stabsstelle lediglich eine beratende Funktion, ist der Produktionsleiter nicht verpflichtet den Umweltschutzargumenten zu folgen und kann eine Fortführung der Produktionsprozesse anordnen. Solange der Produktionsbereich selber in seinen traditionellen Abläufen unverändert bleibt, besteht die Gefahr, daß Umweltschutzbelange vom Produktionsleiter als Fremdkörper empfunden werden und die ökologische Qualität in solchen Situationen den ökonomischen Erfolgszielen untergeordnet wird.

Zur Sicherstellung eines auflagenkonformen Verhaltens scheint es stattdessen geboten, den dezentralen Einheiten in solchen Störfallsituationen ein Vetorecht einzuräumen. Ein solches Weisungsrecht ermöglicht das schnelle Einleiten von Anpassungsreaktionen. Wichtig ist, daß in solchen Krisenmomenten komplexe Koordinationsmechanismen und Zuständigkeitszersplitterungen vermieden werden. Bei der demzufolge erforderlichen Ausstattung der dezentralen Umweltschutzeinheiten mit einem Vetorecht müssen aber einige potentielle Risiken beachtet werden, um das Vetorecht gerade in schwierigen Krisensituationen wirksam ausüben zu können. So sind unterstützende Maßnahmen notwendig, damit die dezentralen Einheiten nicht von der Übernahme der Verantwortung für den Produktionsbereich überfordert werden, ohne an den vorherigen Entscheidungen beteiligt gewesen zu sein. Des weiteren ist zu verhindern, daß in

---

1) Vgl. dazu Schulz/Wicke 1989, S. 43 ff.; Specht 1988, S. 22 f.; Senn 1986, S. 313 f.; IG Metall 1988.

Folge der Übertragung von Weisungsrechten eine verschärft konfliktäre Beziehung zum ansonsten verantwortlichen Produktionsleiter entsteht. Konflikte könnten entstehen, da dieser quasi "entmachtet" wird und die dezentrale Umweltschutzeinheit erzwungenermaßen die Entscheidungsvollmacht übernimmt. Dies kann bei den Betroffenen Ängste vor einer derartigen Situation hervorrufen und ist mitunter innerbetrieblich schwer durchzusetzen.

Solchen Überlegungen entsprechende Vorschläge verlangen denn auch, daß der Betriebsbeauftragte für die Einhaltung der Grenzwerte verantwortlich sein soll und im Störfall mittels seiner Weisungsrechte direkt in die Betriebsabläufe eingreifen kann und ggfs. die Produktion stillegt[1]. Obwohl diese Möglichkeit schon frühzeitig in Betracht gezogen wurde, konnte sich der Gesetzgeber bisher nicht zu einer derartigen Regelung entschließen[2]. Die in der Praxis bestehenden Entscheidungsrechte[3] basieren auf innerbetrieblichen Delegationsüberlegungen und nicht auf rechtlichem Zwang.

Weiterführende Überlegungen zu einer Ernennung des Betriebsbeauftragten durch die Behörde sind dagegen abzulehnen. Aus der damit verbundenen amtlichen Verpflichtung zu einer objektiven Durchführung seiner Kontrollaufgaben würde wegen der Position als verlängerter Arm der Behörde die Gefahr entstehen, das Vertrauensverhältnis zu den sonstigen Mitarbeitern zu stören[4]. Der vermutlich als Folge eintretende erschwerte Zugang zu Informationen stellt aber

---

1) Vgl. Dreyhaupt 1987, S. 412.

2) Vgl. dazu Feldhaus 1991, S. 930. Die hier aufgestellten Überlegungen sind im Zusammenhang mit den Ausführungen zu den Sanktionierungskonsequenzen der organisatorischen Gestaltung in Kapitel 6.3.1 zu sehen, wodurch die Forderung nach der Ausstattung des Betriebsbeauftragten mit Entscheidungsrechten weiter gestärkt wird.

3) Offenbar ist die Austattung von Betriebsbeauftragten mit Weisungsrechten zumindest in einem gewissen Ausmaß in der Praxis durchaus üblich. Vgl. Theißen 1990, S. 166 ff.; Senn 1986, S. 319.

4) Vgl. Schulz/Wicke 1989, S. 44; Specht 1988, S. 22; Meller 1990, S. 63.

die Effektivität der Kontrolle insgesamt in Frage. Deshalb ist der Betriebsbeauftragte nicht als ein behördliches Aufsichtsorgan, sondern als eine betriebliche Institution der eigenverantwortlichen Selbstkontrolle der Unternehmung konzipiert worden[1].

b) Hierarchische Einordnung

Die Aufgaben der dezentralen Umweltschutzeinheiten haben infolge ihrer weitgehenden Beschränkung auf routinisierbare Kontrollen zumeist einen geringeren Umfang. Deshalb wird diese Position oft bestehenden Stellen zusätzlich übertragen und als Teilzeittätigkeit verrichtet[2]. Obwohl es sich um Routinetätigkeiten handelt, sind die von ihnen erhobenen Daten jedoch von hoher Wichtigkeit. Aufgrund des in einem Störfall notwendigen Informationsflusses ist ein schneller und direkter Zugang zum verantwortlichen Anlagenbetreiber (z.B. Werksleiter) zu ermöglichen, weshalb die hierarchische Einordnung relativ nah zum Betreiber erfolgen sollte[3].

Mitarbeiter aus dem Produktionsbereich weisen zwar den Vorteil auf, aus den die Umweltbelastungen verursachenden Abteilungen zu stammen und insofern über eine große Nähe zu den relevanten Prozessen zu verfügen. Jedoch sind sie stark auf die Interesssen des kurzfristigen Erfolgs- und Leistungsdenken ausgerichtet. Selbst wenn der einzelne Mitarbeiter Umweltschutzaufgaben gewissen-

---

1) Vgl. Schiegl 1988, Kapitel III-2.2.6. Dagegen kann die Behörde die Abberufung des Betriebsbeauftragten verlangen, wenn er die ihm übertragenen Pflichten nicht zuverlässig erfüllt. Vgl. Pulte 1987, S. 91; Senn 1986, S. 312.

2) Vgl. etwa die empirischen Untersuchungen zum Amt des Betriebsbeauftragten bei Ullmann 1981, S. 1003; Theißen 1990, S. 164. Umgekehrt kann ein Mitarbeiter mehrere Betriebsbeauftragtenpositionen für verschiedene Umweltmedien ausüben. Eine derartige Bündelung führt nicht nur zu einer besseren Kapazitätsauslastung, sondern unterstützt auch das medienübergreifende Umweltschutzbewußtsein und wird insofern in der Praxis häufig vorgenommen. Vgl. Johann 1991, S. 31 f.; Ullmann 1981, S. 1002.

3) Vgl. Frese 1992, Sp. 2444; Schulz/Wicke 1989, S. 44; Seidel 1990, S. 217.

haft wahrnehmen wollte, wäre ein starker Einfluß des vorgesetzten Produktionsleiters zu unterstellen, wodurch die Position einer solchermaßen weisungsgebundenen Umweltschutzeinheit schon im Ansatz zu schwach ausgestaltet ist[1].

Die genannten Nachteile existieren zumindest in ähnlicher Form bei einer Lösung, die als dezentrale Umweltschutzeinheit den Produktionsleiter oder Werksleiter selber vorsehen. Selbst wenn diese Aufgabenträger über genügend ökologisches Wissen verfügen, bleibt die Gefahr, daß sie die ökologische Qualität gegenüber dem ökonomischen Erfolg vernachlässigen. Da im Rahmen der outputorientierten Strategie nur relativ wenige Personen einer Unternehmung Umweltschutzaufgaben ausüben, müssen diese - wie im vorigen Kapitel auch schon beschrieben - in ihrer Position gestärkt werden. Andererseits sollten diese Aufgaben nicht traditionell einflußreichen Personen zugeordnet werden, die ihre Macht möglicherweise nicht für, sondern gegen ökologische Ziele einsetzen. Im Falle der Produktions- oder Werksleiter kontrolliert sich der zu Kontrollierende selbst, weshalb eine derartige Gestaltung äußerst bedenklich erscheint[2]. Obwohl der Gesetzgeber diese drohende Interessenverquickung zu Lasten der ökologischen Qualität auch ablehnt[3], geschieht es in der Praxis recht häufig, daß eine leitende Person aus dem Bereich der Leistungserstellung zum Betriebsbeauftragten ernannt wird[4].

Stattdessen ist eine Einordnung der dezentralen Einheiten vorzunehmen, die hierarchisch hoch und wegen des notwendigen Know-Hows im technischen

---

1) Vgl. Repenning 1989, S. 120. Vgl. dazu auch die zuvor angestellten Überlegungen zu möglichen Konflikten bei der Wahrnehmung des Vetorechts im Störfall.

2) Vgl. Steger/Antes 1991, S. 39.

3) Vgl. Keune 1976, S. 17; Roth 1979, S. 72.

4) Vgl. Theißen 1990, S. 162; Deutsche BP AG 1986, S. 9.

Bereich angesiedelt ist, aber unabhängig von der laufenden Produktion erfolgt. Alternativ bieten sich Einordnungen an in die Bereiche[1]:

- Qualitätssicherung: Angesichts der weitgehend entsprechenden Aufgaben bezogen auf die hergestellten Produkte erscheint eine Zuordnung zur Qualitätssicherung besonders geeignet.
- Werkstechnik bzw. Instandhaltung: Diese Einheiten sind mit Meß- und Kontrollaufgaben aufgrund ihrer sonstigen Arbeitsinhalte wie Reparatur- und Wartungstätigkeiten vertraut.
- Arbeitssicherheit: Bspw. haben die Aufgaben von Sicherheitsingenieuren vielfach ähnlich kontrollierenden Charakter. Auch der Gesetzgeber hat hinsichtlich der Nähe der Aufgabengebiete die Zusammenarbeit mit dem Umweltschutzbereich ausdrücklich betont[2].

Schließlich kann es unter Umständen sinnvoll sein, die Aufgaben der dezentralen Umweltschutzeinheiten auszulagern und eine externe Person zum Betriebsbeauftragten zu ernennen[3], wobei neben Kostenargumenten insbesondere die folgenden Gründe eine Rolle spielen. Hochspezialisierte Messungen und Analysen sind oft nur durch Spezialisten wie Institute, Laborbetriebe oder den TÜV zu bewerkstelligen. Weiterhin erlaubt die Fremdvergabe an Externe die Auslagerung des ganzen Kontrollmanagements inclusive der dazugehörigen Terminsteuerung. Gerade für kleinere Unternehmungen ist der Aufbau eigener Kapazitäten problematisch[4]. Aufgrund der bei Externen nicht vorhandenen "Betriebsblindheit" wird ihren Kontrollergebnissen vermutlich eine gesteigerte innerbetriebliche Aufmerksamkeit entgegengebracht. Andererseits dürfte es in

---

1) Vgl. auch die weitgehend entsprechenden Überlegungen zur Bestellung von Betriebsbeauftragten bei Theißen 1990, S. 161 f.; Antes 1993, S. 19.

2) Vgl. § 55 Abs. 3 BImSchG.

3) Vgl. Theißen 1990, S. 9 f.; Antes 1993, S. 19.

4) Vgl. Repenning 1989, S. 120.

der Praxis unakzeptabel sein, Externe mit Weisungsrechten gegenüber dem Produktionsbereich auszustatten.

Abbildung 7-2 faßt die bisherigen Überlegungen zusammen und zeigt die hierarchische Einordnung der zentralen Umweltschutzeinheit unter die Unternehmungsleitung und ihr fachliches Weisungsrecht gegenüber den dezentralen Umweltschutzeinheiten an den einzelnen Werksstandorten. Die dezentralen Umweltschutzeinheiten sind aufgrund ihrer hauptamtlichen Tätigkeit (z.B. in der Qualitätssicherung) auch der Werksleitung unterstellt und besitzen in einem Störfall ein Vetorecht gegenüber den Produktionseinheiten.

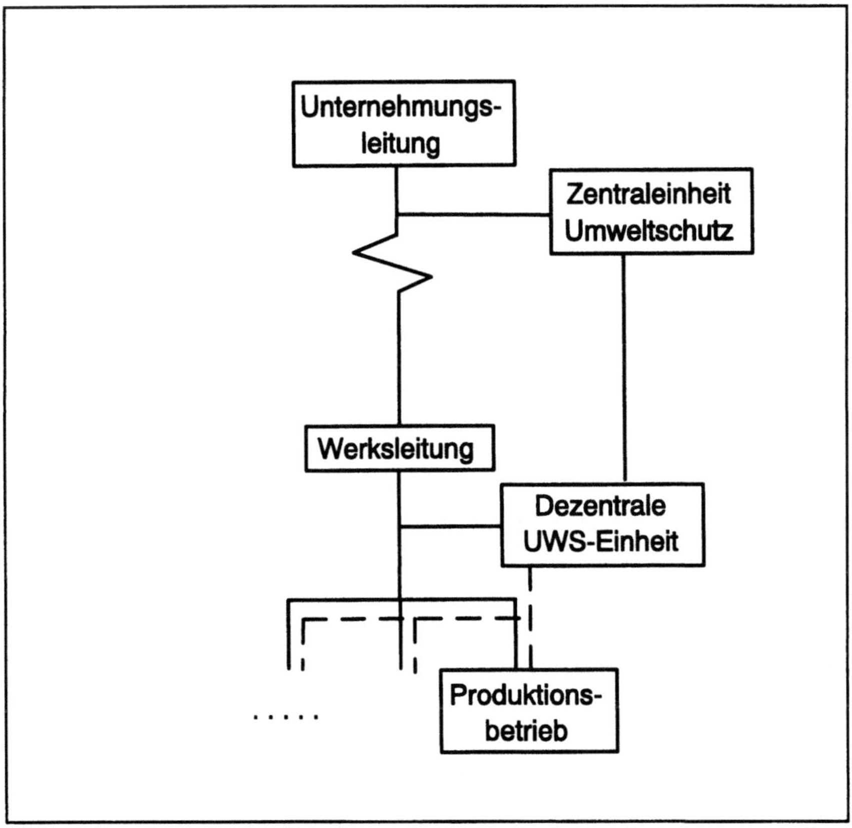

Abb. 7-2: Strukturelle Gestaltung des Umweltschutzes bei der outputorientierten Strategie

Insgesamt läßt sich festhalten, daß das für die outputorientierte Strategie kennzeichnende Hinzufügen einiger umweltschützender Aufgaben zu den traditionellen Betriebsprozessen seine Entsprechung in der Strukturgestaltung findet: die Ergänzung der bestehenden Struktur um einige spezielle Umweltschutzeinheiten. Umweltschutz beschränkt sich im Prinzip auf die speziellen Einheiten und bleibt insofern isoliert von dem übrigen unverändert ablaufenden Unternehmungsgeschehen. Die Einrichtung dieser speziellen Umweltschutzeinheiten ist relativ schnell und einfach machbar und beinhaltet allenfalls geringe Änderungen für die sonstigen Unternehmungsbereiche[1]. Eine derartige Erweiterung der Struktur dürfte auch innerbetrieblich gut durchsetzbar sein. Solche Lösungen stellen einen pragmatischen Kompromiß dar für die Unternehmungsleitungen, die einerseits den Druck zur Anpassung der Organisation verspüren, andererseits aber Angst vor Stabilitätsverlusten in bestehenden und erprobten Bereichen haben[2].

7.3 Personenbezogene Gestaltung

Maßnahmen zur personenbezogenen Gestaltung, die eine hohe Motivation der Mitarbeiter im Hinblick auf das Umweltmanagement erreichen sollen, haben bei der outputorientierten Strategie keinen übermäßigen Stellenwert. Um das erforderliche Minimum an ökologischer Qualität zu erzielen, sind von den Mitarbeitern im allgemeinen keine außergewöhnlichen Anstrengungen zu unternehmen. Der Vorteil dieser Strategie liegt ja gerade in ihrer Einfachheit und dem Aufrechterhalten traditioneller Verhaltensweisen, so daß für eine Motivation zu umweltschützendem Verhalten kaum Anlaß besteht. Umweltschutz wird primär durch den Einsatz der nachgeschalteten technischen Verfahren erreicht und weniger durch übermäßige personelle Beteiligung. Auch läßt sich vermuten,

---

1) Vgl. Antes 1991, S. 148.

2) Vgl. zu dieser Ambivalenz Steger 1992, S. 36.

daß die Unternehmungsleitung bei der häufig umstrittenen Wirkungsweise materieller Anreizsysteme wenig Bereitschaft zur Gewährung finanzieller Mittel zeigt, weil die ökologische Qualität mit möglichst geringem betrieblichen Aufwand sichergestellt werden soll.

Da Umweltschutz in diesem Umfang im wesentlichen auf die Mitarbeiter in den speziellen Einheiten beschränkt bleibt, ist vorrangig ihre Motivation für die Aufgaben zu gewährleisten. Aufgrund des Bewußtseins dieser Mitarbeiter über ihre Bedeutung und Verantwortung zur Erreichung der ökologischen Qualität kann angenommen werden, daß sie ihre Arbeit und Funktion (quasi eines "Umweltgewissen der Unternehmung") selber als sehr wichtig einschätzen. Demnach ließe sich bei diesen Mitarbeitern personenintern eine hohe intrinsische Motivation für ihre Arbeitsleistung vermuten. Die Spezialisten empfinden ihre Tätigkeit und die damit verbundenen Erfolgserlebnisse als intrinsische Belohnung und schöpfen daraus Zufiedenheit und Befriedigung. Dadurch sinkt die Notwendigkeit für weitere extrinsische Belohnungen wie z.B. Bezahlung[1]. Folgt man der Zweifaktorentheorie, ist Motivation durch Arbeit nicht zu unterschätzen, da Arbeitsinhalte selbst und erzielte Arbeitsleistung zu den Faktoren gehören, welche die Zufriedenheit erhöhen können ("Motivatoren"). Dagegen können materielle Anreize allenfalls die Unzufriedenheit abbauen ("Hygienefaktoren")[2]. Soll der Einsatz der Umweltschutzspezialisten im Rahmen ihrer Personalbeurteilung erfaßt werden, um diesen Aufgabenträgern eine berufliche Perspektive mit Aufstiegsmöglichkeiten zu bieten, entstehen bei den dezentralen Umweltschutzeinheiten möglicherweise Probleme. Da sie disziplinarisch ihrem jeweiligen Bereichsleiter am Werksstandort unterstellt sind, ist es fraglich, inwieweit ihre umweltgerichtete Teilzeittätigkeit durch diesen traditionell ausgerichteten Vorgesetzten honoriert wird und in ihre Personalbeurteilung einfließt.

---

1) Zur Unterscheidung in intrinsische und extrinsische Belohnungen vgl. Porter/ Lawler 1968.

2) Vgl. dazu Herzberg 1968.

Die sonstigen Fachbereiche sind im allgemeinen nicht betroffen. Umweltschutz ist kein Bestandteil ihrer Tätigkeiten, und sie brauchen deshalb nicht zu umweltschonendem Verhalten motiviert zu werden. Trotzdem dürfte es sinnvoll sein, den Sachverstand der breiten Masse der Belegschaft neben ihren regulären Tätigkeiten für umweltschutzbezogene Sonderleistungen zu nutzen. Falls etwa die Installation von EOP-Anlagen, die ja den technologischen Kernpunkt dieser Strategie darstellen, mit Schwierigkeiten verbunden ist, bietet sich hierfür das betriebliche Vorschlagswesen an, durch das die Kreativität sämtlicher Mitarbeiter einbezogen wird. Beim Vorschlagswesen handelt es sich um eine freiwillige Einrichtung zur Förderung, Begutachtung, Anerkennung und Verwirklichung von Verbesserungsvorschlägen der Arbeitnehmer[1]. Der Anreiz für die teilnehmenden Mitarbeiter besteht darin, bei der Annahme ihres Vorschlags an dem entstehenden betrieblichen Nutzen in Form einer Prämie beteiligt zu werden. Durch den sporadischen und zusätzlichen Charakter der Prämien treten diese nicht in einen Konflikt, sondern sind zu den sonstigen bestehenden Anreizsystemen kompatibel, die das Verhalten der Mitarbeiter auf die traditionellen Erfolgsziele ausrichten sollen. Als wichtiges Instrument zur Umsetzung innovativer Ideen kann das Vorschlagswesen auch beim Umweltschutz eine hervorgehobene Rolle spielen[2]. Dabei kann das Vorschlagswesen als zeitlich begrenzter Ideenwettbewerb (z.B. zu einem ganz bestimmten Anlaß wie Eigenentwicklung einer EOP-Anlage für eine problematische Emissionssubstanz) oder als permanente Einrichtung ausgelegt sein. An einen Verbesserungsvorschlag werden üblicherweise folgende Anforderungen gestellt[3]:

- konkret ausgearbeitete, umsetzbare Idee, die sich auf die Änderung eines betrieblichen Zustands bezieht;

---

1) Vgl. Thom 1979, Sp. 2223 f.; Kupsch/Marr/Picot 1991, S. 1149.

2) Vgl. Kreikebaum 1993, S. 90; Nitze 1991, S. 82. Die praktische Bedeutung des Vorschlagwesens bestätigen neben Umweltbundesamt 1991, S. 307 auch die Ergebnisse der eigenen empirischen Studie in Kapitel 11.4.

3) Vgl. Thom 1985, S. 17; Heidack 1992, Sp. 2305 f.

- Beinhalten eines Neuigkeitsgrads und eines Nutzen für die Unternehmung;
- als Sonderleistung neben der dienstlichen Tätigkeit erbracht und insofern nicht mit dem normalen Gehalt abgegolten.

Bei der Bemessung der Prämie stellt sich die Frage, ob umweltschutzgerichtete Verbesserungsvorschläge ein höheres Gewicht erhalten sollten als Vorschläge zu anderen Problembereichen, um die Mitarbeiter verstärkt zu derartigen Vorschlägen zu motivieren[1]. Bei einer Höhergewichtung ist zu befürchten, daß dadurch vermutlich nahezu jeder Verbesserungsvorschlag vom Einreicher als umweltschutzbezogener Verbesserungsvorschlag deklariert wird. Mit fast allen Vorschlägen dürften irgendwelche Ressouceneinsparungen verbunden sein, woraus dann Einordungs- und Abgrenzungsprobleme resultieren. Empirische Studien ermitteln für diese Gewichtungsfrage unterschiedliche Ergebnisse[2].

Ein weiterer immaterieller Anreiz kann in der Belobigung durch die Jury und der Anerkennung des betreffenden Mitarbeiters durch die Kollegen gesehen werden[3]. So wie sich eine derartige Wirkung für innerhalb der Belegschaft akzeptierte Zielvorstellungen vermuten läßt, kann dies im Hinblick auf umweltschutzgerichtete Verbesserungsvorschläge bei der outputorientierten Strategie auch ins Gegenteil umschlagen. Möglicherweise muß ein eigentlich zur Teilnahme gewillter Mitarbeiter negative Kollegenreaktionen befürchten, die ihn als "grünen Spinner" ansehen und verlachen.

---

1) Generell ist eine Beteiligung des Arbeitnehmers in einer Größenordnung von 20% an der erzielten Jahresersparnis üblich. Vgl. Thom 1985, S. 41. Des weiteren ergibt sich insbesondere bei Umweltschutzvorschlägen das Problem, wie der Nutzen zu ermitteln ist. Hierzu lassen sich mehr oder minder komplexe Punktbewertungsverfahren einsetzen. Vgl. Holler 1991, S. 386; Heidack 1992, Sp. 2305.

2) Vgl. Thom 1985, S. 44; Nitze 1991, S. 196.

3) Vgl. Winter 1988, S. 114 f.

8 Organisatorische Gestaltung der prozeßorientierten Strategie

8.1 Aufgaben der prozeßorientierten Strategie

Wie bei der outputorientierten Strategie findet auch bei der prozeßorientierten Strategie eine Beschränkung auf direkten Umweltschutz statt. Wesentlicher Unterschied ist aber die präventive Ausrichtung des Unternehmungsverhalten, wodurch Umweltbelastungen aus Produktionsprozessen schon im Ansatz vermieden werden sollen. Anstatt auftretende Emissionen als gegebene Fakten hinzunehmen, die nachträglich in ihrer Schädlichkeit durch additive Technologien zu reduzieren sind, stehen die verursachenden Produktionsprozesse im Vordergrund der Betrachtung. Die Produktionsprozesse selber sollen umweltgerecht gestaltet werden, so daß eine nachträgliche additive Behandlung weitgehend nicht mehr erforderlich ist. Gleichzeitig lassen sich mit diesen weiter gefaßten Maßnahmen oft über die gesetzlich verlangten Grenzwerte hinausgehende umweltfreundliche Effekte erreichen.

Damit Umweltbelastungen erst gar nicht entstehen, sind umfangreiche Umweltschutzaufgaben zur Planung und Realisation zu erfüllen. Außer der Analyse der rechtlichen Grundlagen werden betriebliche Entscheidungsprozesse zur Festlegung der einzuhaltenden Grenzwerte notwendig, sobald diese nicht auf die gesetzlichen Vorschriften beschränkt bleiben sollen. Die Einhaltung dieser Vorgaben wird erreicht durch eine Einbeziehung ökologischer Aspekte sowohl antizipativ in die vorgelagerte Planung von Produktionsprozessen als auch in den eigentlichen Fertigungsablauf. Dementsprechend sind Umweltschutzüberlegungen innerhalb der verschiedenen Stufen der Produktionsplanung zu berücksichtigen, die sich in Tragweite und Detaillierungsgrad unterscheiden[1]. Von den verschiedenen Möglichkeiten einer Einbeziehung in die strategische und operative Produktionsplanung werden im folgenden einige wesentliche herausgestellt[2].

Eine grundsätzliche Möglichkeit besteht in der strategischen Produktionsplanung bei der Wahl der Produktionsverfahren. Mit der Entscheidung für integrierte Verfahren werden Anlagen installiert, bei deren Prozeßführung die vorbeugende Vermeidung von Umweltbelastungen elementarer Bestandteil ihrer Konstruktionsweise ist. Da nach wie vor nur ein relativ kleiner Markt für integrierte Technologien existiert[3] und deshalb ein Fremdbezug oft ausscheidet, sind die Unternehmungen häufig zu Eigenentwicklungen gezwungen. Um derartige Innovationen technologisch anspruchsvoller Verfahren durchzuführen, werden in aller Regel erhebliche Forschungsanstrengungen notwendig[4]. Die Forschungsaufgaben sind nicht nur langfristig und teuer[5], sondern beinhalten auch das Risiko technologischer Fehlentwicklungen[6]. Aufgrund dieser aus ökonomischer Sicht bestehenden Nachteile dürfte die Entscheidung zur Installation integrierter Verfahren auf bestimmte Situationen beschränkt sein. Realitätsnah erscheint ihr Einsatz im Fall von Neugründungen bzw. Kapazitätserweiterungen oder bei einem vollständigen Ersatz von Altanlagen aus technischen oder produktivitätssteigernden Gründen[7]. Deshalb herrschen in der Praxis traditionelle Produktionsverfahren vor, an denen sich aber wegen ihrer technologischen Auslegung im nachhinein zumeist lediglich geringe Variationen der einzelnen Parameter hinsichtlich einer umweltschonenderen Prozeßgestaltung vornehmen

---

1) Vgl. Dyckhoff 1992b, S. 352.

2) Vgl. dazu auch ausführlich Lange 1978, S. 124 ff.; Müllendorff 1981, S. 229 ff.

3) Vgl. Hartje 1990, S. 168.

4) Vgl. Lange 1978, S. 200.

5) Vgl. Gerybadze 1992, S. 400.

6) Vgl. Strebel 1988b, S. 101.

7) Vgl. Hartje 1990, S. 167.

lassen[1]. Denkbar wäre eine graduelle Umstellung einer Altanlage durch Austausch oder Modifikation einzelner Aggregate, die einen geringeren Emissionsausstoß zur Folge haben.

Daneben können im Rahmen der operativen Produktionsplanung diverse Anpassungsmaßnahmen vorgenommen werden, die von einer gegebenen Ausstattung an Produktionsverfahren ausgehen. Verfügt die Unternehmung etwa über mehrere Anlagen, die unterschiedliche Umweltbelastungen verursachen, ist durch eine Verlagerung der Produktion mit einer verstärkten Nutzung der schonenderen Anlagen ein entlastender Effekt zu erzielen[2]. Mittels genauer Variationen des Leistungsgrades technologischer Verfahren wie Geschwindigkeit, Temperatur etc. lassen sich Quantität bzw. Qualität von Emissionen verändern, so daß Umweltbelastungen oft durch die richtige Inanspruchnahme der Kapazitäten vermindert werden können[3]. Darüber hinaus bestehen außer diesen kapazitäts- und intensitätsmäßigen Veränderungen auch zeitliche Anpassungsmöglichkeiten. So resultiert aus einer geänderten Auftragsreihenfolge oder -zusammensetzung eine Verschiebung oder Veränderung der Emissionen. Eine Nutzung der Kapazitäten kann an bestimmte Zeiten oder damit verbundene Umstände gekoppelt sein, wodurch die Produktion bspw. zu bestimmten Tages-/ Nachtzeiten oder bei Eintreten spezifischer Witterungsbedingungen wie Inversionslagen oder Temperaturextremen gestoppt wird[4]. Generell muß bei den genannten Planungsaufgaben berücksichtigt werden, daß Schwankungen in den Produktionsbedingungen zu Veränderungen im Prozeßablauf führen, weshalb zu

---

1) Vgl. Lange 1978, S. 195 f.; Strebel 1990, S. 734.

2) Vgl. Müllendorff 1981, S. 231; Kistner 1989, S. 42.

3) Vgl. Lange 1978, S. 139 ff.; Müller 1991, S. 59; Corsten/Götzelmann 1992, S. 115.

4) Vgl. Müller 1991, S. 65 ff.

einer Einhaltung der geplanten Emissionswerte und Vermeidung von Störfällen Sicherheitsreserven gebildet werden sollten[1].

Des weiteren bietet sich neben der Vermeidung die Verwertung von Rückständen aus der Produktion durch Recycling an. Durch Recycling erfolgt eine Rückführung von bei der Produktion anfallenden unerwünschten stofflichen und energetischen Rückständen in die Produktionsprozesse als Einsatzstoff bzw. Sekundärrohstoff[2]. Die entstehenden Stoff- und Energiekreisläufe verursachen unterschiedlich umfangreiche und komplexe Aufgaben je nachdem, ob die Rückstände mit oder ohne Aufbereitungsprozesse in die ursprünglichen oder andere Produktionsprozesse zurückfließen[3]. Der Aufbau eines Recyclingkreislaufs verlangt die Klassifikation und Kennzeichnung von Rückständen, die Dokumentation ihres Entstehens, ihre Sammlung und anschließende Aufbereitung[4]. Außer den strategischen Planungsüberlegungen zur Errichtung entsprechender technischer Anlagen für die Durchführung von Recyclingprozessen stellt sich die Frage der Anpassung an die operativen Produktionsplanungs- und -steuerungssysteme (PPS). Für diese Dispositionssysteme ergibt sich ein Erweiterungs- bzw. Modifizierungsbedarf durch die hinzukommenden recyclingbezogenen Planungs- und Steuerungsprobleme wie das Aufstellen von Belegungsplänen für Recyclinganlagen oder die Berücksichtigung notwendiger Lager- und Transportkapazitäten[5].

Neben den genannten Planungsaufgaben entstehen auch umweltschützende Realisationsaufgaben während des eigentlichen Fertigungsablaufs. Treten

1) Vgl. dazu Kistner/Steven 1991.

2) Vgl. Berg 1979, S. 201; Kleinaltenkamp 1985, S. 39.

3) Zu den unterschiedlichen Formen des Recycling vgl. Kleinaltenkamp 1985 oder auch die Übersicht bei Corsten/Reiss 1991, S. 617.

4) Vgl. Strebel 1990, S. 742 ff.

5) Vgl. Corsten/Reiss 1991, S. 621 ff.

Abweichungen von den umweltschutzbezogenen Planvorgaben auf, ist mittels einer frühzeitigen Analyse der Umweltauswirkungen und korrektiven Anpassungsreaktionen eine Beseitigung der Ursachen vorzunehmen. Kurze Rückkopplungsschleifen mit einer engen Verknüpfung fertigungsbegleitender Prüfungs- und Lenkungsaufgaben[1] sichern einen umweltgerechten Prozeßablauf. Im Gegensatz zur outputorientierten Strategie dient diese fertigungsbegleitende Prüfung dabei weniger der nachträglichen Behandlung eingetretener Umweltbelastungen als vielmehr der umweltgerechten Regelung von Fertigungsprozessen. Die vielfältigen Bemühungen, Umweltbelastungen präventiv zu vermeiden und durch freiwillige Maßnahmen über die rechtlichen Vorschriften hinaus zu gehen, senken die Wahrscheinlichkeit, daß bei ungünstigen Produktionsbedingungen direkt die Einhaltung der gesetzlichen Grenzwerte gefährdet ist[2]. Insofern kann von einem verringerten Störfallrisiko ausgegangen werden.

Umfangreiche Planungs- und Realisationsmaßnahmen mit der ökologischen Ausrichtung der Produktion zur Vermeidung und Verwertung lassen den Bedarf an nachgelagerten Kontrollaufgaben sinken, so daß ihnen ein relativ vermindertes Gewicht gegenüber der outputorientierten Strategie zukommt. Zwar wird auf den Einsatz von EOP-Anlagen bei bestimmten Produktionsprozessen nicht zu verzichten sein, doch werden sie tendenziell überflüssig. Genauso ließe sich das Ausmaß nachgeschalteter Messungen und Kontrollen einschränken, sobald ein umweltschonender Prozeßablauf sichergestellt ist. Dieser verminderten Notwendigkeit von Kontrollaufgaben stehen die herrschenden rechtlichen Vorschriften gegenüber, die umfangreiche und kontinuierliche Messungen und Datendokumentation verlangen.

Die dargestellten Maßnahmen greifen tief in die Prozesse ein und verlangen von den betroffenen Mitarbeitern entsprechende Kenntnisse und Fähigkeiten. Dem-

1) Vgl. Dyckhoff 1992b, S. 351 f.

2) Vgl. Schulz/Wicke 1989, S. 19.

zufolge sind Qualifikationskonzepte zu entwerfen und Qualifikationsmaßnahmen durchzuführen, um etwa personalbedingte Fehlbedienungen im Fertigungsablauf aufgrund von Ausbildungsmängeln zu unterbinden[1]. Die Mitarbeiterschulungen müssen aber außer den Aufgabenträgern auf der Realisationsebene auch die Entscheidungsträger auf der Planungsebene erfassen. Da die verantwortlichen Ingenieure Umweltschutzaufgaben oft wegen unzureichender Kenntnisse über die Technologien und Verfahren sowie deren Einsatzmöglichkeiten nicht bewältigen können, wird es erforderlich, ihnen die Verbindung von herkömmlich produktionsspezifischem Wissen und der umweltschonenden Anwendung von Verfahren zu vermitteln[2]. Besondere Qualifikationsanforderungen bestehen bei der Erforschung und Entwicklung integrierter Verfahren. Erfolgreiche Innovationen setzen ein hochkompetentes Fachwissen neben der nötigen Kreativität[3] voraus.

Zugleich verlangen die erweiterten Umweltschutzaufgaben den Ausbau des betrieblichen Umweltinformationssystems. Als fundierte Grundlage für die Planung und Lenkung der Produktionsprozesse muß eine Fülle von Informationen bezüglich der damit verbundenen Umweltauswirkungen beschafft werden. Mit der Aufstellung von Bilanzen für die einzelnen Prozesse wird der mengenmäßige Strom von Stoffen und Energien differenziert nach Input und Output erfaßt und kann in Form von Flußdiagrammen abgebildet werden[4]. Für eine Beurteilung der Prozesse sind daneben Aussagen über die Wertkomponente erforderlich, die den Grad der Umweltbelastung pro Mengeneinheit bestimmen, wodurch die gebildeten Schadstoffkoeffizienten als zusätzliche Steuergrößen dienen können[5].

---

1) Vgl. Müller 1991, S. 53 ff.

2) Vgl. Johann/Gebhard 1991, S. 166.

3) Vgl. Kreikebaum 1991, S. 51.

4) Vgl. hierzu etwa Freimann 1989, S. 122 ff.; Hallay 1990, S. 37.

5) Zur Bewertungsproblematik von Umweltauswirkungen vgl. die Ansätze der ökologischen Buchhaltung bei Müller-Wenk 1978.

Das ausgebaute Umweltinformationssystem läßt sich auch im Zusammenhang mit den Kommunikationsaufgaben nutzen, denen neben den eigentlichen Umweltschutzaufgaben ein höheres Gewicht gegenüber der outputorientierten Strategie zukommt. Die Kommunikationsaufgaben zielen außer der Sicherung der Legalität durch die unverändert notwendigen Beziehungen zu den Behörden auf eine Stärkung der Legitimität. Eine Darstellung bestimmter prozeßbezogener Daten innerhalb der Öffentlichkeitsarbeit, welche die verstärkten und über die gesetzlichen Anforderungen hinausgehenden Maßnahmen im Produktionsbereich belegen, fördert die soziale Akzeptanz der Anspruchsgruppen. Hierzu müssen die entsprechenden Daten ausgewählt und in die geeignete Form gebracht werden (bspw. Illustrationen), damit sie für die betreffenden Anspruchsgruppen (bspw. Anwohner) verständlich sind. Dagegen haben angesichts der intensiveren Umweltschutzmaßnahmen abwehrorientierte Kommunikationsaufgaben wie auch Überwälzungsmaßnahmen relativ ein weiter vermindertes Gewicht.

8.2 Strukturbezogene Gestaltung

8.2.1 Integration in den Produktionsbereich

Hinsichtlich der Aufgabenverteilung ist zwischen unterschiedlichen Bereichen der dargestellten Aufgaben zu differenzieren. Einerseits sind die Aufgaben wahrzunehmen, die auch schon im Rahmen der outputorientierten Strategie behandelt wurden. Diese Aufgaben haben vorwiegend kontrollierenden Charakter und greifen allenfalls geringfügig in den Ablauf der betrieblichen Prozesse ein, weshalb für diese prozeßunabhängigen Aufgaben - wie schon im vorangegangenen Kapitel beschrieben - die Zuordnung zu speziellen Umweltschutzeinheiten sinnvoll erscheint. Andererseits geht es um die Bewältigung der vielfältigen und umfangreichen Planungs- und Realisationsaufgaben, die für die prozeßorientierte Strategie typisch sind und überwiegendes Gewicht haben. Für diese

Aufgaben, die stark mit dem Ablauf der gesamten Produktionsprozesse verbunden sind bzw. deren Durchführung beeinflussen und somit prozeßabhängig sind, stellt sich die Frage, inwieweit sie ebenfalls speziellen Umweltschutzeinheiten übertragen werden können oder ob eine Zuordnung direkt zu den traditionellen Einheiten im Produktionsbereich vorzunehmen ist.

Einer Übertragung der prozeßabhängigen Aufgaben auf die speziellen Umweltschutzeinheiten widerspricht deren Distanz zum Produktionsgeschehen. Aufgrund dieser Distanz verfügen die speziellen Einheiten nicht über das erforderliche detaillierte und problemspezifische Wissen, das als Voraussetzung für eine hohe Entscheidungsqualität anzusehen ist. Zusätzlich würde aus einer derartigen Aufgabenverteilung ein äußerst komplizierter Abstimmungsmechanismus zwischen den speziellen Einheiten und den Einheiten im Produktionsbereich entstehen. Dies hätte einen hohen Koordinationsaufwand und eine geringe Flexibilität zur Folge. Mit einer Beteiligung der speziellen Einheiten an den prozeßabhängigen Aufgaben würden die produktionsnahen Bereichen gezwungen, zur Berücksichtigung der Umweltschutzaspekte intensiv mit diesen Einheiten zu interagieren, wodurch vielfältige Schnittstellen entstehen würden[1]. Gravierende Nachteile sind nicht nur die aus dem erforderlichen Schnittstellenmanagement resultierenden zeitlichen Verzögerungen, sondern auch die damit übermächtig werdenden Sachkonflikte. Die speziellen Einheiten würden überfordert mit dem Einbringen der Umweltschutzaspekte in das Verhalten traditionell ausgerichteter Produktionseinheiten, die wegen ihrer nicht vorhandenen Zuständigkeit für Umweltschutzaspekte Widerstand leisten[2].

Direkt offensichtlich sind diese Argumente bei der Planung von Abläufen wie bspw. der Einbeziehung von Recyclingprozessen in Produktionsplanungs- und -steuerungssysteme. Deren Gestaltung und Anwendung kann nur auf der Basis

1) Vgl. hierzu auch Antes 1991, S. 150.

2) Vgl. Miles 1987, S. 278.

der vor Ort vorhandenen Fachkenntnisse vorgenommen werden[1]. Neben diesen mehr operativen Planungsmaßnahmen lassen sich aber aus den gleichen Gründen auch strategische Planungsprobleme kaum effizient mit speziellen Einheiten bewältigen. Die zu schwache Einbindung in die betrieblichen Abläufe wird auch an ihrer kaum wirkungsvollen Beteiligung bei der Entwicklung von umweltfreundlichen Prozeßinnovationen deutlich. Obwohl der Gesetzgeber gerade die Beteiligung und Förderung von Innovationen durch Betriebsbeauftragte betont hat und an erster Stelle im Pflichtenheft aufführt, belegen zahlreiche empirische Ergebnisse, daß solche speziellen Aufgabenträger diesem Anspruch in der Praxis nicht gerecht werden können[2]. Sind Betriebsbeauftragte mit Innovationsaufgaben befaßt, so handelt es sich dabei schwerpunktmäßig um EOP-Technologien[3], was die outputorientierte Perspektive der Betriebsbeauftragten verdeutlicht. Für die Einführung von integrierten Technologien sind sie anscheinend nicht zuständig. Derartige Aufgaben mit gravierenden Änderungen im Produktionsbereich verlangen die Verbindung produktionsspezifischen Fachwissens mit ökologischen Aspekten, wobei die Betriebsbeauftragten diese Anforderung offenbar nicht erfüllen können. Vor diesem Hintergrund sind die Absichten des Gesetzgebers kritisch zu beurteilen, eine Intensivierung von umweltfreundlichen Innovationen durch eine Stärkung der Position der Betriebsbeauftragten zu erreichen[4].

Aufgrund der sich ergebenden Schnittstellenprobleme mit den speziellen Einheiten sprechen Kritiker schon von einem "Beauftragtenunwesen"[5]. Sie halten die gesetzlichen Vorschriften und die daraus entstehenden komplizierten Struk-

---

1) Vgl. Corsten/Reiss 1991, S. 625.

2) Vgl. neben den eigenen Ergebnissen in Kapitel 11 die Studien von Ullmann 1982, S. 109; Deutsche BP AG 1986, S. 15 f.; Theißen 1990, S. 229; Nitze 1991, S. 151; Umweltbundesamt 1991, S. 490 f.

3) Vgl. Theißen 1990, S. 195/197.

4) So auch schon Ullmann 1981, S. 1011.

5) Adams 1990, S. 389; vgl. Seidel 1990, S. 228.

turen für ungeeignet angesichts der damit verbundenen Schwierigkeiten bei der Durchführung betrieblicher Prozesse. Dies mündet fast in eine Handlungsunfähigkeit und ist für das Betreiben eines wirksamen Umweltschutzes kaum förderlich.

Da eine derartige Arbeitsteilung zwischen speziellen Einheiten und Produktionsbereichen wegen der beschriebenen Effizienznachteile ausscheidet, wäre als eine mögliche Alternative die noch weitere Zusammenfassung von Aufgaben aus der Sicht eines umfassenden Umweltschutzes zu betrachten. Die strukturelle Zuordnung eines erheblichen Teils von Produktionsaufgaben zu speziellen Umweltschutzeinheiten könnte vielleicht einen Teil der dargestellten Koordinationsprobleme verringern. Jedoch würde die Etablierung eines solchermaßen umfassenden Unternehmungsbereichs die Gefahr einer ungleichgewichtigen Verteilung der betrieblichen Einflußpotentiale mit sich bringen. Die Institutionalisierung spezieller Umweltschutzeinheiten mit einer dominierenden Stellung gegenüber den traditionellen Fachbereichen widerspricht den diskutierten unternehmerischen Zielsystemen und erscheint schon deshalb unrealistisch.

Stattdessen wird es notwendig, diese prozeßabhängigen Aufgaben den Einheiten im Produktionsbereich zuzuordnen und dadurch eine Integration von Umweltschutzaufgaben in bestehende Strukturen zu erreichen. Mit der Übertragung auf die jeweils zuständigen Produktionseinheiten läßt sich organisatorisch sicherstellen, daß ökologische Aspekte als zusätzliche qualitative Kriterien rechtzeitig in die Produktionsentscheidungen einfließen. Nur auf diese Weise werden ökologische Aspekte zu deren elementarem Bestandteil und ohne umständliche Koordinationsmechanismen oder sachliche Verzerrungen berücksichtigt[1]. Unter motivationalen Gesichtspunkten sind zwar durch die mit der Integration notwendig werdenden Verhaltensänderungen zunächst negative Effekte etwa in Form von Unsicherheit und Widerständen bei den Produktionseinheiten zu befürchten.

---

1) Vgl. dazu auch Dyllick 1990, S. 47; Antes 1992, S. 504.

Die damit verbundene Organisationsentwicklung ist aber gleichzeitig im Zusammenhang mit den generellen Ansätzen zur Arbeitserweiterung und -bereicherung durch Job Enlargement und Job Enrichment[1] zu sehen, die längerfristig positive Motivationseffekte erwarten lassen[2]. Die Erweiterung des Handlungsspielraums durch die Berücksichtigung ökologischer Aspekte als neue zusätzliche Aufgabeninhalte kann die intrinsische Motivation der Mitarbeiter fördern. Es muß aber darauf geachtet werden, daß durch die Übertragung zusätzlicher Aufgaben keine Überlastung der personellen Ressourcen eintritt.

Diese Überlegungen zur Integration entsprechen einerseits allgemeinen organisationstheoretischen Erkenntnissen über Handhabbarkeit und Anforderungen bei einer zeitgemäßen Festlegung der Arbeitsteilung. "Letztlich dürfte es jedoch der Weg der Integration sein, der die Arbeitsteiligkeit moderner Organisationsformen und -modelle abbaut, der zu einer Verminderung von Schnittstellen führt und der über eine Generalisierung von Aufgaben beobachtbare Dysfunktionalitäten hoch-komplexer Organisationen vor der Herausforderung einer gestiegenen Dynamik zu bewältigen und abzubauen hilft."[3] Andererseits weist eine organisatorische Integration in die gleiche Richtung, wie die aktuellen Tendenzen und Veränderungen im Produktionsbereich. Diese dürfen bei einer Betrachtung des Zusammenhangs von Umweltschutz und Produktion nicht außer Acht gelassen werden. In einer Zeit, in der aufgrund der hochgradigen Spezialisierung und der damit verbundenen Störanfälligkeit, Unüberschaubarkeit und Übertragungsverluste in Produktionsbereichen vermehrt das Abgehen von tayloristischen und fordistischen Vorstellungen für die Fabrik der Zukunft

---

1) Vgl. dazu grundlegend Gaugler/Kolb/Ling 1977; Ulich/Groskurth/Bruggemann 1973; Schanz 1982, S. 141 ff.

2) Insofern sind die eintretenden Änderungen nicht beschränkt aus der Perspektive der Umweltschutzproblematik zu betrachten, sondern müssen mit den sonstigen Maßnahmen zur betrieblichen Organisationsentwicklung verknüpft und an diese angepaßt werden. Vgl. Seidel 1990, S. 225.

3) Bleicher 1991, S. 58; vgl. auch Beuermann 1992, Sp. 2612.

gefordert wird[1], kann die organisatorische Lösung zu Berücksichtigung des Umweltschutzes nicht in der Schaffung neuer komplexer Schnittstellen liegen. Wesentliche Voraussetzung dafür sind die Entwicklungen in der Informationstechnologie. Sie machen den einzelnen Aufgabenträgern im Produktionsbereich die Nutzung umfangreicher Daten zugänglich und haben somit eine Erhöhung der Kapazität der einzelnen Arbeitsplätze zur Folge[2].

Auch wenn der Produktionsbereich die prozeßabhängigen Aufgaben im Prinzip selbständig durchführt, bleibt die Existenz der speziellen Umweltschutzeinheiten erforderlich. Sie erarbeiten die generellen Leitlinien und Konzepte, welche die Grundlage für das Verhalten der Produktionseinheiten darstellen. Dadurch wird die Gefahr eines unqualifizierten und unabgestimmten autonomen Handelns mit Verstößen gegen eine unternehmungseinheitlich ausgerichtete Strategie vermieden. Die Schaffung dieser allgemeinen Grundlagen sowie die dazugehörende Überwachung des Bereichsverhaltens durch ein zentrales Umweltschutzcontrolling[3] läßt sich den speziellen Umweltschutzeinheiten zuordnen, die hierfür das benötigte fachspezifische Wissen und die erforderliche Unabhängigkeit vom laufenden Betriebsgeschehen besitzen. Insofern fällt den speziellen Einheiten im Unterschied zur outputorientierten Strategie nicht mehr eine Abschirmungsfunktion zum Fernhalten der Umweltschutzprobleme von den Produktionseinheiten zu. Sie üben nun stattdessen eine Koordinations- und Überwachungsfunktion gegenüber den Produktionseinheiten aus, um eine möglichst selbständige Umsetzung von Umweltschutzmaßnahmen sicherzustellen. Nur bei einzelnen schwierigen Sachfragen und Problemlagen werden die Spezialisten der Zentraleinheit auf Anforderung der Produktionseinheiten hinzugezogen und helfen durch Einbringen ihres Fachwissens. Mit der generellen Konzeptentwicklung und der Unterstützung der Produktionseinheiten in Problemsituationen

---

1) Vgl. Priore/Sabel 1985.

2) Vgl. Frese 1990, S. 89 f.; Scheer 1990.

3) Vgl. Seidel 1990, S. 222/226.

übernimmt die zentrale Umweltschutzeinheit gegenüber der outputorientierten Strategie ein erweitertes Aufgabenspektrum. Bei der prozeßorientierten Strategie läßt sich demnach folgende Aufgabenverteilung zwischen den Produktionseinheiten und der zentralen sowie den dezentralen Umweltschutzeinheiten ableiten:

Produktionseinheiten:

- Planung und Steuerung von Umweltschutzmaßnahmen und deren Berücksichtigung bei sämtlichen Bereichsaktivitäten

Zentrale Umweltschutzeinheit:

- Koordination durch Entwicklung genereller Konzepte und Richtlinien
- Überwachung durch Datenanalyse und -dokumentation sowie Pflege von Informationssystemen mit allgemeiner Datengrundlage
- Unterstützung der Produktionseinheiten bei Problemfällen
- übergeordnete Kommunikationsaufgaben

Dezentrale Umweltschutzeinheiten:

- Kontrollmessungen und Datenübermittlung an verschiedene Adressaten.

Insgesamt bewegt sich die strukturbezogene Gestaltung damit in der parallelen Anwendung von Integration und Spezialisierung[1]. Wesentlich wird das Erreichen einer ausgewogenen Balance zwischen den beteiligten Einheiten[2], die nun genauer untersucht werden soll.

---

1) Vgl. Schreiner 1988, S. 299; Meffert/Kirchgeorg 1992, S. 275.

2) Zu den Problemen für die Umweltschutzaktivitäten bei einer einseitigen Dominanz und der daraus entstehenden Notwendigkeit einer Abgrenzung von Einflußbereichen zwischen den Einheiten vgl. auch Miles 1987, S. 278 f.

8.2.2 Produktionseinheiten

Mit der Übertragung der Planung und Realisation von Umweltschutzaufgaben an die Produktionseinheiten ist die Frage verbunden, in welchem Umfang diese Einheiten auch Weisungsrechte erhalten und verantwortlich sind für die ergriffenen Maßnahmen. Um eine frühzeitige Berücksichtigung ökologischer Aspekte an den unterschiedlichen und zahlreichen potentiellen Quellen von Umweltbelastungen zu erreichen, müssen die Weisungsrechte bei den jeweiligen Produktionseinheiten liegen. Die Integration des Umweltschutzes in die verursachenden Prozesse kann nur gelingen, wenn die dafür zuständigen Produktionseinheiten auch prinzipiell selbständig die Entscheidungen treffen und die bestehenden Linieneinheiten die volle Verantwortung tragen[1]. Jeder Entscheidungsträger im Produktionsbereich erhält auf seiner Ebene Weisungsrechte und Verantwortung hinsichtlich entsprechender Umweltschutzmaßnahmen. Dadurch ist aufgrund von Delegationsregelungen der gesamte Produktionsbereich betroffen[2], und Umweltschutz wird zu einem inhaltlichen Bestandteil bei der üblichen Koordination der Produktionsprozesse.

Auf der Grundlage unternehmungsweiter Richlinien und ihres vor Ort vorhandenen aktuellen und detaillierten Wissens müssen die Linieneinheiten die Auswirkungen ihres Handelns auf verschiedene, möglicherweise konfligierende Zielgrößen abschätzen. Diese schwierigen Entscheidungskalküle[3] sind eindeutig den jeweils betreffenden Produktionseinheiten zuzuordnen. So werden auch klare Zuständigkeiten geschaffen, um mögliche gegenseitige Schuldzuweisungen bei einer Beteiligung der speziellen Umweltschutzeinheiten zu vermeiden. Mit der vollen Verantwortung werden die Produktionseinheiten gegenüber der

---

1) Vgl. Dyllick 1990, S. 47; Nitze 1991, S. 58.

2) Als praktisches Beispiel für solche Regelungen durch Organisationsrichtlinien vgl. Siemens AG 1986, S. 37.

3) Vgl. zu diesen Abwägungsproblemen Anshen 1980, S. 183.

Unternehmungsleitung verpflichtet und erhalten den motivationalen Anschub zu einem entsprechenden Handeln. Die Einrichtung einer Matrixbeziehung, die den speziellen Umweltschutzeinheiten ein fachliches Weisungsrecht einräumen würde, erscheint darüber hinaus nachteilig angesichts der Gefahr stark verzögerter Entscheidungsfindung und möglicher Beschlußunfähigkeit. Infolge der gestiegenen Geltung der Umweltschutzaufgaben stellt eine Übertragung von Weisungsrechten auf die speziellen Einheiten bzw. Betriebsbeauftragte wie bei der outputorientierten Strategie somit keine angemessene Lösung dar[1].

Mit der weitreichenden Integration des Umweltschutzes bleibt auch beim Auftreten eines Störfalls das Weisungsrecht bei den Produktionseinheiten, da diese mit der Berücksichtigung ökologischer Aspekte vertraut sind. Weiterhin kann das Aufrechterhalten der etablierten Weisungsbeziehungen in derartigen Krisensituationen ein stabilisierendes und vertrautes Element bedeuten und die Probleme eines plötzlichen Vetorechts der speziellen Einheiten (z.B. mögliche Überforderung und Ängste der beteiligten Mitarbeiter) vermeiden[2]. Das schnelle Erkennen einer Überschreitung von Grenzwerten wie generell das Anstreben einer umweltgerechten Fertigungslenkung mit einer raschen Beseitigung von Belastungsquellen verlangen die Installation kurzer Rückkopplungsschleifen. Deshalb erscheint die Einrichtung einer Selbstprüfung empfehlenswert. Hierbei wird von der Person auf der Realisationsebene, die den einzelnen Arbeitsgang durchführt, das Ergebnis anschließend einer Kontrolle hinsichtlich der ökologischen Qualität unterzogen[3]. Mit einer Selbstprüfung sind auch häufig durch die Erweiterung des individuellen Handlungsspielraums motivationsfördernde

---

1) Vgl. Dyllick 1990, S. 47.

2) Vgl. dazu auch schon Kapitel 7.2.3. Möglicherweise würden die speziellen Einheiten aufgrund ihrer geringeren Kenntnisse über die einzelnen Prozesse und die vorhergegangen Produktionsentscheidungen einen sofortigen Produktionsstop anordnen, aus dem noch größere Umweltschäden resultieren.

3) Zur Definition der Selbstprüfung vgl. Hansen 1988, S. 815 f.; Baetge 1988, S. 398 f.

Effekte verbunden. Dies ist verstärkt bei einer Partizipation der Mitarbeiter an der Festlegung der Kontrollstandards zu erwarten[1]. Selbstprüfung sollte jedoch angesichts der möglicherweise auftretenden sachlichen Nachteile (z.B. Gefahr der Manipulation von Kontrollinformationen) nicht als Ersatz für die nachgelagerte Kontrollmessung durch die speziellen Umweltschutzeinheiten angesehen werden[2]. Vielmehr ist sie ein ergänzendes Element zur Sicherung einer umweltfreundlichen Produktion.

8.2.3 Spezielle Umweltschutzeinheiten

a) Zentrale Umweltschutzeinheit

Mit der Zuständigkeit für die prozeßabhängigen Aufgaben tragen die Produktionseinheiten die Hauptaktivitäten, während die speziellen Umweltschutzeinheiten mit ihrer Koordinations- und Überwachungsfunktion eher aus dem Hintergrund wirken. Die Zentraleinheit erarbeitet die strategischen Grundlagen und allgemeinen Richtlinien für die Ausrichtung des umweltbezogenen Unternehmungsverhaltens, die für die betroffenen Produktionsbereichen verbindlich sind[3]. Verabschiedet und beschlossen werden die Richtlinien aufgrund ihrer maßgeblichen Bedeutung von der Unternehmungsleitung, so daß die Zentraleinheit diesbezüglich nur Beratungsrechte innehat. Die konkrete Umsetzung dieser Richtlinien in Bereichsprogramme und ihre Einbeziehung in die Produktionsplanung gehört in den Weisungsbereich der Produktionseinheiten.

Mit der selbständigen Planung und Realisation von Umweltschutzaufgaben durch die Produktionseinheiten bleiben die Eingriffe der Zentraleinheit in die

1) Vgl. Frese/Simon 1987, Sp. 1252. Vgl. in diesem Zusammenhang auch die Ausführungen in Kapitel 8.3.

2) Vgl. so auch Baetge 1988, S. 398.

3) Vgl. Dyllick 1990, S. 46.

prozeßabhängigen Aufgaben auf Ausnahmen beschränkt. Nur bei auftretenden Problemen wird von den Produktionseinheiten ein Spezialist aus der Zentraleinheit angefordert und zeitlich begrenzt eingesetzt. Insofern kommt den Spezialisten generell eher die Rolle eines Beraters zu, die den Produktionseinheiten bei der selbständigen Bewältigung der Aufgaben helfen, als daß sie die Produktionseinheiten entlasten. Diese direkte Unterstützung bildet den Ausnahmefall, in dem die Produktionseinheiten wegen mangelnder umweltschutzspezifischer Detailkenntnisse auf die Zentraleinheit angewiesen sind[1]. Die Zusammenarbeit zwischen der zentralen Umweltschutzeinheit, die angesichts ihrer fehlenden Weisungsrechte als Stab fungiert, und den Linieneinheiten im Produktionsbereich wird erleichtert durch das freiwillige Zurückgreifen der Linie auf den Sachverstand des Stabs, solange die Linie dessen Professionalisierung und fachlich hohe Autorität akzeptiert[2]. Tendenziell verringert sich der Bedarf des Rückgriffs auf die Zentraleinheit in dem Maße, wie es gelingt, durch Job Enlargement und Job Enrichment und weiter fortschreitende Informationstechnologie die Aufgaben immer stärker auf die Linie zu übertragen[3].

Neben den koordinierenden und unterstützenden Tätigkeiten zur Planung und Realisation gehören zu den umweltschutzbezogenen Aufgaben der Zentraleinheit auch kontrollierende Tätigkeiten. Auf der Grundlage der unternehmungsweiten Richtlinien überwacht die Zentraleinheit im Auftrag der Unternehmungsleitung das Verhalten der Produktionseinheiten und analysiert die Programme dieser Bereiche, über deren Einhaltung sie der Unternehmungsleitung berichtet[4]. Um

---

1) Vgl. dazu Johann 1991, S. 28.

2) Vgl. Kreikebaum 1992b, Sp. 2608. Auch wenn die Zentraleinheit keine Weisungsrechte besitzt, ist davon auszugehen, daß ihr Einfluß häufig über ihre formale Stellung hinausgeht. Aufgrund der bestehenden Informationsabhängigkeit der Linie kann der Stab eine übermäßige Macht ausüben, woraus möglicherweise verschiedene Konklikte zwischen Linie und Stab aufbrechen können. Vgl. dazu grundlegend Golembiewski 1967; Irle 1971.

3) Vgl. Kreikebaum 1992b, Sp. 2609.

4) Vgl. Ackerman 1975, S. 80.

ein unternehmungseinheitliches und objektives Berichtswesen zu errichten, verfügt die Zentraleinheit - entsprechend den Überlegungen im vorigen Kapitel - über ein fachliches Weisungsrecht gegenüber den dezentralen Umweltschutzeinheiten, womit sie die durchzuführenden Messungen und den Informationsfluß festlegt. Ebenfalls bestimmt die Zentraleinheit über die zu ergreifenden Kommunikationsmaßnahmen mit den verschiedenen Anspruchsgruppen.

Hinsichtlich der hierarchischen Einordnung bleibt eine hohe Verankerung der Zentraleinheit erforderlich. Zwar ist die Zentraleinheit mit ihren koordinierenden Aufgaben in vielfältiger Weise auf den Produktionsbereich ausgerichtet, jedoch verbietet sich eine Einordnung in diesen Bereich. Dies ist notwendig, um die generellen Richtlinien aus der übergeordneten strategischen Perspektive der Unternehmungsleitung aufzustellen und um nicht dem operativen Druck aus dem Alltagsgeschäft zu unterliegen. Nur eine hierarchisch hohe und unabhängige Einordnung kann die Balance zu den Produktionseinheiten sicherstellen, die diese generellen Richtlinien in ihrem Bereich umsetzen und ausfüllen. Außerdem beinhalten die Koordinations- und Überwachungsfunktion eine direkte Zugangsmöglichkeit zur Unternehmungsleitung, so daß eine Einordnung unter den Vorstand notwendig wird. Des weiteren sind die bei der outputorientierten Strategie beschriebenen und unverändert gültigen Argumente zu berücksichtigen[1].

Mit dem zunehmenden Umfang von Aufgaben steigt das Erfordernis der internen Gliederung der Zentraleinheit. Unverändert ist hier eine objektorientierte bzw. funktionsorientierte Gliederung vorzuziehen, da dies die Herausbildung eines fachlichen Spezialistentums fördert. Eine hohe Fachkompetenz erwarten und benötigen die Produktionseinheiten, falls sie in Problemlagen auf die Hilfe der Zentraleinheit angewiesen sind. Einer regionalorientierten Gliederung, bei der sich die Produktionseinheiten mit sämtlichen Sachfragen an einen für sie

---

1) Vgl. dazu Kapitel 7.2.2.

zuständigen Stelleninhaber wenden können, steht auch die Gefahr entgegen, daß sich der betreffende Mitarbeiter in solchen Fällen zu stark als Vertreter der Interessen seines zugeordneten Produktionsbereichs versteht und dadurch die sachlich notwendige unternehmungseinheitliche Perspektive vernachlässigt.

b) Dezentrale Umweltschutzeinheiten

Mit der Integration der prozeßabhängigen Aufgaben und der Einrichtung einer Selbstprüfung zur Fertigungslenkung in den Produktionsbereich sinkt die Bedeutung der dezentralen Umweltschutzeinheiten und deren nachgelagerter Fremdprüfung. Es ist zwar nach wie vor sinnvoll, daß ihre Meßergebnisse dem Produktionsbereich zugeleitet werden. Diese Daten sind aber infolge der Selbstprüfung zur Steuerung der Prozeßabläufe nicht erforderlich. Eine Übertragung von Weisungsrechten an die dezentralen Umweltschutzeinheiten für das Auftreten eines Störfalls wird hinfällig, da die Produktionseinheiten über die notwendigen Daten verfügen und für angemessene Anpassungsreaktionen in solchen Situationen selbst voll verantwortlich sind. Aus der Perspektive des technischen Ablaufs der Prozesse werden die dezentralen Einheiten in dem Maße überflüssig oder könnten sich zumindest auf das Erheben von Stichproben beschränken, wie es gelingt, durch die Maßnahmen der Produktionseinheiten ein umweltschonendes Verhalten zu erreichen[1]. Ihre Bedeutung ist dann neben der Beschaffung von Daten für die Behörden insbesondere im Informationsbedarf der Unternehmungsleitung im Rahmen eines umfassenden Controllingsystems zu sehen. Für eine fachlich kompetente und dennoch von den laufenden Prozessen unabhängige und objektive Datenerhebung empfiehlt sich wie bei der outputorientierten Strategie eine hierarchische Einordnung dieser Teilzeitfunktion in die Bereiche Qualitätssicherung, Instandhaltung oder Arbeitssicherheit[2].

1) Vgl. Ackerman 1975, S. 81.

2) Vgl. dazu die Argumentation in Kapitel 7.2.3.

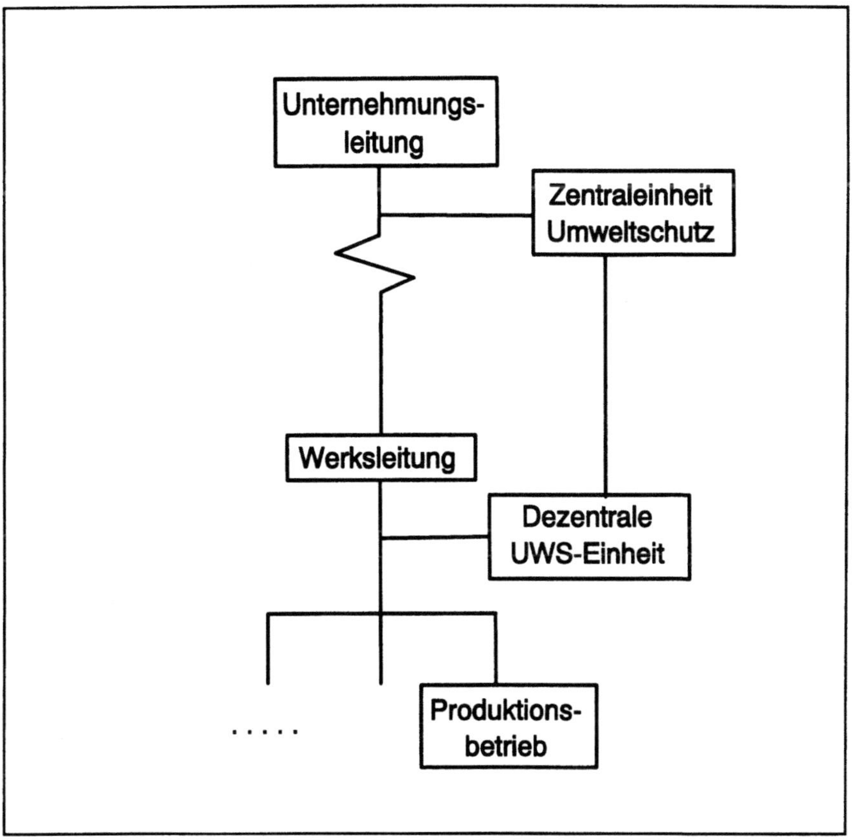

Abb. 8-1: Strukturelle Gestaltung des Umweltschutzes bei der prozeßorientierten Strategie

Einen Überblick über die Gestaltung der Organisationsstruktur bei der prozeßorientierten Strategie gibt Abbildung 8-1. Die vielfältigen prozeßabhängigen Umweltschutzaufgaben werden von den Produktionseinheiten ausgeübt und als zusätzlicher qualitativer Bestandteil mit ihren traditionellen Aufgaben verbunden. Sie verfügen über die entsprechenden Weisungsrechte und sind für die erreichte ökologische Qualität voll verantwortlich. Die zentrale Umweltschutzeinheit hat überwiegend koordinierenden und überwachenden Charakter und ist wegen ihrer primär übergeordneten Aufgaben unter der Unternehmungsleitung einzuordnen. Ansonsten fungiert sie als Dienstleistungs-[1] oder Serviceeinheit

1) Vgl. dazu Seidel 1990, S. 222.

für die Produktionseinheiten ohne Weisungsrechte. Auf Anweisungen der Zentraleinheit führen die dezentralen Umweltschutzeinheiten Kontrollmessungen an den Werksstandorten aus und übermitteln die anfallenden Daten.

Zusammenfassend wird deutlich, daß bei dem Übergang zu einem präventiven Umweltschutzverhalten Planung und Realisation der Produktionsprozesse miteinbezogen und geändert werden müssen, was nur durch Integration dieser Aufgaben in die Produktionseinheiten möglich zu sein scheint. Im Unterschied zur outputorientierten Strategie konzentriert sich Umweltschutz damit nicht auf die speziellen Einheiten. Umweltschutz wird wesentlich getragen von der Umsetzung durch die Produktionseinheiten und verlangt ein qualitativ grundlegend revidiertes Verhalten in diesem Bereich. Die Integration der Aufgaben und die Umgestaltung ist zeitlich aufwendig und nicht ohne Schwierigkeiten zu erzielen, da hiermit gravierende Änderungen für die bestehenden Produktionseinheiten verbunden sind. Bevor sich die dargestellte Struktur mit der dazugehörenden Routine und Sicherheit bei der Aufgabenerfüllung etabliert hat, sind beim Übergang Stabilitätsverluste und Friktionen in den traditionellen Bereichen sowie innerbetriebliche Widerstände zu befürchten. Genauso dürfte es für die Produktionseinheiten zu Anfang problematisch sein, die zusätzlichen Aufgaben fachlich kompetent wahrzunehmen. Diese Schwierigkeiten beim Übergang zur Integration von Umweltschutzaufgaben und ihre Anforderungen an die Organisationsstruktur, die vermutlich momentan viele Unternehmungen in der Praxis beim Bemühen zur Intensivierung ihres Umweltschutzverhaltens verspüren dürften, sollen im folgenden genauer betrachtet werden.

8.2.4 Anforderungen zur Integration des Umweltschutzes

Ehe die Produktionseinheiten in der Lage sind, eine autonome Umsetzung der Umweltschutzmaßnahmen vorzunehmen und damit die Hauptaktivitäten zu tragen, müssen die benötigten Voraussetzungen geschaffen werden. Für diesen Übergangszeitraum erhält die zentrale Umweltschutzeinheit eine hervorgehobene Bedeutung und nimmt zur Schaffung dieser Voraussetzungen bestimmte Tätigkeiten besonders intensiv wahr[1]. Um ökologische Aspekte zu integrieren und so selbstverständlich handhaben zu können wie ökonomische Aspekte, müssen die Spezialisten der Zentraleinheit sich ausgiebig mit der Entwicklung der notwendigen Methoden und Instrumentarien beschäftigen. Einen weiteren Schwerpunkt ihrer Tätigkeiten stellt die Vermittlung von Kenntnissen und Fähigkeiten durch umfangreiche Qualifikationsmaßnahmen dar, die vielfältige Hinweise auf das Einbringen ökologischer Aspekte in das noch unangepaßte Verhalten der Produktionseinheiten beinhalten. Insgesamt steuert die Zentraleinheit das Lernen in den betroffenen Bereichen und wird zu einem "agent of change through whom the organization learned to adapt to the social demand."[2] Demzufolge läßt sich die Rolle der Zentraleinheit für diesen Übergangszeitraum primär als Anleitungs- und Unterstützungsfunktion charakterisieren.

Ein nicht zu unterschätzendes technisches Problem liegt in der Tatsache, daß die Produktionseinheiten bisher kaum über Instrumente verfügen, die ihnen konkret die Berücksichtigung von Umweltschutzgesichtspunkten bei ihren Entscheidungen ermöglichen. Vor diesem Hintergrund wird der Aufbau der notwendigen Informationssysteme wichtig, wobei die Mitarbeiter der Zentraleinheit vor allem als Informationsspezialisten dienen, welche die Produktionseinheiten eher indirekt unterstützen. Die Zentraleinheit muß dafür sorgen, daß

---

1) Vgl. zu den strukturellen Anforderungen in dieser Übergangsphase auch Ackerman 1975, S. 61 ff.; Chaganti/Phatak 1983.

2) Ackerman 1975, S. 73.

die Informationssysteme und die dazu gehörenden Daten schnell, korrekt und vor allem auch in verständlicher Form zur Verfügung stehen[1]. Während die informationstechnischen Voraussetzungen aufgrund des technologischen Fortschritts gegeben sind, scheint das Problem vielmehr in der inhaltlichen Ausfüllung der Informationssysteme zu liegen. So bestehen nach wie vor große Schwierigkeiten bei der Ermittlung einheitlicher und aussagefähiger Standards für entscheidungsorientierte Informationssysteme, die zur Steuerung der Prozesse gebraucht werden[2].

Neben dieser indirekten Unterstützung durch Schaffung der Grundlagen greift die Zentraleinheit in der Übergangsphase auch in das Verhalten der Produktionseinheiten ein und leistet direkte Unterstützung. Denn auf der einen Seite ist für die noch traditionell ausgerichteten Produktionseinheiten ohne Kooperation mit der fachlich versierten Zentraleinheit eine Umsetzung nicht möglich. Auf der anderen Seite besteht die Gefahr, daß sie in ihrem überkommenen Verhalten fortfahren wollen und sich den eintretenden Veränderungen widersetzen. Aus diesen Gründen erhält die Zentraleinheit in der Übergangsphase einen größeren Einfluß auf die Maßnahmen der Produktionseinheiten und die einzelnen Bereichsprogramme[3]. Wird die Zentraleinheit verantwortlich für die Übereinstimmung des Bereichsverhaltens mit den umweltschutzbezogenen Unternehmungsrichtlinien, ist damit ein fachliches Weisungsrecht gegenüber den Produktionseinheiten und das Entstehen einer Matrixbeziehung gegeben. Hieraus resultieren zwar komplexe strukturelle Beziehungen zwischen den beteiligten Einheiten[4], dies ist jedoch in Kauf zu nehmen, solange nicht anderweitig eine ausreichende und angemessene Berücksichtigung ökologischer Aspekte erreicht werden kann.

---

1) Vgl. dazu Seidel/Behrens 1992, S. 147 f.

2) Vgl. bspw. Schaltegger/Sturm 1989, S. 6 ff.

3) Vgl. dazu die empirischen Beobachtungen über die Wandlung der Aufgaben und der Position der Zentraleinheit bei Chaganti/Phatak 1983, S. 195 ff.

4) Vgl. auch die Argumentation in den Kapiteln 8.2.1 und 8.2.2.

Die in dieser Phase auftretenden Konflikte und ihre Bewältigung können entscheidend sein für den Umbruch in der Struktur und das Erreichen einer schließlich erfolgreichen Integration des Umweltschutzes in die Produktionseinheiten[1]. Für die Zentraleinheit ist die Verfügung über eine Machtbasis wie Weisungsrechte und Rückhalt durch die Unternehmungsleitung unabdingbar, um von den Produktionseinheiten ernstgenommen zu werden. Ihr darf aber nicht zuviel Einfluß gewährt werden, da sonst eine zu große Verunsicherung bei den Produktionseinheiten auftritt und deren Widerstand Überhand nimmt. Deshalb entwickelt sich die Gestaltung der Position der Zentraleinheit zu einer Gratwanderung. Scheitern kann der Umbruch aufgrund der entstehenden Konflikte, falls die Unternehmungsleitung gegenüber dem fortgesetzten Widerstand der Produktionseinheiten aufgibt oder die Zentraleinheit in ihrem Bemühen nach inhaltlichen Veränderungen nachläßt und die Integration des Umweltschutzes nicht mehr energisch genug vorantreibt. Gleichzeitig kann die Zentraleinheit gerade bei Konflikten oder Krisensituationen eine innerbetriebliche Akzeptanz für ihre Funktion aufbauen, wenn sie in solchen Situationen den Produktionseinheiten hilft und konstruktive Lösungsvorschläge unterbreiten kann. Deshalb sind bei den Mitarbeitern der Zentraleinheit persönliche Eigenschaften wie schnelles Erkennen der Bedürfnisse der Produktionseinheiten sowie sensibles und geschicktes Verhalten bei Konflikten äußerst wichtig.

Ist der zeitliche Prozeß des Übergangs zur Integration soweit fortgeschritten, daß die Voraussetzungen erfüllt sind, werden sich die Produktionseinheiten nicht länger der Übernahme der Verantwortung für ökologische Aspekte entziehen können. Sie erhalten von der Unternehmungsleitung die Weisungsrechte zum eigenverantwortlichen Handeln, während sich die Zentraleinheit aus ihrer aktiven Teilnahme am Bereichsgeschehen zurückzieht und sich ihre Anleitungs- und Unterstützungsfunktion in die beschriebene Koordinations- und Überwachungsfunktion wandelt.

---

1) Vgl. zu der im folgenden dargestellten Problematik Ackerman 1975, S. 72 ff.

8.3 Personenbezogene Gestaltung

Mit der Integration ökologischer Aspekte verstärkt sich die Notwendigkeit einer entsprechenden personenbezogenen Gestaltung, da insbesondere die Motivation der Mitarbeiter im Produktionsbereich in Richtung der erwünschten Verhaltensänderungen sicherzustellen ist. Während bei der outputorientierten Strategie Umweltschutz auf die Spezialisten konzentriert ist und die übrigen Mitarbeiter durch das betriebliche Vorschlagswesen zu zusätzlichen, aber eher sporadischen Sonderleistungen motiviert werden sollen, sind bei der prozeßorientierten Strategie noch weitere Anreize erforderlich. Die traditionell auf ökonomischen Erfolg ausgerichteten Anreizsysteme im Produktionsbereich müssen umgestaltet werden, um die Integration auch auf personeller Ebene zu erreichen und die Aufgabenträger zu einer fortwährenden und systematischen Berücksichtigung der ökologischen Qualität zu bewegen. Ohne eine derartige Anpassung erscheinen Richtlinien und Vorgaben der Entscheidungsträger nicht glaubhaft. Bei Konflikten zwischen ökologischen und ökonomischen Zielen bestünde die Gefahr, daß erstgenannte vernachlässigt würden[1].

Zur Förderung des Umweltschutzes in den Produktionseinheiten sind demzufolge umfassende Anreizsysteme zu gestalten, wobei sich differenzieren läßt zwischen[2]:

- erfolgsorientierten Anreizsystemen: Auf der Basis einer Erfolgsbetrachtung wird eine Bewertung des individuellen Handelns vorgenommen. Für die Produktionseinheiten stellt sich dabei das Problem, daß sie keinen direkten Marktzugang besitzen und ihnen somit normalerweise keine Erfolgsgrößen wie beim klassischen

---

1) Vgl. Anshen 1980, S. 183; Seidel 1991. Die Notwendigkeit entsprechender Anreize beschreibt auch Ackerman 1975, S. 77.

2) Vgl. dazu auch Frese/Kloock 1989, S. 26 f.; Frese 1992, Sp. 2447 f.

Profit-Center-Konzept zugeordnet werden können. In diesen Fällen empfiehlt sich die Einführung von Cost-Centern, die auf eine reine Kostenbetrachtung abstellen[1].

- planorientierten Anreizsystemen: Der Grad der Erreichung bzw. Abweichung von einem vorgegebenen Plan dient als Maßstab der Beurteilung von Aufgabenträgern[2]. Hierunter läßt sich das "Management by Objectives" fassen.

Kennzeichen von Cost-Centern ist die Beurteilung von Teilbereichen einer Unternehmung anhand der von ihnen erzielten Minimierung der Kosten[3]. Um eine Beurteilung in Bezug auf die ökologische Qualität durch Kostengrößen durchführen zu können, muß es als Voraussetzung möglich sein, den Produktionseinheiten entsprechende ökologisch induzierte Kostengrößen zuordnen zu können. Bei derartigen Kosten[4] kann es sich zum einen um effektiv anfallende Kosten für betriebliche Umweltschutzmaßnahmen handeln, welche notwendig werden, um die von den Produktionseinheiten verursachten Umweltbelastungen zu reduzieren. Als Beispiel wären die Kosten für die Modifikation eines Produktionsverfahrens zur Vermeidung giftiger Emissionen anzusehen. Von solchen internalisierten Kosten zu unterscheiden sind die externen Kosten (negative externe Effekte), die zwar aus betrieblich verursachten Umweltbelastungen resultieren, aber von anderen Wirtschaftssubjekten zu tragen sind. Bei diesen externen Kosten entsteht häufig das Problem, daß für die Umweltbelastungen wie bspw. viele Emissionen keine Preise existieren oder sich kaum Kosten für Entsorgung bzw. Recycling ermitteln lassen. So ist die Emission von Schad-

---

1) Vgl. Weilenmann 1989, S. 938.

2) Darunter fällt auch das in Kapitel 7.3 diskutierte betriebliche Vorschlagswesen.

3) Vgl. Hill/Fehlbaum/Ulrich 1989, S. 180.

4) Zur Unterscheidung der nachstehenden Kostenbegriffe vgl. Roth 1992, S. 73 f.; Kloock 1993.

stoffen innerhalb bestehender Grenzwerte kostenfrei und können bestimmte Rückstände völlig unreglementiert emittiert werden (z.B. Kohlendioxid).

Als Ausweg zur Erfassung derartiger nur schwer erfaßbarer externer Kosten bietet sich die Einführung fiktiver Kosten an. Dabei werden die für die Umweltbelastungen verantwortlichen Emissionen mittels innerbetrieblich festzulegender Verrechnungspreise[1] bewertet. Selbst wenn sich solche Verrechnungspreise über Marktpreise oder sonstige Kostengrößen bestimmen lassen[2], können diese aus unternehmungsspezifischer Sicht unzureichend bzw. zu gering sein, um eine Durchsetzung der angestrebten, über das gesetzliche Mindestmaß hinausgehenden ökologischen Qualität bei den Aufgabenträgern zu bewirken[3]. Deshalb wird es im Zusammenhang mit der Umweltschutzproblematik vielfach erforderlich, daß die Unternehmungsleitung selber mehr oder minder freihändig die Höhe der Verrechnungspreise für Rückstände nach ihren eigenen strategischen Vorstellungen und den verfolgten Zielen festlegt[4]. Wichtig ist, daß die Bereichsleiter in den Produktionseinheiten mit der Vorgabe der Verrechnungspreise ein operationales und eindeutiges Kriterium für ihre Entscheidungen erhalten. Auch wenn sie selber (vermutlich bei der Einführung) über die Existenz und die Höhe der Verrechnungspreise irritiert sein sollten, werden sie eine

---

1) Vgl. zur grundlegenden Verrechnungspreisproblematik Coenenberg 1973; Frese/Glaser 1980; zur Anwendung in der Praxis vgl. Weilenmann 1989.

2) Vgl. dazu und den damit verbundenen Schwierigkeiten Müller 1991, S. 307 ff.

3) Des weiteren ermöglichen Verrechnungspreise eine Vorwegnahme und frühzeitige Internalisierung zukünftiger staatlicher Abgaben.

4) Selbstverständlich sind subjektiv bestimmte Verrechnungspreise einer sachlichen Überprüfung kaum zugänglich und bleiben in ihrer Höhe gegenüber Dritten mitunter schwer vertretbar, wie schon die Monetarisierung negativer externer Effekte auf staatlicher Ebene zeigt. Vgl. Wicke 1986, S. 13 f. und allgemein zur Bewertungsproblematik Müller-Wenk 1978. Auch wenn sich die betrieblichen Entscheidungsträger mit einer solchen Festsetzung überfordert fühlen könnten, sind Verrechnungspreise ein Wegweiser in die richtige Richtung und setzen damit stärkere Signale, als bisher in der Realität bestehen. Vgl. dazu Wagner/Janzen 1991, S. 129; Dyckhoff 1992b, S. 77.

solche Beurteilung akzeptieren, da sie aufgrund der Monetarisierung den vertrauten, bisher ausschließlich am ökonomischen Erfolg orientierten Beurteilungsverfahren entspricht.

Weitere Voraussetzung zur Anwendung kostenorientierter Anreizsysteme ist wie beim Profit-Center-Konzept ein hinreichendes Ausmaß an Entscheidungsautonomie der zu motivierenden Einheiten, damit diese die jeweiligen Kostengrößen wirksam beeinflussen können[1]. Die Autonomie ist jedoch insofern eingeschränkt, als das operative Handeln der Produktionseinheiten durch die längerfristige Investitionsplanung der Unternehmungsleitung vorherbestimmt und begrenzt wird. Darüber hinaus bestehen vielfältige Interdependenzen zwischen den Produktionseinheiten und anderen Funktionsbereichen wie etwa dem Beschaffungsbereich, so daß aufgrund derartiger interner Leistungsverflechtungen eine eindeutige verursachungsgerechte Zuordnung der Kostengrößen zum Handeln der Produktionseinheiten kaum möglich ist. Besonders problematisch dürfte es aber sein, selbst wenn eine verursachungsgerechte Zuordnung zu einzelnen Produktionseinheiten gelingen sollte, die Kostengrößen bis zu den einzelnen Aufgabenträgern auf den untergeordneten Ebenen "herunterzubrechen", da ja letztendlich das Verhalten der dort tätigen Personen motivational zu fördern ist. Vor diesem Hintergrund[2] erscheint der Einsatz kostenorientierter Anreizsysteme primär zur Steuerung übergeordneter Einheiten geeignet, die relativ autonom agieren (z.B. ganze Werke).

Damit treten planorientierte Anreizsysteme auf der Basis des "Management by Objectives"[3] (MbO) in den Vordergrund zur motivationalen Unterstützung eines

---

1) Vgl. zur Autonomievoraussetzung Poensgen 1976, S. 104.

2) Vgl. zu diesen Überlegungen auch Frese/Kloock 1989, S. 26; Frese 1992, Sp. 2448. Des weiteren enthalten solche Kostengrößen vermutlich nur einen geringen Anreiz zu langfristig greifenden und sich damit erst spät amortisierenden Umweltschutzinvestitionen.

3) Vgl. dazu grundlegend Drucker 1954; Odiorne 1965.

umweltschonenden Verhaltens[1]. Die Produktionseinheiten werden belohnt (etwa durch Prämienzahlungen) für die Einhaltung vorab beschlossener Pläne, welche die ökologischen Qualitätsziele als betriebsspezifische Umweltschutzprogramme[2] beinhalten. Zwar sind auch hierbei die bei kostenorientierten Anreizsystemen auftretenden Schwierigkeiten wie eingeschränkte Autonomie und bestehende Interdependenzbeziehungen zu berücksichtigen. Aber mit der Identifikation detaillierter Zielgrößen wird die Motivation einzelner Aufgabenträger selbst auf unteren Ebenen möglich. Entsprechend den allgemeinen Anforderungen einer wirkungsvollen Anwendung des MbO-Konzeptes[3] sind die folgenden Punkte zu beachten.

Im Mittelpunkt steht die klare und exakte Zielvorgabe, die konkrete Bezüge zum Handeln der verschiedenen Einheiten aufweist. Als Ansatzpunkte für die Prämienfestlegung können z.B. Materialnutzungsgrade (Verringerung von Produktionsausschuß, sparsamer Umgang mit Betriebsmitteln) oder Qualitätsgrade (Zusammensetzung von Rückständen wie etwa Abwässern) dienen[4]. Durch die Ableitung von Unterzielen wird ein insgesamt konsistentes Zielsystem entwickelt, so daß bis zu den nachgeordneten operativen Ebenen Planvorgaben aus dem Umweltschutzprogramm aufgestellt werden können[5]. Mit der Verabschiedung der Pläne erhalten die Mitarbeiter die Sicherheit, daß und inwieweit umweltschutzgerichtetes Verhalten zielkonform ist und brauchen insofern keine Rechtfertigungszwänge bei einer Planverfolgung zu befürchten[6]. Dennoch ist zu berücksichtigen, daß im Einzelfall die Bestimmung solcher Ziele

---

1) Vgl. Frese/Kloock 1989, S. 26 f.; Frese 1992, Sp. 2448.

2) Zur Darstellung eines Beispiels aus der US-amerikanischen Industrie vgl. Stockholm/Miller 1981, S. 97 ff.

3) Vgl. bspw. Frese 1971.

4) Vgl. die Darstellung von Beispielen bei Müller 1991, S. 54 f.

5) Ansatzpunkte zum Entwurf einer solchen Zielhierarchie entwickelt Müllendorff 1981, S. 212.

6) Vgl. Anshen 1980, S. 151.

nicht nur aufwendig und schwierig, sondern auch mit Gefahren verbunden sein kann. Bei einem nicht ausgereiften Zielsystem ist zu befürchten, daß Mitarbeiter die angestrebten Verhaltenseffekte unterlaufen. So kann das Anreizsystem möglicherweise ad absurdum geführt werden durch eine stupide Verfolgung prämierter Ziele unter gleichzeitiger Vernachlässigung anderer relevanter Zielgrößen, obwohl die ökologische Qualität dadurch erkennbar beeinträchtigt wird.

Bei der Aufstellung von Planvorgaben dürfte sich im allgemeinen eine Partizipation der einzelnen Aufgabenträger an der Festlegung der Ziele motivationssteigernd auswirken. Bei einer kooperativen Führung identifizieren sich die Mitarbeiter eher mit den Zielgrößen als bei einer autoritären Vorgabe, die sie vor vollendete Tatsachen stellt[1]. Gleichzeitig können durch die Beteiligung an der Zielfindung ihre Erfahrungen und ihr hoher Informationsstand über die Probleme und Lösungsmöglichkeiten vor Ort einbezogen werden[2]. Einerseits ist darauf zu achten, daß sie nicht durch ihre Partizipation eine Senkung des Zielniveaus herbeiführen, um die Wahrscheinlichkeit des Erhalts der Belohnungen zu vergrößern. Andererseits sollten die Ziele "realistisch" angesetzt sein, damit die Aufgabenträger nicht durch unerreichbar hohe Ziele demotiviert werden. Praktiker schlagen deshalb vor, Mitarbeiter sollten selber einen Katalog mit von ihnen beeinflußbaren Umweltschutzzielen vorbereiten und im Gespräch mit den Vorgesetzten die anzustrebenden Zielwerte selber quantifizieren, die dann gemeinsam beschlossen werden[3]. Wesentlich ist weiterhin die Durchführung von Kontrollen. Soll-Ist-Vergleiche bezüglich des Grades der Planerfüllung bieten dem Mitarbeiter auch eine Gewähr für die Feststellung der Planerfüllung und den daran gekoppelten Erhalt der Belohnung bei erbrachter Leistung[4]. Um die Mitarbeiter nicht zu demotivieren und ihnen rechtzeitig die

---

1) Vgl. dazu etwa Staehle 1989, S. 501; Domsch 1989, S. 519.

2) Vgl. Anshen 1980, S. 162 f.

3) Vgl. Winter 1988, S. 111 f.

4) Vgl. Porter/Lawler 1968, S. 160 ff.

Information über die erreichten Zielgrade zukommen zu lassen, sollte ein ausgewogenes Verhältnis von Selbst- und Fremdkontrolle zum Einsatz kommen[1]. Zwar sind mit einer Fremdkontrolle Nachteile in Form von dysfunktionalen Verhaltensweisen zu befürchten[2], andererseits ist eine Fremdkontrolle aus Objektivitätsgründen erforderlich.

Die Einführung solcher Anreizsysteme erfordert eine entsprechende Berücksichtigung umweltschutzgerichteter Kriterien in der Mitarbeiterbeurteilung, was aber gleichzeitig eine Erweiterung der Stellenbeschreibungen um diese Aufgabenmerkmale verlangt[3]. Besondere Anforderungen werden an die Mitarbeiterbeurteilung gestellt, wenn eine Erfassung der erreichten Zielvorgaben sinnlos oder schwierig ist. Möglicherweise sind mitunter keine exakten Ziele für Aufgabenträger bestimmbar oder ihr zielkonformes Verhalten von interdependenten Einheiten überlagert, so daß die Ziele nicht erreicht wurden. In solchen Fällen wird die verbale Beschreibung des umweltschutzgerichteten Verhaltens vorgeschlagen, wodurch der persönliche Input wie Sorgfalt, Kreativität, Engagement oder Lernbereitschaft erfaßbar wird[4].

Neben den bisher diskutierten materiellen Anreizen sind immaterielle Anreize nicht zu vernachlässigen[5]. Dazu zählen im Rahmen von Personalentwicklungsmaßnahmen insbesondere das Aufzeigen von Karriereperspektiven und Aufstiegschancen. Während in der Vergangenheit eine Einbeziehung ökologischer Aspekte in die Aufgabenerfüllung kaum förderlich für die persönliche Laufbahn gewesen sein dürfte, sind solche Entwicklungsmöglichkeiten wichtig für die

---

1) Vgl. Staehle 1989, S. 787. Zur Vorteilhaftigkeit von Selbstkontrollen siehe auch Kapitel 8.2.2.

2) Vgl. zu den auftretenden Effekten Lawler/Rhode 1976.

3) Vgl. Antes 1991, S. 154; Kreikebaum 1993, S. 90.

4) Vgl. Utz 1978, S. 292; Remer/Sandholzer 1992, S. 533.

5) Vgl. dazu auch die Übersicht über Anreize zu umweltschutzgerichtetem Verhalten bei Seidel 1991, S. 183.

Glaubwürdigkeit und Umsetzung der Unternehmungsziele und beinhalten nicht zu unterschätzende Motivationspotentiale[1]. Gerade laufbahnorientierte Mitarbeiter auf den verschiedenen Hierarchieebenen dürften sich von derartigen Anreizen stark angesprochen fühlen. In diesem Sinne ist ebenfalls in der Teilnahme an Weiterbildungsmaßnahmen ein Anreizinstrument zusehen, da sie häufig quasi als Beförderung betrachtet werden[2]. Des weiteren können mit der Anerkennung des geleisteten Verhaltens etwa durch Nennung besonders aktiver Mitarbeiter in der Werkszeitung oder am "Schwarzen Brett" motivationsfördernde Effekte verbunden sein. Die ausdrückliche Belohnung von Mitarbeitern infolge der vorbildhaften Integration des Umweltschutzes in ihre Tätigkeiten wird gleichzeitig Signale setzen und Kollegen zur Nachahmung anspornen. Dies ist insbesondere bei Beförderungen von Mitarbeitern aufgrund geleisteter Umweltschutzmaßnahmen zu vermuten.

Besonders stark sind die Motivationsprobleme vermutlich in der Übergangsphase zur Integration. Mit der Änderung gewohnter Verhaltensweisen ("Das haben wir doch schon immer so gemacht.") wird eine intensive Unterstützung und Betreuung erforderlich. Bei der Führung der Mitarbeiter muß einerseits mit Hartnäckigkeit, andererseits mit einfühlsamer Geduld die Integration vorangetrieben werden, ohne daß eine Demotivation durch Beharren auf den bestehenden Vorschriften einsetzt[3]. Vielmehr sind anfangs auch kleine Schritte zu würdigen und das Gespräch mit den Mitarbeitern zu suchen, worin die Schwierigkeiten bei den Verhaltensänderungen liegen oder um Ursachen für möglicherweise auftretende Widerstände zu ergründen.

---

1) Vgl. Antes 1991, S. 154; Utz 1978, S. 291; Picot/Seidlmeier 1991, S. 21.

2) Vgl. Anshen 1980, S. 181.

3) Vgl. Winter 1988, S. 115 f.

9 Organisatorische Gestaltung der zyklusorientierten Strategie

9.1 Aufgaben der zyklusorientierten Strategie

Kennzeichnend für die zyklusorientierte Strategie ist die ganzheitliche Betrachtung und Erfassung von Umweltauswirkungen. Im Unterschied zu den beiden zuvor behandelten Strategien werden neben direkten auch indirekte Umweltschutzmaßnahmen ergriffen, um ökologische Probleme auf allen Stufen des ökologischen Produktlebenszyklus zu bewältigen. Die präventiven Umweltschutzaufgaben setzen nicht nur an den unmittelbar von der Unternehmung ausgehenden Belastungen an, sondern befassen sich auch mit den bei den Zykluspartnern ablaufenden umweltschädigenden Prozessen. Im Mittelpunkt dieser weitestgehenden Verankerung des Umweltschutzes steht der Gedanke des umweltfreundlichen Produkts. Ein umweltfreundliches Produkt belastet im Vergleich zu konventionellen Produkten bei gleichem Gebrauchsnutzen die Umwelt bei Erstellung, Verwendung und Reduktion in geringerem Maße[1]. Hieraus resultieren sehr komplexe Planungs- und Realisationsaufgaben, da für sämtliche Stufen des Zyklus zum einen zu berücksichtigen ist, welche Einsatzstoffe verbraucht werden bzw. wie deren Inanspruchnahme gemindert werden kann. Zum anderen ist einzubeziehen, wie sich das Entstehen von Rückständen vermindern läßt bzw. welche Reduktionsmöglichkeiten für diese Rückstände existieren[2].

Den Ausgangspunkt hierzu bilden weitreichende Planungsaufgaben, welche die Festlegung grundsätzlicher Merkmale der ökologischen Qualität der Produkte

---

1) Vgl. Lange 1978, S. 211; Strebel 1978; Ostmeier 1990, S. 11 ff.; vgl. auch Bänsch 1993, S. 13.

2) Vgl. Strebel 1980, S. 107.

zum Inhalt haben. Bei diesen Entscheidungen werden die an die Unternehmung gerichteten Ansprüche der Zykluspartner miteinbezogen, so daß die Vorgaben für die eigenen Produkte und Prozesse von externen Anforderungen mitbeeinflußt sind[1]. Durch die Bestimmung von Merkmalen, die diesen Ansprüchen gerecht werden und zugleich die beschränkten eigenen Realisierungsmöglichkeiten berücksichtigen, muß insgesamt ein Kompromiß gefunden werden, der dem Ziel einer weitestgehenden ökologischen Qualität neben den traditionellen Erfolgszielen Rechnung trägt. Voraussetzung dafür ist die Kenntnis der Ansprüche der Zykluspartner und Analyse der Umweltauswirkungen in den jeweiligen Zyklusphasen. Oft besitzt die produzierende Unternehmung nicht genügende Kenntnisse hierüber, sondern ist auf einen Informationsaustausch mit den entsprechenden Zykluspartnern angewiesen. Solche Planungsaufgaben sind dadurch charakterisiert, daß als Ergebnis keine Insellösungen für einzelne Funktionsbereiche, sondern abgestimmte Konzepte für unternehmungsweite bzw. sogar unternehmungsübergreifende Umweltschutzmaßnahmen entworfen werden. Planungsaufgaben sind nicht einmalig oder sporadisch durchzuführen, sondern werden auf die dynamisch variierenden Anforderungen seitens der Anspruchsgruppen ausgerichtet und stellen insofern eine ständig zu erfüllende Aufgabe dar.

Vor diesem Hintergrund erhält die Produktentwicklung eine zentrale Bedeutung, da mit der Festlegung der Produkteigenschaften auch weitestgehend die einzelnen Umweltauswirkungen in den jeweiligen Zyklusphasen vorherbestimmt werden. Im Rahmen der Forschungs- und Entwicklungsaufgaben muß intensiv nach Möglichkeiten zur Konstruktion eines umweltfreundlichen Produkts gesucht werden. Hierbei ist statt einer Konzentration auf vorhandenes technologisches Potential ausdrücklich eine zukunftsgerichtete Berücksichtigung von Ab-

---

1) Zur Artikulation von Forderungen des Handels an die Produzenten vgl. Meffert/Burmann 1991, S. 3.

nehmeransprüchen und anderen Anspruchsgruppen vorzunehmen[1]. Außerdem sind grundsätzlich die bestehenden Interdependenzen zu den Produktionsprozessen miteinzubeziehen, da Veränderungen bei den Produkten häufig Anpassungsbedarf bei den Produktionsprozessen bedingen[2]. Die bei der prozeßorientierten Strategie beschriebenen Planungsaufgaben bezüglich der Verfahrenstechnologie werden somit im Zusammenhang und unter Berücksichtigung der zu entwickelnden Produkte durchgeführt und sind auf diese abzustimmen.

So ist bei der Produktentwicklung hinsichtlich der Wahl der Einsatzstoffe darauf zu achten, daß nicht-regenerierbare Ressourcen geschont und durch regenerierbare oder recyclierte Materialien ersetzt werden, wobei generell eine Minimierung des Rohstoffbedarfs für das zu entwickelnde Produkt anzustreben ist[3]. Vermieden werden sollte die Verwendung von Einsatzstoffen, bei deren Gewinnung oder Verarbeitung auf der Stufe der Vorproduzenten gravierende Umweltbelastungen durch Emissionen entstehen[4]. Genauso ist bei der Produktentwicklung Wert darauf zu legen, daß die Abnehmer das Produkt möglichst emissionsfrei nutzen können (bspw. geringer Lärm). Weit verbreitet sind inzwischen Forschungsbemühungen um Produkte, die in der Nutzungsphase einen geringen Ressourcenverbrauch aufweisen[5], wie etwa die bisher erzielten und für die weitere Zukunft beabsichtigten Anstrengungen in der Automobilindustrie zur Senkung des Benzinverbrauchs erkennen lassen. Umweltfreundlich wirkt auch die Konstruktion von Produkten, die eine insgesamt verlängerte wirtschaftliche Lebensdauer aufweisen[6]. Des weiteren sind die Umweltauswirkungen der

---

1) Vgl. Gerybadze 1992, S. 403 ff.

2) Vgl. Corsten/Götzelmann 1992, S. 108; Schmidt 1991.

3) Vgl. Türck 1991, S. 66.

4) Bspw. verursachen Vorprodukte der elektrotechnischen Industrie neunmal so hohe Schwefeldioxidbelastungen wie die Produktion der Branche selbst. Vgl. Hanssmann 1976, S. 182.

5) Vgl. Utz 1978, S. 295.

6) Vgl. Türck 1991, S. 74.

Altprodukte bei den Reduzenten zu antizipieren. So sollten in das Produkt nur Materialien Eingang finden, deren Abfälle keine Gefahren bei der Entsorgung (etwa der Deponierung) verursachen[1]. Um eine Zuführung von Altprodukten zu Recyclingkreisläufen zu ermöglichen, muß die Produktentwicklung die dazu erforderlichen Recyclingaufgaben Demontage, Reinigung, Prüfung bzw. Sortierung und Aufbereitung in ihre Überlegungen einbeziehen und das Produkt entsprechend gestalten[2].

Zwar können durch die beschriebenen Forschungs- und Entwicklungsaktivitäten die Grundlagen oder das Potential für ein umweltfreundliches Produkt geschaffen werden. Jedoch muß dabei unbedingt mitberücksichtigt werden, welche Auswirkungen sich durch die konstruktiven Veränderungen auf den anderen Stufen des Produktlebenszyklus ergeben. Um das geschaffene Potential zu verwirklichen und das umweltfreundliche Produkt zu realisieren, ist häufig ein geändertes Verhalten der Zykluspartner erforderlich bzw. entstehen bei diesen neue Aufgaben oder werden bestehende Aufgaben zwischen den Zykluspartnern umverteilt. Als Beispiel mit besonderer Aktualität dafür kann die Verpackungsproblematik angesehen werden, die neben den Abnehmern auch den Handel stark betrifft. Im Zuge des stark gestiegenen Verpackungsmülls wird zunehmend versucht, den Einsatz von Verpackungen zu vermindern oder sogar gänzlich zu vermeiden. Erreichen Produktentwicklungsmaßnahmen den Verzicht auf bestimmte Verpackungsformen und ersetzen bspw. Einwegverpackungen durch Mehrwegsysteme[3], so entstehen damit andere Aufgaben[4] für den Zykluspartner Handel bei Distribution, Handhabung in der Einkaufsstätte und insbesondere

---

1) Vgl. Strebel 1980, S. 110 f.

2) Zu den Voraussetzungen einer recyclingorientierten Produktgestaltung vgl. Steinhilper 1988, S. 92 ff.; Weege 1981.

3) Vgl. grundlegend zu dieser Thematik Feess-Dörr/Steger/Weihrauch 1991.

4) Diese Veränderung von Aufgaben bei den einzelnen Zykluspartnern zeigt sich auch deutlich an dem zur Reduktion von Verpackungen eingerichteten Dualen System.

beim Aufbau von Redistributionssystemen[1]. Von Bedeutung ist auch die Mitwirkung der Abnehmer, sobald sie für die Reinigung und die Zuführung von Mehrwegverpackungen zum Redistributionssystem zuständig sind. Werden die Verpackungen sogar gänzlich abgeschafft, erhält der Handel wieder die Dimensionierungs- bzw. Portionierungsfunktion, wobei grundsätzlich festzuhalten ist, daß sich aus den neuen Aufgaben Änderungen in den Einfluß- und Machtpotentialen der Zykluspartner untereinander ergeben[2].

Um das gewünschte Verhalten bei den Zykluspartnern zu erreichen, sind verschiedene Maßnahmen denkbar, die sich in ihrer Intensität unterscheiden. Einerseits können relativ lockere und unverbindliche Beeinflussungsmaßnahmen ergriffen werden wie bspw. die Förderung einer umweltgerechten Produktnutzung durch die Abnehmer mittels Gebrauchsanleitungen, Einkaufsberater oder Kundendienst[3]. Andererseits erfordert die Sicherstellung eines leistungsfähigen Vorgehens die Ausweitung der gegenseitigen Unterstützung und Zusammenarbeit zu einer echten unternehmungsübergreifenden Kooperation[4]. Bei einer horizontalen Kooperation arbeitet ein Produzent mit anderen Produzenten zusammen (bspw. bei einer branchenweiten Produktentwicklung), während in einer vertikalen Kooperation Institutionen verschiedener Stufen des Zyklus zusammenarbeiten[5]. Darunter fällt etwa der gemeinsame Aufbau von Recyclingsystemen zur Verwertung von Altautos durch Kfz-Hersteller und Reduktionsbetriebe, wobei die Hersteller schon durch eine geeignete Produktentwicklung die Recyclinganforderungen berücksichtigen und ein entsprechender Know-

1) Zur Entwicklung von Redistributionssystemen vgl. Ruppen 1978, S. 252 f.

2) Vgl. Meffert/Burmann 1991, S. 59 ff.

3) Vgl. Meffert/Kirchgeorg 1992, S. 219 f. Ein Beispiel aus der Lebensmittelbranche, in dem der Handel durch konkrete technische Beratung die Produzenten unterstützt, findet sich bei Gugelmann 1988, S. 16.

4) Vgl. Humphrey et al. 1977; Strebel 1991, S. 11 ff.; Dyllick 1990, S. 41.

5) Vgl. Meffert/Kirchgeorg 1992, S. 259 f.

How-Austausch erforderlich ist[1]. Diese Kooperationen können auch die Verpflichtung zur Einhaltung bestimmter ökologischer Standards beinhalten.

Unternehmungsintern erfaßt die zyklusorientierte Strategie die Abläufe in sämtlichen Unternehmungsfunktionen und ist damit nicht nur wie bei der prozeßorientierten Strategie auf die Produktionsprozesse konzentriert. So hat beispielhaft die Absatzfunktion durch den Einsatz der Marketinginstrumente wie Werbung und Preisgestaltung zu einem Abbau der Informationsprobleme[2] über umweltfreundliche Produkte und deren Vertrieb beizutragen[3]. Im Einkauf werden basierend auf einer sorgfältigen Beschaffungsmarktforschung die Richtlinien zur umweltschonenden Materialbeschaffung umgesetzt[4]. Dies kann auch unangemeldete Inspektionen von Zulieferbetrieben zur Überprüfung des vereinbarten ökologischen Niveaus einschließen. Die Durchdringung sämtlicher Unternehmungsfunktionen bedingt weiterhin eine entsprechende Erweiterung der Qualifizierungsmaßnahmen für die Mitarbeiter in den verschiedenen Bereichen[5]. Die aufeinander abgestimmte Konzipierung und Durchführung dieser Qualifizierungsmaßnahmen verlangt nicht nur bei der Einführung der zyklusorientierten Strategie einen hohen Aufwand, sondern ist eine fortwährend mit großem Einsatz zu erfüllende Aufgabe, um eine stetige Verbesserung der ökologischen Qualität zu gewährleisten.

Mit der Verankerung umfassender präventiver Umweltschutzmaßnahmen erhalten nachgeschaltete Kontrollaufgaben zur Überwachung von einzelnen Tätigkeiten einen weiter verringerten Stellenwert. Stattdessen wächst mit der Ausdeh-

---

1) Vgl. Wolf 1991, S. 9 ff.

2) Vgl. Kaas 1992, S. 480 f.

3) Vgl. Meffert/Kirchgeorg 1992, S. 203 ff.

4) Vgl. Wicke et al. 1992, S. 144.

5) Vgl. Wicke et al. 1992, S. 53; Kreikebaum 1993, S. 87. Die sich aufgrund der zusätzlichen Aufgabeninhalte ergebenden Anforderungen skizziert allgemein Antes 1991, S. 152.

nung auf alle Unternehmungsfunktionen und der damit stark steigenden Komplexität die Notwendigkeit zur Überprüfung der Funktionsfähigkeit bzw. des Zusammenspiels der installierten Umweltschutzmaßnahmen insgesamt inclusive der dazugehörenden Einrichtungen und Mechanismen. Sogenannte Umweltschutzaudits dienen einer Beurteilung ganzer Abläufe sowie des dazugehörenden Managements, der Organisationsstruktur mitsamt der Sachmittel[1]. Diese Audits überprüfen die Konzeption und Wirksamkeit ganzer betrieblicher Systeme (bspw. umweltfreundliche Materialbeschaffung) und liefern einen Gesamtüberblick über vorhandene Gefahrenpotentiale[2]. Mit ihrem ganzheitlichen Ansatz beinhalten die Audits selber komplexe und interdisziplinäre Tätigkeiten und bringen einen nicht zu unterschätzenden Aufwand mit sich. Trotzdem empfiehlt sich ihre Wiederholung für die installierten Systeme in bestimmten Zeitabständen[3].

Voraussetzung zur Durchführung aller genannten Aufgaben ist die Ergänzung und Vervollständigung des Informationssystems, das die benötigten Daten bereitstellen muß. Die Zusammenführung und Vernetzung der Informationen wird erforderlich, damit alle beteiligten Unternehmungsfunktionen darauf zugreifen können und ein umfassender Informationsfluß entsteht. Um eine aussagefähige Beurteilung der Umweltverträglichkeit von Produkten zu ermöglichen, sind bspw. präzise Angaben über die verwendeten Einsatzstoffe aufzustellen, die von den Mitteilungen der Zulieferer über Rezepturen und Stücklisten abhängen. Problematisch erweist sich diese Informationsbeschaffung, sofern bei diesem Zykluspartner Unwissenheit oder Geheimhaltungsgründe bezüglich der Materialien vorliegen[4]. Daß jedoch auch unternehmungsübergreifend ein Infor-

---

1) Vgl. Internationale Handelskammer 1989, S. 9; Niemeyer/Sartorius 1992, S. 314; Sietz/Sondermann 1990.

2) Vgl. Riker 1991, S. 19.

3) Vgl. Niemeyer/Sartorius 1992, S. 318 f.

4) Vgl. Stahlmann 1988, S. 71; Blom 1989, S. 20 ff.

mationsfluß und Transparenz geschaffen werden muß, zeigt sich etwa bei der Teilnahme an Abfallbörsen. Hierbei benötigen andere Produzenten oder Reduzenten die Garantie einer bestimmten ökologischen Qualität von Stoffen und verlangen deshalb bei der Vermittlung von Rückständen einen Nachweis über deren Zusammensetzung[1].

Die Daten lassen sich auch im Rahmen der Kommunikationsaufgaben nutzen. Kommunikationsaufgaben werden in breitem Umfang betrieben und sind mit ihrer Darstellung der weitreichenden Umweltschutzmaßnahmen geeignet, die soziale Akzeptanz zu steigern. Durch eine transparente Darlegung der durchgeführten Bemühungen und der erzielten Erfolge werden ökologische Kompetenz und Glaubwürdigkeit signalisiert[2]. Die Kommunikationsaufgaben gehen weit über den notwendigen Informationsfluß zu den Behörden hinaus[3]. Innerhalb der Öffentlichkeitsarbeit werden geeignete Instrumente[4] eingesetzt wie bspw. Pressekonferenzen, Werkszeitschriften, Betriebsbesichtigungen oder die Publikation von Umwelt- oder Sozialbilanzen[5] in Geschäftsberichten und Anzeigen. Um eine fundierte und glaubwürdige Öffentlichkeitsarbeit aufzubauen, ist der Überblick über sämtliche innerbetrieblichen und unternehmungsübergreifenden Umweltschutzmaßnahmen und das Zusammentragen der entsprechenden Daten zwingende Voraussetzung. Darüber hinaus müssen die Inhalte in der richtigen Art und Weise vermittelt werden, da nur mit dem jeweils passenden Kommunikationsstil (angemessene Sprache etc.) Verständnis und

---

1) Vgl. Strebel 1988a, S. 135.

2) Vgl. Grebmer 1991, S. 164 f.; Kaas 1992, S. 480 f.

3) Zur Steigerung der Vertrauensbildung bei den Behörden durch Installation einer unmittelbaren datentechnischen Verknüpfung und der Möglichkeit des On-Line-Zugriffs auf Emissionsdaten durch die Behörde vgl. Wagner/Janzen 1991, S. 123.

4) Vgl. Wicke et al. 1992, S. 581.

5) Zu den verschiedenen Formen des Social Accounting vgl. Fronek/Uecker 1978, S. 10 ff.; vgl. auch die Kritik an diesen Umwelt- oder Sozialbilanzen bei Freimann 1990.

Akzeptanz zu erreichen sind[1]. Generell werden im Rahmen dieser Strategie mit Kommunikationsaufgaben im Vertrauen auf die eigene ökologische Kompetenz Umweltschutzanliegen in Politik und Gesellschaft auch stärker unterstützt und forciert, während abwehrorientierte Maßnahmen nur noch stark eingeschränkt ergriffen werden.

9.2 Strukturbezogene Gestaltung

9.2.1 Durchdringung der gesamten primären Organisationsstruktur und Erweiterung um sekundäre Strukturelemente

Mit der zyklusorientierten Strategie wird Umweltschutz zu einer echten Querschnittsfunktion, die das betriebliche Geschehen in seiner ganzen Breite und Tiefe erfaßt. Die Ausdehnung auf sämtliche ablaufenden Prozesse und alle Funktionen macht die Einbeziehung aller in den Unternehmungsbereichen bestehenden Einheiten erforderlich. Nur diese Einheiten verfügen über die notwendigen Fachkenntnisse bei den einzelnen Prozessen, die mit Umweltschutzaspekten zu verbinden sind, um die angestrebte ökologische Qualität zu erreichen. Bspw. ist die Einkaufsabteilung als diejenige Einheit anzusehen, die aufgrund ihrer langfristig entwickelten Kontakte zu den Zulieferern in der Lage ist, Probleme bei der Zusammensetzung von Materialien abzustimmen oder bestimmte Verhaltensänderungen zu bewirken[2]. Gleichzeitig lassen sich mit einer weitgehenden Zuordnung zu den traditionellen Einheiten Schnittstellenprobleme vermeiden, welche bei einer Übertragung auf spezielle Einheiten entstehen würden. Insofern ist eine Integration entsprechend der Überlegungen bei der prozeßorientierten Strategie[3] vorzunehmen, die eine Durchdringung

---

1) Vgl. Dyllick 1990, S. 47.

2) Vgl. Frank 1990, S. 50 ff.

3) Vgl. Kapitel 8.2.1.

sämtlicher Fachbereiche zur Folge hat. Mit dieser Durchdringung werden auch marktnahe Einheiten (Einkauf, Vertrieb) einbezogen und die Beschränkung auf den Produktionsbereich aufgegeben.

Ein wirkungsvolles und glaubhaftes Umweltschutzverhalten bedarf einer Bewußtseinsänderung und Beteiligung auf allen hierarchischen Ebenen. Die Verfolgung umfassender Umweltschutzmaßnahmen als unternehmerischer Handlungsschwerpunkt verlangt somit neben einer horizontalen auch eine vertikale Ausdehnung durch die ausdrückliche Einbeziehung der Unternehmungsleitung. Ökologische Qualität wird zu einem integralen Bestandteil von Führungsentscheidungen, weshalb sich die Unternehmungsspitze mit diesen Aspekten bei der Formulierung der generellen Unternehmungspolitik beschäftigen muß[1].

Trotz der Durchdringung sämtlicher Unternehmungsbereiche und der damit fortgeschrittenen Integration zur weitgehend selbständigen Durchführung von Umweltschutzmaßnahmen bleiben die speziellen Umweltschutzeinheiten von Bedeutung. Wie schon bei der prozeßorientierten Strategie wird auf sie bei Problemfällen zur Unterstützung der Umsetzung von Umweltschutzmaßnahmen durch die etablierten Fachbereiche zurückgegriffen. Ansonsten sind die speziellen Umweltschutzeinheiten für die vom Ablauf der einzelnen Prozesse unabhängigen Aufgaben zuständig. Dies beinhaltet Entwicklung und Transfer umweltschutzspezifischen Wissens und methodischen Know-Hows für die Anwendung durch die Unternehmungsbereiche und die Überwachung der erzielten Ergebnisse mittels Datenanalyse sowie Datendokumentation. Mit ihrem hohen Informationsstand verfügt die zentrale Umweltschutzeinheit über die notwendige Wissensbasis für die Kommunikation mit den verschiedenen Anspruchsgruppen. Aufgrund ihres Überblicks stellt sie die Informationen zur Darstellung des erreichten Umweltschutzniveaus zusammen und stimmt ihren Inhalt ab, da zur

---

1) Vgl. Dyllick 1990, S. 44.

Sicherung eines unternehmungseinheitlichen Erscheinungsbildes etwa im Rahmen der Öffentlichkeitsarbeit die Konzentration dieser Aufgaben in einer Einheit unbedingt erforderlich ist[1].

Weiterhin ist die zentrale Umweltschutzeinheit mit der Koordination der Umweltschutzmaßnahmen in den einzelnen Unternehmungsbereichen befaßt. Sie entwirft allgemeine Richtlinien und Vorgaben, auf denen die Planungen der einzelnen Bereiche beruhen, jedoch entstehen aus den unternehmungsweiten Umweltschutzmaßnahmen vielfältige Interdependenzen zwischen den Einheiten. Von daher ist der Koordination besondere Aufmerksamkeit zu widmen. Die ganzheitliche Perspektive der Zyklusorientierung und die damit entstehende Notwendigkeit einer Vernetzung der unterschiedlichen Funktionen bringen einen solchen Koordinationsbedarf mit sich, der nicht allein durch die Zentraleinheit bewältigt werden kann. Die übergeordneten Planungsaufgaben mit der Festlegung der in den Unternehmungsbereichen anzustrebenden ökologischen Qualität sind derartig komplex, daß sie sinnvollerweise einem interdisziplinären Team übertragen werden, welches einen abgestimmten Kompromiß zwischen bestehenden Ansprüchen und betrieblichen Möglichkeiten herbeiführt.

Prinzipiell ist die Bildung interdisziplinärer Teams angemessen bei herausragenden Aufgabenstellungen, die hochkomplexe und innovative Probleme mit relativ unstrukturiertem Problemlösungsweg beinhalten[2]. Gerade bei den anspruchsvollen Aufgaben der zyklusorientierten Strategie kommt Teamstrukturen eine maßgebliche Rolle zu, da Teams als ein variables Instrument zur Erfüllung bereichsübergreifender Sonderaufgaben gelten[3]. Ein Einsatz von Teams em-

1) Um zu vermeiden, daß Informationen nach außen gelangen, die nicht mit der zentralen Umweltschutzeinheit abgesprochen sind, wird es insbesondere in Krisensituationen wie Unfällen mit verstärktem Druck der Öffentlichkeit notwendig, daß die betroffenen Mitarbeiter zeitlich permanent erreichbar sind.

2) Vgl. Trebesch 1980, Sp. 2221; Grochla 1982, S. 147.

3) Vgl. Frese 1992, Sp. 2446.

pfiehlt sich deshalb außer bei übergeordneten Planungsaufgaben auch für die Durchführung von Forschungs- und Entwicklungsprojekten zu Produkt- bzw. Verfahrensinnovationen sowie bei Audits zur Überprüfung der Funktionsfähigkeit der installierten Umweltschutzsysteme[1].

Die Übertragung der genannten Aufgaben auf Teams läßt einerseits als Folge der interdiziplinären Zusammensetzung der Teammitglieder eine hohe Qualität der erzielten Entscheidungen vermuten. Die Kombination von Fähigkeiten und Erfahrungen diverser Wissensträger führt zu einer facettenreichen Pluralität und einer breit gefächerten Urteilsbasis[2]. Dadurch wird der speziell bei diesen Aufgaben zu vermeidenden Gefahr einer einseitigen Wahrnehmung entgegengewirkt. Teamarbeit schlägt sich insbesondere bei übergreifenden Forschungsvorhaben positiv nieder, da die problemangepaßte Interaktion zwischen den Mitgiedern die Kreativität fördert und eine Erhöhung des Problemlösepotentials nach sich ziehen kann[3]. Andererseits ermöglicht die Teambildung mit dem entstehenden direkten gegenseitigen Informationsaustausch eine schnelle Problembewältigung und zeichnet sich somit durch eine hohe Flexibilität aus[4]. In dringenden Situationen kann ein Team kurzfristig über die existierenden hierarchischen Schranken hinweg einberufen werden und rasch auf Veränderungen reagieren. Neben diesen Vorteilen ist zu beachten, daß die Einrichtung von Teams aufwendig ist und wegen des erheblichen Ressourcenbedarfs auch nicht bei routinisierten und repetitiven Aufgaben vorgenommen werden sollte[5]. Zwar tragen das Schaffen neuer Kontakte zwischen den Teammitgliedern sowie die kollegiale Zusammenarbeit zu einer Verbesserung der menschlichen Bezie-

---

1) Zur Begründung der Einführung von Teamstrukturen für die genannten Aufgaben vgl. auch ausführlich die Kapitel 9.2.3.1 bis 9.2.3.3.

2) Vgl. Bühner 1991, S. 186; Staehle 1989, S. 702.

3) Vgl. Trebesch 1980, Sp. 2219; Wiendieck 1992, Sp. 2378.

4) Vgl. Mag 1992, Sp. 253; Seidel 1992, Sp. 718.

5) Vgl. Grochla 1982, S. 147.

hungen bei[1]. Ebenfalls wird die Beteiligung an komplexen Problemstellungen häufig als motivationsfördernde Herausforderung angesehen. Demgegenüber können sich insbesondere bei heterogener Zusammensetzung zeitraubende Diskussionen, auftretende Konflikte und unbefriedigende Ergebnisse demotivierend auswirken[2]. Mit der Teamarbeit sind deshalb hohe personelle Voraussetzungen an die einzelnen Mitglieder verbunden. Die Teammitglieder sollten sich nicht nur durch eine fachlich gute Qualifikation bzw. einen bestimmten Grad an Informationsverarbeitungskapazität auszeichnen, sondern auch die Fähigkeit und Bereitschaft zur Kritik und Kooperation (soziale Kompetenz) besitzen[3].

Damit ist festzuhalten, daß mit den zusätzlichen Aufgabenschwerpunkten der zyklusorientierten Strategie (unternehmungsweite Planung, bereichsübergreifende Forschung und Entwicklung, Überprüfung von Systemen) ein Bedarf nach Teams als weiteren variablen Strukturelementen entsteht. Diese Strukturelemente treten dann in Kraft, sobald die Lösung einer Aufgabe des betreffenden Typs ansteht, für die diese Strukturelemente geeignet sind[4]. Die angestrebte Variabilität wird erreicht durch eine Erweiterung der bestehenden Organisationsstruktur im Bedarfsfall mittels Bereitstellung alternativer Strukturen in Form von interdisziplinären Teams. Aus diesen Überlegungen zur Aufgabenverteilung resultiert insofern eine Organisationsstruktur mit primär geltenden, permanenten Strukturelementen, die bei auftretenden Erfordernissen durch sekundäre Strukturelemente erweitert und überlagert wird[5]:

---

1) Vgl. Mag 1992, Sp. 253 f.

2) Vgl. Seidel 1992, Sp. 720; Bühner 1991, S. 186.

3) Vgl. Bleicher 1991, S. 129; Staehle 1989, S. 701.

4) Vgl. dazu generell Ulrich 1978, S. 199.

5) Vgl. Seidel 1990, S. 224; Picot/Seidlmeier 1991, S. 19. Zur Überlagerung der Primärorganisation durch Institutionalisierung einer Sekundärorganisation vgl. auch Ulrich 1978, S. 199; Staehle 1989, S. 705 f.; Bühner 1991, S. 185.

Primäre Organisationsstruktur:

Unternehmungsleitung:

- Einbeziehung des Umweltschutzes in die Unternehmungspolitik

Unternehmungsbereiche:

- Planung und Steuerung von Umweltschutzmaßnahmen und deren Berücksichtigung bei sämtlichen Bereichsaktivitäten

Zentrale Umweltschutzeinheit:

- Koordination durch Entwicklung genereller Konzepte und Richtlinien
- Überwachung durch Datenanalyse und -dokumentation sowie Pflege von Informationssystemen mit allgemeiner Datengrundlage
- Unterstützung der Unternehmungsbereiche bei Problemfällen
- übergeordnete Kommunikationsaufgaben

Dezentrale Umweltschutzeinheiten:

- Kontrollmessungen und Datenübermittlung an verschiedene Adressaten

Sekundäre Organisationsstruktur:

Planungsteam:

- Konzeption und Koordination übergreifender Umweltschutzmaßnahmen

Innovationsteams:

- Generierung und Umsetzung neuer Produkte/Verfahren

Auditteams:

- Überprüfung installierter Umweltschutzsysteme

Die Integration der Umweltschutzaufgaben in alle Bereiche der primären Organisationsstruktur macht gerade eine übergeordnete Koordination und Kontrolle durch eine sekundäre Organisationsstruktur erforderlich. Die sekundären Strukturelemente sind somit kein Widerspruch sondern die Konsequenz der Durchdringung der primären Organisationsstruktur.

9.2.2 Primäre Organisationsstruktur

Die primäre Organisationsstruktur kommt im wesentlichen einer Übertragung und Anwendung der Gestaltungsaussagen zur prozeßorientierten Strategie auf die weiter gefaßten Belange der zyklusorientierten Strategie gleich[1]. Dies ergibt sich aus der Überlegung, daß die betroffenen Einheiten grundsätzlich analoge Aufgabenstellungen bewältigen und deshalb die organisatorische Gestaltung entspechenden Anforderungen unterliegt.

Durchdringung sämtlicher Unternehmungsfunktionen bedeutet Integration in die bestehenden Bereiche und demzufolge auch Zuordnung der dazugehörenden Weisungsrechte. Das Erreichen der anspruchsvollen ökologischen Qualitätsziele kann nur sichergestellt werden, wenn alle Entscheidungsträger in den Bereichen Umweltschutzaspekte als integralen Bestandteil ihrer jeweiligen Tätigkeiten begreifen[2]. Jede Linieneinheit als Entscheidungsträger in einem Fachbereich erhält somit die Verantwortung für die Umsetzung der betreffenden Maßnahmen[3]. So wie es bspw. Sache des Produktionsleiters ist, für die Einhaltung von Grenzwerten gerade zu stehen, ist es die Pflicht des Einkaufsleiters, für eine umweltgerechte Beschaffung Sorge zu tragen. Aus der vertikalen Perspektive bedeutet dies, daß ausgehend von der Unternehmungsleitung bis zu den Mit-

---

1) Vgl. Kapitel 8.2.2 und 8.2.3.

2) Vgl. als praktisches Beispiel dazu auch die Darstellung der Verankerung des Umweltschutzes im Philips-Konzern bei Essen 1989, S. 86.

3) Vgl. Schulz/Wicke 1989, S. 23.

arbeitern auf den unteren Ebenen jeder Mitarbeiter nach seiner Betroffenheit für sein Handeln verantwortlich ist.

Für die speziellen Umweltschutzeinheiten gelten die gleichen Überlegungen, wie bei der prozeßorientierten Strategie dargestellt. Weisungsrechte erhält die Zentraleinheit außer zur Steuerung der Kontrollaufgaben durch die dezentralen Umweltschutzeinheiten nur im Zusammenhang mit den Kommunikationsaufgaben, um dadurch ein unternehmungseinheitliches Erscheinungsbild gegenüber den Anspruchsgruppen zu gewährleisten. Ansonsten hat die Zentraleinheit den Charakter einer Stabseinheit, die den verantwortlichen Linieneinheiten in Problemlagen unterstützend zur Seite steht und außerdem im Rahmen ihrer Koordinationsfunktion Vorschläge für allgemeine Konzepte und Richtlinien entwirft. Dazu bleibt es erforderlich, die Zentraleinheit hierarchisch direkt der Unternehmungsleitung zuzuordnen. Besondere Erfordernisse entstehen bei divisionalen Organisationsstrukturen mit heterogener Produktpalette, bei denen die einzelnen Produktbereiche stark unterschiedliche Maßnahmen durchzuführen haben, um ein umweltfreundliches Produkt herzustellen. Hier gilt es zum einen, die übergeordneten unternehmungsweiten Richtlinien zu transformieren. Zum anderen ist das notwendige Know-How für die bereichsinternen Funktionseinheiten zu entwickeln und zu vermitteln. Da eine unternehmungsweit tätige Zentraleinheit mit der wirkungsvollen Erfüllung dieser Aufgaben für die verschiedenen Produktbereiche überfordert sein kann, empfiehlt sich ggfs. eine dreigliedrige Lösung mit einer zusätzlichen bereichsspezifischen Umweltschutzeinheit unterhalb der Produktbereichsleitungen.

Die Verankerung des Umweltschutzes als Querschnittsfunktion verlangt ein übergreifendes und aufeinander abgestimmtes Problemlösen in den einzelnen Unternehmungsbereichen. Demzufolge entstehen besondere Anforderungen an den Informationsaustausch zwischen den jeweiligen Einheiten. Neben der sachlichen Vervollständigung des Informationssystems und der technologischen

Vernetzung von Stellen ist es notwendig, daß die Mitarbeiter dieses Potential auch nutzen und miteinander vielfältige Kontakte unterhalten. Dies gilt nicht nur für die Mitarbeiter der Zentraleinheit etwa bezüglich des Transfers methodischen Know-Hows[1], sondern auch für den Informationsfluß zwischen den verschiedenen Fachbereichen. Anzustreben ist ein weitgehend offener Informationsaustausch, wobei außer formal geregelten auch losgelöste Kontakte zur Nutzung unterschiedlich verteilter Informationsstände und Fachkenntnisse stattfinden sollten[2].

9.2.3 Sekundäre Organisationsstruktur

9.2.3.1 Planungsteam

Auf der Grundlage der von der Unternehmungsleitung beschlossenen strategischen Ausrichtung hat das Planungsteam die angestrebte ökologische Qualität für ein abgestimmtes Umsetzen und Vorgehen in den einzelnen Unternehmungsbereichen festzulegen. Dabei ist zunächst ein grobes Sollkonzept bezüglich bestimmter Merkmalsausprägungen zu entwerfen, das stufenweise verfeinert und detailliert wird. Es mündet in einem sämtliche Qualitätsforderungen enthaltenden Merkmalskatalog, der als Basis für die Planung der Umweltschutzmaßnahmen in den einzelnen Unternehmungsbereichen dient. Solche übergeordnete Planungsaufgaben sind fortlaufend durchzuführen, da sie nicht nur bei der Einführung von Neuerungen erforderlich sind, sondern auch etwa zur Verarbeitung rückfließender Informationen bei etablierten Produkten. Damit wird das Planungsteam zu einer ständigen Einrichtung. Im Normalfall sollte das Planungsteam in regelmä-

---

1) Vgl. Royston 1979, S. 162.

2) Vgl. Frese 1992, Sp. 2446; Steger 1992, S. 36 f. Ein solchermaßen informeller Informationsfluß ist in dem Maße nicht regelbar, als dafür persönliche Vertrauensverhältnisse die Basis bilden.

ßigen Zeitabständen (bspw. monatlich) tagen, kann aber je nach Situation und Dringlichkeit auch kürzerfristig zusammentreten. Demzufolge handelt es sich bei dem Planungsteam um ein Kollegium oder Gremium, was besagt, daß die Mitglieder hauptamtlich in Einheiten der Primärorganisation tätig sind und nebenher zusätzlich an den Sitzungen des Planungsteams teilnehmen[1].

Da die Entscheidung über die Ausprägung der ökologischen Qualität einen Kompromiß darstellt zwischen den Anforderungen der Anspruchsgruppen und den betrieblichen Realisationspotentialen, ist es erforderlich, daß das Planungsteam aus Mitgliedern besteht, die zusammen das Spektrum der zu erfassenden Aspekte kompetent vertreten. So liefern Mitarbeiter aus den marktnahen Bereichen wie Einkauf oder Absatz wertvolle Informationen über die Forderungen der Anspruchsgruppen. Ihnen stehen die Mitglieder aus Produktion oder Forschung und Entwicklung gegenüber, welche die betrieblichen Möglichkeiten stärker betonen. Zugleich erscheint der Einsatz eines Moderators vorteilhaft, der das Problem präsentiert, Beiträge anregt, Ergebnisse zusammenfaßt und protokolliert[2]. Für diese Rolle wäre ein Mitglied der Zentraleinheit in Betracht zu ziehen, durch dessen Beteiligung auch ein übergeordneter umweltschutzspezifischer Bezug erreicht würde.

Innerhalb des Planungsteams existiert keine hierarchische Struktur, und es sollte deshalb aus hierarchisch gleichrangigen Delegierten bestehen, um insgesamt eine gleichmäßige Gewichtung der verschiedenen Bereichsinteressen zu gewährleisten[3]. Die Bedeutung der bereichsübergreifenden Entscheidungen macht es erforderlich, daß sich das Planungsteam aus den Führungskräften dieser Bereiche zusammensetzt. Nur die Leiter der einzelnen Bereiche sind mit ihrem qualifizierten Sachverstand und ihrer großen Übersicht in der Lage, die weitrei-

---

1) Vgl. Bleicher 1991, S. 125; Staehle 1989, S. 702.

2) Vgl. Seidel 1992, Sp. 720.

3) Vgl. Mag 1992, Sp. 258.

chenden Auswirkungen der Planungen für das Bereichsverhalten einzuschätzen. Bei divisionalen Organisationsstrukturen mit heterogener Produktpalette empfiehlt sich insofern die Einrichtung solcher Planungsteams für jeden Produktbereich, da eine Koordination der Umweltschutzmaßnahmen nur unter der Berücksichtigung der spezifischen Besonderheiten und der Einbringung der fachlichen Kompetenz möglich wird, die innerhalb der Einheiten der einzelnen Produktbereiche vorhanden ist.

9.2.3.2 Innovationsteams

Die Kennzeichen von Innovationen bestehen darin, daß sie

- zeitlich befristet
- neuartig und einmalig
- mit großen Risiken behaftet

sind und aufgrund ihrer Komplexität als typische Projektaufgaben anzusehen sind[1]. Damit bietet sich für ökologisch orientierte Innovationen wie generell bei der Durchführung von Innovationsprozessen die Einrichtung eines Projektteams an[2], in der interdisziplinäre Spezialisten zusammenarbeiten. Die folgenden Überlegungen beziehen sich deshalb weitgehend auf die allgemeinen Erkenntnisse zur Gestaltung innovationsbezogener Projektteams. Im Rahmen von Innovationsprozessen[3] gilt es, zunächst in einer kreativen Phase alternative Lösungsideen zu generieren und entwickeln. Anschließend sind diese zu bewerten, wobei speziell die Umweltauswirkungen auf sämtlichen Zyklusstufen intensiv überprüft werden

---

1) Vgl. Kupsch/Marr/Picot 1991, S. 1122 f.; Bühner 1991, S. 203.

2) Vgl. so auch Seidel 1990, S. 224; Nitze 1991, S. 63; Schmidt 1991, S. 86 f.

3) Zum Phasenschema von Innovationsprozessen und den diesbezüglichen Ansätzen in der Literatur vgl. Thom 1980; Kasper 1980, S. 61.

müssen[1]. Nach dem Entschluß zur Durchführung einer Alternative folgt die Realisationsphase, die mit der Einführung der Innovation endet.

Neben der Mitwirkung von Fachkräften der betroffenen internen Einheiten trägt zur Senkung des Innovationsrisikos die Einbeziehung externer Anforderungen und fremden Know-Hows durch Kooperationen mit Zykluspartnern, Wettbewerbern ober Beratern bei[2]. Je nach Intensität der Zusammenarbeit werden verschiedene Ausprägungen der Kooperation nach dem Grad der Einbindung von Externen unterschieden. Sie reichen von echten Gemeinschaftsvorhaben mit gemeinsamen Ressourcen und direkter Zusammenfasssung von Personen mehrerer Unternehmungen in einem Projektteam über koordinierte Einzelforschung und -entwicklung mit dem Zusammenführen der jeweiligen Ergebnisse bis zur schwächsten Ausprägung eines lockeren Erfahrungs- und Ergebnisaustausches[3]. Bestehen zur Verwirklichung arbeitsteiliger unternehmungsübergreifender Innovationsvorhaben Projektteams in mehreren Unternehmungen, so empfiehlt sich eine ähnliche interne Strukturierung, um die auftretenden Schnittstellen einfacher zu handhaben[4]. Eine weitere Möglichkeit zur Herstellung der Verbindung zu Externen stellt das Konzept des sogenannten "Technologischen Gatekeepers" dar. Hierbei verarbeitet und filtert eine interne Stelle mit herausragender Fachkompetenz und hoher Vertrauenswürdigkeit die Informationen, wodurch eine Überflutung und Ablenkung der Projektmitarbeiter verhindert wird[5].

---

1) Zu den Möglichkeiten und Schwierigkeiten solcher Folgenabschätzungen vgl. kritisch Staudt 1991.

2) Vgl. Gerybadze 1992, S. 412. Wichtige Umweltschutzinnovationen sind ohne ausreichende Kooperationen oft zu aufwendig, als daß sie von einer Unternehmung allein hervorgebracht werden können. Daß Kooperationen im allgemeinen zu einer Förderung der Innovationsfähigkeit beitragen, zeigt Herden 1992.

3) Vgl. Schneider/Zieringer 1991, S. 60 f.

4) Vgl. Madauss 1984, S. 110.

5) Vgl. dazu Allen 1977; Domsch/Gerpott/Gerpott 1989. Der Einsatz eines Tech-

(Fortsetzung...)

Bei der Gestaltung des Projektteams lassen sich mehrere Formen unterscheiden, die nach dem Ausmaß der Weisungsrechte des Projektleiters differieren. Sie geben insofern den Stellenwert an, den das Projekt gegenüber den Fachbereichen in der Primärorganisation erhält[1]:

- Stabs-Projektorganisation: Der Projektleiter verfügt über keinerlei Weisungsrechte gegenüber den in ihren angestammten Fachbereichen verblieben Projektmitarbeitern. Der Projektleiter kann nur durch seine persönliche und fachliche Autorität versuchen, die betreffenden Bereichsleiter zu beeinflussen, von deren Mitwirkung der Projekterfolg abhängt. Angesichts seiner schwachen Position ist der Projektleiter häufig überfordert und der Projekterfolg gefährdet, weshalb diese Form kaum für anspruchsvolle Innovationen geeignet erscheint[2].

- Matrix-Projektorganisation: Die Projektmitarbeiter bleiben auch hier in ihren angestammten Bereichen, jedoch erhält der Projektleiter ein fachliches Weisungsrecht neben dem disziplinarischen Weisungsrecht des Bereichsleiters. Durch dieses schwierige Unterstellungsverhältnis entstehen zwar hohe Konflikte, jedoch können diese gerade im Zusammenhang mit Innovationen produktiv und hilfreich sein, falls durch den entstehenden Abstimmungsdruck kreative Lösungen in Gang gesetzt werden[3]. Darüber hinaus ist eine sehr gute Ressourcennutzung gegeben.

- Reine Projektorganisation: Die Projektmitarbeiter werden vollständig aus ihren Bereichspositionen herausgelöst und in der Projekteinheit zusam-

---

5)(...Fortsetzung)
nologischen Gatekeepers ist einer formalen organisatorischen Regelung nur beschränkt zugänglich.

1) Vgl. zu den folgenden Projektformen und den dazugehörenden Effizienzaussagen Welge 1987, S. 552; Bleicher 1991, S. 142 ff.; Frese 1987, S. 466 ff.; Bühner 1991, S. 205 ff.; Kieser/Kubicek 1992, S. 139 ff.; Grün 1992, Sp. 2107 ff.

2) Vgl. Kern/Schröder 1977, S. 337; Kupsch/Marr/Picot 1991, S. 1124.

3) Vgl. dazu Welge 1987, S. 562 ff.

mengefaßt. Sie sind ausschließlich dem Projektleiter unterstellt. Neben einem hohen Ressourcenaufwand zur Bildung der Projekteinheit und den entstehenden Know-How-Verlusten und Instabilitäten in der Primärorganisation sind mit dieser Form Unsicherheiten bei den einzelnen Mitarbeitern über die berufliche Zukunft nach Projektabschluß verbunden. Gleichfalls resultiert aus der Konzentration der Kräfte eine ausgeprägte Projektorientierung, was die Entscheidungsqualität fördert.

Hinsichtlich der hierarchischen Einordnung bieten sich mehrere Möglichkeiten an, wem der Projektleiter zu unterstellen ist. Handelt es sich um außerordentlich bedeutsame Projekte, erscheint eine Zuordnung zur Unternehmungsleitung angebracht, die durch ihre Autorität die notwendige Ressourcenausstattung gewährleistet und den Projektablauf überwacht[1]. Die Projektleitung kann aber auch nachgeordneten Einheiten unterstellt werden. Häufig kommen Pluralinstanzen in Frage[2], wobei hier etwa das Planungsteam in Erwägung zu ziehen ist. Bei echten Gemeinschaftsprojekten im Rahmen von Kooperationen sind unternehmungsübergreifend zusammengesetzte Pluralinstanzen erwägenswert, sofern die beteiligten Partner ihren unmittelbaren Einfluß sicherstellen wollen.

9.2.3.3 Auditteams

Die Überprüfung der installierten Systeme wie etwa der umweltschutzbezogenen Organisation eines bestimmten Unternehmungsbereichs ist ein wichtiges Instrument beim Verfolgen einer permanenten ökologischen Qualitätsverbesserung. Zunächst wird bei der Durchführung eines Audits eine intensive Analy-

---

1) In divisionalen Strukturen wären Projektteams entsprechend unter der jeweiligen Produktbereichsleitung einzugliedern, während Grundlagenforschung durchaus produktbereichsübergreifend verankert werden kann. Vgl. Bleicher 1991, S. 150 ff.

2) Vgl. Frese 1987, S. 473.

se bestehender Gefahrenpotentiale in dem zu untersuchenden System vorgenommen. Die Daten und Ergebnisse gehen in einen schriftlichen Bericht ein, in dem auch Verbesserungsvorschläge enthalten sind[1]. Die Auditoren verfügen somit zwar über ein Informationsrecht, da sie Zugang zu allen relevanten Unterlagen haben und die benötigten Auskünfte erhalten. Sie besitzen aber selber kein Weisungsrecht zur Anordnung von Änderungsmaßnahmen. Über die von ihnen entwickelten Änderungsempfehlungen entscheidet die Unternehmungsleitung, der das Auditteam auch direkt hierarchisch zugeordnet ist. Der Prüfbericht sollte auch der Zentraleinheit sowie den untersuchten Unternehmungsbereichen zugänglich gemacht werden[2]. Werden Änderungsmaßnahmen beschlossen, gehört es zur Aufgabe der Auditoren, nach einer bestimmten Zeitspanne die Wirksamkeit dieser Änderungen zu beurteilen.

Bei der Frage der personellen Zusammensetzung des Auditteams sind verschiedene Anforderungen zu berücksichtigen. Eine wesentliche Voraussetzung liegt darin, daß die Auditoren von dem zu untersuchenden Bereich unabhängig sind und keine dienstlichen Verbindung besteht[3]. Die Teilnehmer müssen das Vertrauen der Unternehmungsleitung besitzen und sind wegen ihres tiefen Einblicks in betriebliche Interna auf absolute Verschwiegenheit zu verpflichten und demzufolge sorgfältig auszuwählen[4]. Sie sollten in der Durchführung von Prüfungen methodisch kompetent sein, weshalb Mitarbeiter der internen Revision in Betracht zu ziehen sind[5]. Ihrem Einsatz steht allerdings die Gefahr entgegen, daß sie nicht in ausreichendem Maße die unbedingt erforderliche hohe fachliche Kompetenz für umweltschutzspezifische Probleme besitzen[6].

---

1) Vgl. Sietz/Sondermann 1990, S. 52.

2) Vgl. Gaster 1988, S. 910.

3) Vgl. Riker 1991, S. 15.

4) Vgl. Peemöller 1990, S. 240.

5) Vgl. Steger/Antes 1991, S. 38; Peemöller 1990, S. 239; Thomas 1992, S. 10 f.

6) Vgl. Riker 1991, S. 22.

Diese Fachkompetenz würden zwar die Spezialisten aus der zentralen Umweltschutzeinheit mitbringen. Ihnen kann aber nicht die Durchführung eines Audits übertragen werden, weil gerade die Ergebnisse ihrer Tätigkeiten (nämlich Aufstellen genereller Konzepte und Richtlinien oder Entwicklung von Informations- und Kontrollsystemen) Gegenstand der Überprüfung durch Audits sind[1].

Geeignet erscheinen ökologisch qualifizierte Mitarbeiter aus anderen Unternehmungsbereichen, die sich in ihrer Gesamtheit interdisziplinär zusammensetzen, aber aufgrund ihrer eigenen Tätigkeiten durchaus mit ähnlichen oder analogen Systemen wie im Prüfbereich vertraut sind. In divisionalen Strukturen bietet sich etwa die Einbeziehung eines Mitarbeiters aus der entsprechenden Einheit eines anderen Produktbereichs an. Danach könnte bspw. ein Mitarbeiter aus dem Einkauf des Produktbereichs A an einem Audit zur Überprüfung des Einkaufs in Produktbereich B teilnehmen. Zu beachten ist, daß die Auditoren über mindestens den gleichen hierarchischen Rang verfügen, in dem der zu prüfende Bereich angesiedelt ist. Ansonsten werden sie nicht als genügend kompetent angesehen und wird ihnen mangelnde Akzeptanz entgegengebracht[2]. Als problematisch erweist sich in aller Regel die zeitliche Freistellung der Auditoren aus ihren angestammten Einheiten. Für die je nach Inhalt und Umfang schwankende Dauer der einzelnen Audits bringen die Teilnehmer ihre Arbeitszeit vollständig - wie bei der Reinen Projektorganisation - in die Teamarbeit ein[3], so daß sich für die freistellenden Einheiten Kapazitätsschwierigkeiten ergeben[4]. Aus diesem Grunde oder auch in Ermangelung eigener Fachkompetenz wird oft der Rückgriff auf Externe wie etwa Unternehmungsberatungen notwendig. Solche Externe haben sich häufig auf Audits spezialisiert und

---

1) Vgl. Steger/Antes 1991, S. 38; Peemöller 1990, S. 244.

2) Vgl. Gaster 1988, S. 904.

3) Meistens dürfte die Dauer von Audits weitaus kürzer sein als die von Innovationssprojekten, weshalb sich auch nicht das personelle Problem der Wiedereingliederung in die freistellende Einheit stellt.

4) Vgl. Niemeyer/Sartorius 1992, S. 323.

können angesichts fehlender Betriebsblindheit besonders objektiv Mißstände aufdecken[1]. Ebenfalls erscheinen Kombinationen denkbar, bei der Externe das Auditteam ergänzen und neben die internen Mitglieder treten, die in Abhängigkeit von dem jeweiligen Prüfgegenstand in ihrer inhaltlichen und hierarchischen Zusammensetzung variiert werden.

Die Überlegungen zur Gestaltung der Organisationsstruktur bei der zyklusorientierten Strategie lassen sich zusammenfassen wie in Abbildung 9-1 dargestellt. Gegenüber der prozeßorientierten Strategie findet eine Durchdringung und weitestgehende Integration in die gesamten Bereiche der Primärorganisation statt. Die erforderliche Abrundung und Erweiterung der Organisationsstuktur um sekundäre Strukturelemente führt zum Einsatz eines auf Bereichsleiterebene eingerichteten Planungsteams. Daneben bestehen Innovationsteams, die hier beispielhaft als Reine Projektorganisation dem Planungsteam zugeordnet sind und schließlich Auditteams, die der Unternehmungsleitung verantwortlich sind.

Sind schon bei der prozeßorientierten Strategie große betriebliche Anstrengungen notwendig zur Einführung und ihrer organisatorischen Gestaltung, so gilt dies entsprechend und in gesteigertem Ausmaß für die zyklusorientierte Strategie. Für die Dauer des Übergangs bis zur vollständigen Integration in die gesamte Primärorganisation ergeben sich Friktionen, weshalb die Zentraleinheit verstärkt unterstützend tätig wird[2]. Insgesamt ist weniger auf das Erreichen schneller Erfolge zu zielen, sondern eine längerfristig wirksame Berücksichtigung des Umweltschutzes in das Bereichsverhalten und ein abgestimmtes Vorgehen anzustreben. Genauso macht es kaum Sinn, bezüglich der sekundären Strukturelemente in Aktionismus zu verfallen. In der Einführungsphase ist vielmehr abzuwägen, welche und wieviele Teams überhaupt effizient arbeiten können ohne gleichzeitige gravierende Stabilitätsverluste in der Primärorganisa-

---

1) Vgl. Riker 1991, S. 22; Niemeyer/Sartorius 1992, S. 322 f.

2) Vgl. dazu Kapitel 8.2.4.

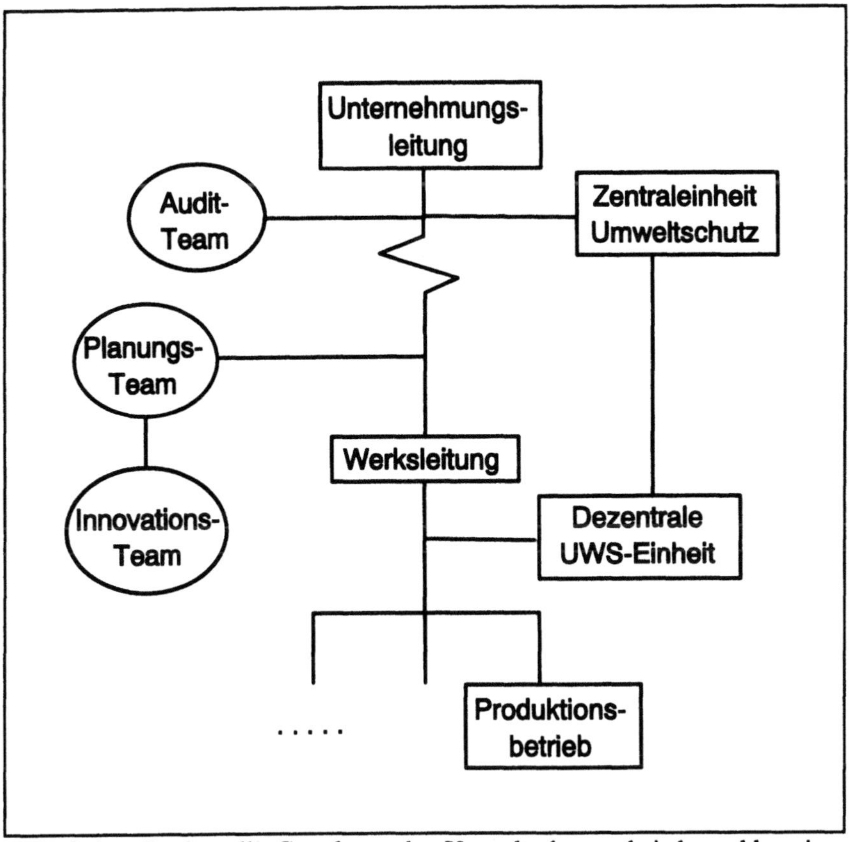

Abb. 9-1: Strukturelle Gestaltung des Umweltschutzes bei der zyklusorientierten Strategie

tion. Alle Mitarbeiter müssen erkennen, daß eine hohe ökologische Qualität nicht bloß eine bestimmte technische Güte von Produkten oder Rückständen ist, sondern eine entsprechende Organisation voraussetzt und sich darin widerspiegelt. Um Umweltschutz damit zur Sache sämtlicher Mitarbeiter zu machen, bedarf es einer angemessenen personenbezogenen Gestaltung.

9.3 Personenbezogene Gestaltung

Mit der Ausweitung der Umweltschutzaktivitäten auf sämtliche Unternehmungsbereiche sind geeignete Mechanismen zur Motivation aller Mitarbeiter zu entwickeln. Dabei erscheinen kostenorientierte Anreizsysteme für Unternehmungsbereiche ohne Marktzugang nach wie vor nur beschränkt anwendbar bei großen autonomen Einheiten[1]. Für Unternehmungsbereiche mit einem direkten Marktzugang (bspw. Einkauf- oder Absatzbereich) gilt dies prinzipiell entsprechend hinsichtlich des Einsatzes von Anreizsystemen nach dem Profit-Center-Konzept, bei dem diese Bereiche über einen autonomen Erfolgsausweis gesteuert würden[2]. Insofern sind zur motivationalen Unterstützung der einzelnen Aufgabenträger in erster Linie wiederum planorientierte Anreize angesprochen. Einen Schwerpunkt bildet demnach die Aufstellung umfassender Umweltschutzprogramme, die aus der Fülle der durchzuführenden Umweltschutzaufgaben spezifische Ziele für die Fachbereiche entwickeln und schließlich Planvorgaben bis zu den einzelnen Aufgabenträgern ableiten. Bei Erreichen der Planvorgaben (z.B. im Einkaufsbereich bestimmte Beschaffungsanteile umweltschonender Einsatzstoffe) erhalten die Aufgabenträger ihre vereinbarten Belohnungen etwa in Form von Prämien.

Daneben tritt mit den weitreichenden unternehmungsweiten Umweltschutzanstrengungen die Frage der Identifikation der Mitarbeiter mit den ökologischen Qualitätszielen in den Vordergrund. Gelingt eine Identifikation der Belegschaft mit diesen anspruchsvollen Zielen, so werden die Mitarbeiter ihre Aufgaben mit einer gesteigerten Motivation durchführen[3]. Die zyklusorientierte Strategie ist im Unterschied zu den anderen Strategietypen nicht nur auf das Mitwirken vieler Mitarbeiter angewiesen. Sie ist auch dem gesamten Personal insofern einfacher zu vermitteln, als Umweltschutz nicht auf einzelne Einheiten beschränkt bleibt, sondern sich alle Bereiche gleichgerichtet verhalten. Deshalb erscheint der Einsatz von Transformationsmechanismen sinnvoll, die zu einer

---

1) Vgl. dazu Kapitel 8.3.

2) Vgl. Frese/Kloock 1989, S. 26; Frese 1992, Sp. 2448. Zum grundsätzlichen Profit-Center-Konzept vgl. Poensgen 1976; Welge 1975.

3) Vgl. Steger 1988, S. 237.

Internalisierung der Ziele bei den Mitarbeitern führen. Angesprochen wird damit das Konzept der Unternehmungskultur, welches in der Literatur im Zusammenhang mit einer ethischen Fundierung des Umweltschutzes intensiv diskutiert und dem ein großer Stellenwert zugeschrieben wird[1].

Bei dem Begriff Unternehmungskultur handelt es sich um ein facettenreiches und schwer zu fassendes Konstrukt[2]. Hier sollen darunter "die unternehmensbezogenen Werte und Normen im Sinne eines gemeinsamen Ideensystems"[3] bzw. die unbewußt wirkenden und als eine Art Glaubenssätze die Wahrnehmung und das Verhalten beeinflussenden Grundannahmen/Grundüberzeugungen der Unternehmungsmitglieder in Bezug auf die Unternehmung verstanden werden[4].

Mit der Entwicklung einer entsprechend ausgeprägten Unternehmungskultur, die Umweltschutz glaubhaft als einen zentralen Wert der Unternehmung vermittelt, kann den Mitarbeitern ein Sinnzusammenhang in ihrem Handeln gegeben werden, was zu einer erhöhten Zufriedenheit und Motivation beiträgt[5]. Folgt man den Ergebnissen empirischer Studien, dann sehen zwar vermutlich schon viele Mitarbeiter Umweltschutz als subjektiv für sie wichtiges Ziel an, bezweifeln aber den unternehmerischen Stellenwert eines entsprechenden Verhaltens[6].

---

1) Vgl. bspw. Schmidt 1974; Senn 1986, S. 299 ff.; Frese/Kloock 1989, S. 27; Wagner 1990; Dyllick 1990, S. 45; Picot/Seidlmeier 1991, S. 12 f.; Gorsler 1991; Dierkes/Marz 1992.

2) Seit der verstärkten Auseinandersetzung mit diesem Konstrukt in den 80er Jahren gehört das Phänomen Unternehmungskultur zu den am stärksten strapazierten Begriffen und wurde eine Vielzahl von Definitionsansätzen entwickelt, ohne daß der Begriff an Klarheit gewonnen hat. Vgl. dazu die Übersicht bei Scholz 1988.

3) Heinen 1987, S. 22; vgl. auch Krulis-Randa 1984, S. 360.

4) Vgl. Schein 1985, S. 6.

5) Vgl. Dill/Hügler 1987, S. 154 ff.

6) Vgl. Rosenstiel 1991, S. 325 f.

In solchen Fällen fördert die Kultur die Motivation mit der Aufhebung dieser Diskrepanz und der Beseitigung des Wertkonflikts. Durch die Motivationsfunktion der Unternehmungskultur wird zum einen die Notwendigkeit eines Einsatzes von Anreizsystemen partiell entbehrlich[1]. Zum anderen ist darauf zu achten, daß bestehende Anreizsysteme kompatibel sind zur Kultur und keine verhaltenssteuernden Effekte in andere Richtungen bewirken.

Neben den ansonsten mit einer Unternehmungskultur verbundenen Effekten[2] ist speziell ihre Koordinationsfunktion hervorzuheben[3]. Die Kultur liefert den einzelnen Individuen einen Orientierungsrahmen mit handlungsleitender Wirkung, der in Entscheidungssituationen die Komplexität und Ungewißheit reduziert[4]. Diese einheitliche Ausrichtung und implizite Verhaltenssteuerung über den Zielkonsens der Unternehmungsmitglieder ist gerade bei der zyklusorientierten Strategie wichtig, da die Entscheidungen über Umweltschutzmaßnahmen in sämtlichen Fachbereichen getroffen werden und die verschiedenen Ebenen beteiligt sind.

Die positiven Verhaltenseffekte können aber nur von Unternehmungskulturen ausgehen, wenn sich diese im Einklang mit den auf die Unternehmung einwirkenden Bedingungen und den verfolgten Strategien befinden[5]. In diesem Sinne ist es erforderlich, insbesondere beim Übergang zur zyklusorientierten Strategie eine Veränderung und Anpassung der bestehenden Kultur zu erreichen, um einen derartigen "Fit" herbeizuführen. Problematisch für solchermaßen notwendige Anpassungen zu verstärkten Umweltschutzmaßnahmen ist, daß starke bestehende Unternehmungskulturen gerade bei Veränderungen die Unge-

---

1) Vgl. Frese/Kloock 1989, S. 27.

2) Vgl. die Übersicht bei Steinmann/Schreyögg 1993, S. 597 ff.

3) Vgl. Dill/Hügler 1987, S. 147 ff.; Ulrich 1984, S. 312 f.

4) Vgl. Pümpin 1984, S. 24 f.; Klein 1991, S. 200.

5) Vgl. Deal/Kennedy 1982; Pümpin 1984, S. 19 ff.

wißheit der Mitarbeiter durch Orientierung an bewährten Normen reduzieren und insofern eine Barriere für einen Wandel darstellen[1]. Grundsätzlich stellt sich darüber hinaus die Frage, inwieweit sich einer Unternehmungskultur überhaupt der Charakter eines beeinflußbaren und steuerbaren Instruments zurechnen läßt. Da sich Werte nicht befehlen lassen und mithin eine Unternehmungskultur nicht beliebig konstruierbar ist, handelt es sich vielmehr um einen geplanten Wandel oder Kurskorrektur, die durch einen langfristigen Prozeß herbeigeführt werden soll[2].

Unter Berücksichtigung dieser Erkenntnisse wird zur Entwicklung einer strategieadäquaten Unternehmungskultur mit der Betonung des Umweltschutzes ein "Kulturmanagement" erforderlich, das zu einer Internalisierung bei den Mitarbeitern beiträgt[3]. Dazu müssen zunächst die relevanten Werte und Normen bestimmt werden, die in die Unternehmungsgrundsätze aufzunehmen sind[4]. Wesentlich ist, daß diese Inhalte auf allen hierarchischen Ebenen kommuniziert und propagiert werden[5]. Eine wichtige Rolle spielen ebenfalls die Gestaltung der betrieblichen Weiterbildung und die Einbeziehung der Werte bei Personalentscheidungen wie etwa Neueinstellungen. In den Mittelpunkt rückt aber die Umsetzung und Befolgung der Inhalte durch die Entscheidungsträger, denn Worte ohne Taten haben kontraproduktive Wirkung. Eine Unternehmungskultur steht und fällt mit der Glaubwürdigkeit und Vorbildfunktion der Führungskräfte und speziell der Unternehmungsleitung. Sie müssen mit praktischen Handlungen und geeigneten Symbolen die Bedeutung dieser Werte vermitteln[6].

---

1) Vgl. Lorsch 1986, S. 95 ff.; Schreyögg 1989, S. 111; Frese/Kloock 1989, S. 27.

2) Vgl. Steinmann/Schreyögg 1993, S. 603 f.; Dierkes 1988, S. 560.

3) Vgl. Picot/Seidlmeier 1991, S. 12 f.

4) Zu möglichen Inhalten und Dimensionen eines solchen Leitbilds vgl. Senn 1986, S. 301 ff.

5) Vgl. Frese 1992, Sp. 2448; Gorsler 1991, S. 177 f.

6) Vgl. Gorsler 1991, S. 175 f.; Bartscher/Fleischer 1991, S. 441.

Neben den bisher erwähnten Maßnahmen der personenbezogenen Gestaltung der Unternehmungsmitglieder sind bei der umfassenden Perspektive dieser Strategie auch unternehmungsübergreifende Maßnahmen in Betracht zu ziehen. So können außer den Kommunikationsmaßnahmen zur Beeinflussung von Zykluspartnern auch bspw. direkte Anreize für Externe geschaffen werden, die zu einer Verhaltensbeeinflussung und Motivation beitragen. Entsprechend den internen Planvorgaben aus dem Umweltschutzprogramm sind Zielvorgaben für Zulieferer oder Händler denkbar, die bei Erfüllung mit Prämien belohnt werden (z.B. Konditionenverbesserung bei Verpackungsvermeidung). Genauso ist eine unternehmungsübergreifend abgestimmte Gestaltung von Anreizsystemen möglich, um die jeweiligen Mitarbeiter präzise im Hinblick auf die bestehenden Leistungsverflechtungen zu motivieren und gegenläufige Anreize zu vermeiden. Aufgrund beschränkter Kontrollgelegenheiten insbesondere auf nachgelagerten Zyklusstufen sind solchen Ansätzen aber Grenzen gesteckt. Deshalb wird es nicht zuletzt notwendig sein, durch eigene Umweltschutzmaßnahmen und Vorleistungen die Zykluspartner zu einem auf einem entsprechenden Wertesystem basierenden Verhalten zu bewegen und ein gegenseitiges Vertrauen aufzubauen. Entstehen zwischen Unternehmungen Kooperationen mit einer glaubwürdigen Zusammenarbeit, lassen sich daraus motivationsfördernde Effekte erwarten. Für die Mitarbeiter der beteiligten Unternehmungen kann aus dem Wissen um die Mitwirkung an dieser Kooperation ein gehobenes Bewußtsein für die Zyklusorientierung und eine gesteigerte Verpflichtung zu ökologisch ausgerichtetem Verhalten resultieren.

10 Zusammenfassung der organisatorischen Gestaltungsüberlegungen

Zur Verdeutlichung der Gestaltungsempfehlungen in den vorangegangen Kapiteln sollen die wesentlichen Ergebnisse in einer Übersicht noch einmal gegenübergestellt werden.

Die für die outputorientierte Strategie charakteristischen nachgeschalteten direkten Umweltschutzaufgaben sind relativ schnell und einfach durch die Bildung spezieller Umweltschutzeinheiten zu bewältigen. Es empfiehlt sich die Institutionalisierung einer Zentraleinheit, welche die übergeordneten Aufgaben wahrnimmt und aufgrund dessen hierarchisch hoch unter der Unternehmungsleitung zu verankern ist. Daneben steuert sie durch ihr fachliches Weisungsrecht die dezentralen Umweltschutzeinheiten, die an den verschiedenen Standorten primär zur Abwicklung der Kontrolltätigkeiten einzurichten sind. Die dezentralen Umweltschutzeinheiten sollten mit einem Vetorecht im Störfall gegenüber den Produktionseinheiten ausgestattet sein, um die Einhaltung eines Mindestmaßes an ökologischer Qualität sicherzustellen. Umweltschutz bleibt damit im wesentlichen auf die speziellen Einheiten beschränkt, die insofern die sonstigen Einheiten vor der Umweltschutzproblematik abschirmen und ein traditionelles Fortführen der Betriebsprozesse ermöglichen. Auch die Motivationsanforderungen betreffen eher die Mitarbeiter aus den speziellen Umweltschutzeinheiten, während für die übrige Belegschaft allenfalls Anreize zu sporadischen Sonderleistungen etwa im Rahmen des Vorschlagswesen sinnvoll erscheinen.

Im Unterschied dazu verlangt die prozeßorientierte Strategie aufgrund der Einbeziehung des Umweltschutzes in die Produktionsprozesse umfangreichere Gestaltungsmaßnahmen. Erforderlich wird die Integration des Umweltschutzes in die Produktionseinheiten, wodurch ökologische Kriterien als zusätzliche qualitative Bestandteile mit ihren traditionellen Aufgaben zu verknüpfen sind. Um die Integration wirkungsvoll umzusetzen, erhalten die Produktionseinheiten die Weisungsrechte für das Geschehen in ihrem Bereich und sind für die erzielte ökologische Qualität verantwortlich. Die nach wie vor notwendigen speziellen Umweltschutzeinheiten üben durch die Wahrnehmung prozeßunabhängiger Aufgaben eine koordinierende und überwachende Funktion aus. Nur in besonderen Situationen unterstützen sie mit speziellen Kenntnissen die Produktionseinheiten, die ansonsten selbständig agieren. Bevor ein derart geändertes Verhalten der Produktionseinheiten erreicht werden kann, bedarf es der Überwindung einer mitunter schwierigen Übergangsphase, in der die Zentraleinheit die betrieblichen Voraussetzungen für die Integration schafft und eine Anleitungsfunktion übernimmt. Zur motivationalen Unterstützung des geänderten Verhaltens in den Produktionseinheiten bietet sich die Aufstellung planorientierter Anreizsysteme in Form von Umweltschutzprogrammen an, welche die Mitarbeiter in Bezug auf das von ihnen erzielte Ausmaß an ökologischer Qualität belohnen.

Die zyklusorientierte Strategie macht durch ihr Verständnis des Umweltschutzes als echte Querschnittsfunktion die anspruchsvollsten und weitgehendsten organisatorischen Gestaltungsmaßnahmen erforderlich. Die Einbeziehung von indirekten Umweltschutzaufgaben hat die Durchdringung sämtlicher Unternehmungsbereiche der primären Organisationsstruktur zur Folge, welche für die Berücksichtigung der ökologischen Qualität innerhalb ihres jeweiligen Bereichs zuständig sind. Diese unternehmungsweite Integration von Umweltschutzaufgaben bringt weitere Koordinations- und Kontrollanforderungen mit sich, die nicht alleine von den speziellen Umweltschutzeinheiten zu bewältigen sind. Notwendig wird eine Erweiterung um sekundäre Strukturelemente in Form von interdisziplinären Teams, die variabel im Bedarfsfall eingesetzt werden können. Um das individuelle Verhalten der Mitarbeiter motivational zu fördern, ist außer der

Gewährung von Anreizen durch umfassende Umweltschutzprogramme die Entwicklung einer entsprechenden Unternehmungskultur von Bedeutung, durch die eine Identifikation der Belegschaft mit den ökologischen Qualitätszielen mittels Internalisierung angestrebt wird.

Abbildung 10-1 gibt einen Überblick über die Gestaltungsaussagen und stellt sie im Zusammenhang mit den für diese Überlegungen grundlegenden Aufgabenschwerpunkten dar. Wie schon erläutert werden dagegen für die abwehrorientierte Strategie keine Gestaltungsempfehlungen entwickelt.

	Strategietypus	abwehrorientiert	outputorientiert	prozeßorientiert	zyklusorientiert
Aufgabenbereiche	Umwelt-schutz indirekt — nachgeschaltet / präventiv direkt — präventiv / nachgeschaltet Kommunikation Überwälzung				
organisatorische Gestaltung	Umfang organisatorischer Gestaltungsmaßnahmen		gering	mittel bis hoch	sehr hoch
	strukturbezogener Gestaltungsschwerpunkt		Ergänzung von UWS-Spezialisten	Integration in Produktionsbereich	Durchdringung der gesamten Primärorganisation + Erweiterung um sekundäre Strukturelemente
	Aufgabenbewältigung durch UWS-Spezialisten		ausschließlich	teilweise	teilweise
	Weisungsrechte		UWS-Spezialisten	Produktionsbereich	jeweiliger Unternehmungsbereich
	Einsatz personenbezogener Elemente		eher sporadisch	produktionsbezogene Anreizsysteme	umfassende Anreizsysteme + Unternehmungskultur

Abb. 10-1: Organisatorische Gestaltungsüberlegungen im Überblick

Teil III: Ergebnisse der empirischen Untersuchung

Die Zielsetzung der hier vorzustellenden empirischen Studie bestand zunächst darin, breiteres Wissen über die unterschiedlichen in der Praxis existierenden organisatorischen Lösungen und Probleme zu erhalten. Weiterhin sollten die empirischen Resultate vor dem Hintergrund der Ergebnisse der voran dargestellten theoretisch-konzeptionellen Überlegungen eingeordnet und beurteilt werden.

Die empirische Untersuchung trug den Titel "Strategische Ausrichtung und organisatorische Einbindung der betrieblichen Umweltschutzaufgaben"[1]. Die Befragung richtete sich an die Branche der metallerzeugenden und -verarbeitenden Industrie, die sich aus Unternehmungen der Metallerzeugung, des Metallbaus, des Maschinenbaus sowie des Fahrzeugbaus zusammensetzt. Diese Branche[2] wurde ausgewählt, weil sie zum einen aufgrund ihres Leistungsprogramms sicherlich von der Umweltschutzproblematik betroffen ist und wegen der Verbreitung dieses Industriezweiges einen beachtlichen Teil der deutschen Industrie erfaßt. Zum anderen weist diese Branche bisher noch eine gewisse Bandbreite

---

1) Diese Studie wurde vom Lehrstuhl für Industriebetriebslehre, RWTH Aachen, unter der Leitung von Prof. Dr. H. Dyckhoff in Zusammenarbeit mit der Unternehmungsberatung EC Consulting Group, Düsseldorf, konzipiert und durchgeführt. Eine Publikation der Ergebnisse erscheint demnächst. Vgl. Dyckhoff/Jacobs 1994.

2) Eine branchenmäßige Einschränkung war erforderlich, um eine zu heterogene Stichprobenzusammensetzung zu vermeiden.

hinsichtlich ihrer Betroffenheit durch Umweltschutz auf, im Unterschied etwa zur chemischen Industrie. Die Datenerhebung erfolgte im Zeitraum von September 1990 bis März 1991, wobei die Studie insgesamt aus zwei Teilen bestand.

In einem ersten Teil wurde eine postalische Befragung mittels eines 4-seitigen standardisierten Fragebogens[1] vorgenommen, um einen Querschnitt über die wichtigsten strategischen und organisatorischen Merkmale zu erhalten. Der Fragebogen wurde an alle metallerzeugenden und -verarbeitenden Betriebe mit einem Mindestumsatz von 100 Millionen DM in der Bundesrepublik (alt) verschickt, was einer Anzahl von 539 Unternehmungen entspricht. Davon haben 132 Unternehmungen an der Befragung teilgenommen, so daß mit 24,5% eine recht gute Rücklaufquote erzielt wurde. Als Anreiz für ihre Teilnahme erhielten die Unternehmungen eine Dokumentation der Fragebogenresultate zugesandt. In Anbetracht der absoluten Menge der antwortenden Unternehmungen erlauben die Ergebnisse schon einen weiterführenden Einblick in die Praxis. Inwieweit trotz des explorativen Charakters der Studie die Ergebnisse möglicherweise verallgemeinerbare Rückschlüsse aufgrund der vergleichsweise hohen Beteiligung zulassen, ist insofern kritisch zu beurteilen, als vermutlich die teilnehmenden Unternehmungen zu den aktiveren und fortschrittlicheren Betrieben in Bezug auf ein intensives Umweltmanagement zu rechnen sind. Die Fragebögen waren zwar adressiert an die Unternehmungsleitung, ausgefüllt wurden sie aber durchweg von dem hierarchisch höchsten für Umweltschutz zuständigen Mitarbeiter, d.h. zumeist dem Leiter der speziellen Umweltschutzeinheit.

Auf der Basis der Fragebogenresultate wurde der zweite Teil der Studie durchgeführt, bei dem vertieft einzelne Fallbeispiele untersucht wurden. Aus dem Rücklauf wurden 13 Unternehmungen ausgewählt, die einerseits Bereitschaft zur Teilnahme an einem weiterführenden persönlichen Gespräch bekundet

---

1) Anhang 1 enthält den Fragebogen mitsamt den absoluten Werten der erhaltenen Antworten.

hatten und andererseits aufgrund ihrer Angaben im Fragebogen interessant und aufschlußreich für die zu behandelnde Thematik erschienen. Die Interviews erfolgten vor Ort und dauerten durchschnittlich 2-3 Stunden. Gesprächspartner waren ausnahmslos die jeweils hierarchisch höchsten konkret für Umweltschutz zuständigen Mitarbeiter bzw. deren Vertreter[1]. Die Gespräche wurden als teilstandardisierte Interviews an einem Leitfaden[2] orientiert abgewickelt, um die Vergleichbarkeit der Aussagen zu gewährleisten, ohne die Praktiker zu stark einzuengen und ihren Vorstellungen und Erfahrungen zu wenig Raum zu geben. Von diesen 13 genauer untersuchten Unternehmungen werden 3 als besonders prägnante und aussagefähige Fallbeispiele in Kapitel 12 dargestellt, nachdem zunächst in Kapitel 11 die relevanten Ergebnisse der Fragebogenerhebung vorgestellt und diskutiert werden.

---

1) Den Gesprächspartnern gebührt großer Dank für ihr außerordentliches Engagement bei der Mitwirkung, zu der sie sich trotz großer zeitlicher Belastung bereit erklärten. Dies gilt umso mehr, als die Praktiker übereinstimmend bestätigten, während der Erhebung dieser Studie mit sonstigen Anfragen hinsichtlich umweltschutzspezifischer Forschungsuntersuchungen geradezu "überschüttet" worden zu sein.

2) Der Interviewleitfaden findet sich in Anhang 2.

11 Ergebnisse der Fragebogenerhebung

11.1 Strategische Ausrichtung des Unternehmungsverhaltens

a) Strategische Schwerpunkte

Die strategische Ausrichtung der untersuchten Unternehmungen wird erkennbar an den in Abbildung 11-1 veranschaulichten Gründen für das betriebliche Umweltmanagement. Während die Abbildung das Mittelwertprofil über alle erfaßten Unternehmungen auf einer 5-stufigen Skala von "nein" bis "ja" zeigt[1], sind die Ergebnisse durch Transformation der Antworten auch numerisch auszudrücken, wobei "nein" dem Wert 1 und "ja" dem Wert 5 entspricht[2]. Danach wird der Wiederverwendung bzw. Entsorgung von Abfallprodukten (3,97) das höchste Gewicht beigemessen, gefolgt von dem Streben nach umweltverträglichen Produktionsverfahren (3,73) und sonstigen innerbetrieblichen Abläufen (3,60). Diese strategischen Schwerpunkte zielen auf direkte Umweltschutzmaßnahmen, mit denen die von der Unternehmung unmittelbar ausgehenden Umweltbelastungen verringert werden sollen. Die geringste Bedeutung kommt der Minimierung von Verpackungen (3,29), den Recyclingmöglichkeiten von Produkten (3,17) sowie deren Materialeigenschaften (3,05) zu[3]. Hiermit sind indirekte Umweltschutzmaßnahmen verbunden, die an den bei den Zy-

---

1) Zur deutlicheren Illustration der Ergebnisse wird hierbei (wie auch weiter unten in Abbildung 11-2) nur der Bereich von "eher nein" bis "ja" dargestellt.

2) Durch die Art der Darstellung im Fragebogen und die erhaltenen Antworten erscheint die Annahme gerechtfertigt, daß die Ergebnisse über eine rein ordinale Bewertung hinaus auch kardinal interpretierbar sind. Allerdings dürfen die unter dieser Prämisse aufgestellten Schlußfolgerungen nur mit der nötigen Vorsicht gezogen werden.

3) Das etwas überraschende Ergebnis, daß die Verpackungsproblematik einen höheren Stellenwert besitzt als die Produkteigenschaften, läßt sich vermutlich erklären durch die aktuelle Thematik der Verpackungsverordnung.

kluspartnern auftretenden Umweltschädigungen ansetzen. Diese Ergebnisse sind insofern sehr aufschlußreich, als sie darauf hindeuten, daß in der strategischen Ausrichtung direktem Umweltschutz eine eindeutig höhere Priorität beigemessen wird als indirektem Umweltschutz.

Erklärbar wird eine derartige Gewichtung dadurch, daß sich betrieblicher Umweltschutz anscheinend immer noch primär an den geltenden Rechtsvorschriften orientiert, die sich ihrerseits überwiegend aus Auflagen zusammensetzen, die die unmittelbar aus Produktionsprozessen hervorgehenden Belastungen zum Inhalt haben, während etwa die Regelungsdichte zu Produkteigenschaften von weitaus geringerem Umfang ist. Daneben läßt sich ein größerer Druck zu direktem Umweltschutz durch eine relativ stärkere Wahrnehmung direkter Umweltschädigungen bei den Anspruchsgruppen vermuten. Während etwa bei anfallendem Verpackungsmüll die Verantwortlichkeit des Produzenten in den Augen der Öffentlichkeit bspw. durch die Mitverursachung der Ab-

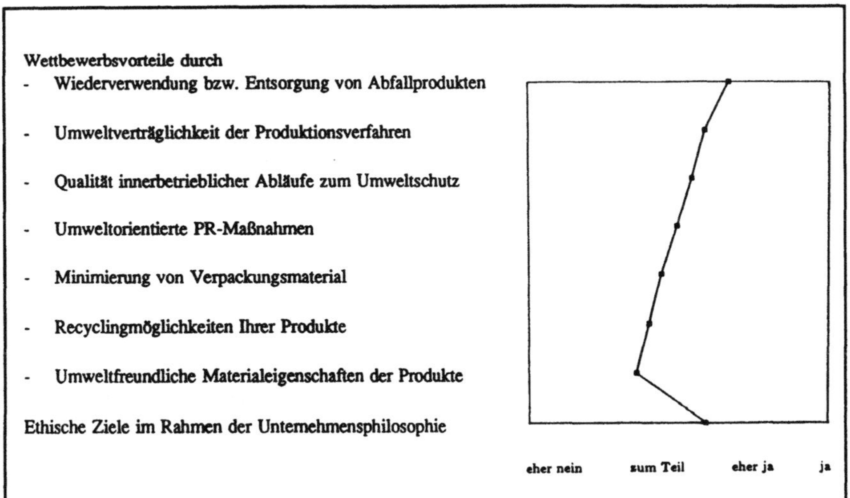

Abb. 11-1: Gründe des betrieblichen Umweltmanagements

nehmer begrenzt wird, werden die Produzenten bei den von Werksgeländen ausgehenden Gefahren durch Emissionen als Alleinverantwortliche angesehen.

Des weiteren fällt auf, daß neben der Betonung des direkten Umweltschutzes die höchste Einzelpriorität der Wiederverwendung bzw. Entsorgung von Abfällen beigemessen wird. Mit der Ausrichtung auf schon entstandenen Abfall überwiegt der Gedanke der Vernichtung (treffender: Verteilung) und Verwertung, da die vermeidungsorientierte Perspektive, der sich die Umweltfreundlichkeit von Produktionsverfahren und sonstigen innerbetrieblichen Abläufe zuordnen lassen, davon dominiert wird. Überträgt man diese Resultate auf die im theoretischen Teil dieser Untersuchung hergeleiteten idealtypischen Strategien, sprechen sie insofern für eine vorherrschend outputorientierte strategische Ausrichtung, während die Prozeßorientierung und insbesondere die Zyklusorientierung offensichtlich einen geringeren Stellenwert besitzen.

b) Einschätzung der Rechtsentwicklung

In die gleiche Richtung zielen auch die Befragungsergebnisse zur Einschätzung der zukünftigen Entwicklung in der Gesetzgebung. Diese Einschätzung ist im Zusammenhang mit der strategischen Ausrichtung besonders relevant, da - wie schon erwähnt - andere empirische Studien die Rechtsentwicklung als den wesentlichen Kontextfaktor für das umweltbezogene Unternehmungsverhalten identifiziert haben[1]. Durch die zukünftige Rechtsentwicklung sehen sich die befragten Unternehmungen am stärksten zu Umweltschutzanstrengungen auf den Gebieten Entsorgung/Recycling (4,20) gedrängt. In weiter abnehmendem Umfang verlangt nach ihrem Bekunden die Rechtsentwicklung Maßnahmen in den Bereichen Fertigungsverfahren/Emissionswerte (3,78), Produktentwicklung/ Materialeinsatz (3,16) und schließlich Distribution/Verpackung (2,91).

1) Vgl. Kirchgeorg 1990, S. 180 f.

Diese Resultate weisen wiederum auf eine Dominanz von direktem gegenüber indirektem Umweltschutz hin. Es erscheint jedoch verwunderlich, daß die Unternehmungen den stärksten Druck nach wie vor in Richtung Vernichtung und Verwertung verspüren, obwohl schon seit der Novellierung des Abfallgesetzes 1986 ausdrücklich das Primat auf dem Vermeidungsaspekt liegt. So betonen auch die Ankündigungen für weitere Gesetzesvorhaben den Gedanken der Vermeidung wie etwa die Einführung von Rücknahmeverpflichtungen für die Hersteller. Als mögliche Erklärung für das insofern im Widerspruch stehende Antwortverhalten läßt sich vermuten, daß die Unternehmungen diese Umorientierung des Gesetzgebers in ihrer Konsequenz für die betriebliche Praxis noch nicht wahrgenommen haben oder einfach aufgrund ihrer Erfahrungen aus der Vergangenheit unveränderte Erwartungen in die Zukunft übertragen. Ein anderer Erklärungsansatz besteht in dem mangelnden Glauben an die zukünftige Wirksamkeit der Vermeidungsdominanz. Hierfür könnten ausschlaggebend sein Zweifel an der Ernsthaftigkeit der Politikerabsichten oder die Vermutung einer politisch nicht gegebenen Durchsetzbarkeit (ggfs. sogar infolge eigener Beeinflussungsmöglichkeiten).

Daß aber innerhalb der einzelnen Unterbranchen Unterschiede bestehen können und eine differenzierte Betrachtung notwendig ist, vermittelt Abbildung 11-2 mit einem Vergleich der Ergebnisse von 5 Kfz-Herstellern und 18 Kfz-Zulieferern. Zwar nehmen auch die Kfz-Hersteller den größten Handlungsbedarf aufgrund zukünftiger Gesetze bei der Behandlung und Verwertung von Abfällen an, jedoch sehen sie sich daneben in einem außerordentlich hohen Umfang zu indirektem Umweltschutz gedrängt. Die Begründung liegt abgesehen von dem Verspüren einer insgesamt hohen ökologischen Betroffenheit der Kfz-Industrie vermutlich in so gravierenden Gesetzesvorhaben wie der Ankündigung einer Rücknahmeverpflichtung alter Kfz, welche die Hersteller zu intensiven Aktivitäten im Bereich Produktentwicklung/Materialeinsatz zwingt. Dagegen sehen sich die Kfz-Zulieferer trotz der engen Leistungsverflechtungen mit den Kfz-Herstellern weitaus schwächer zu indirektem Umweltschutz veranlaßt und äußern mit

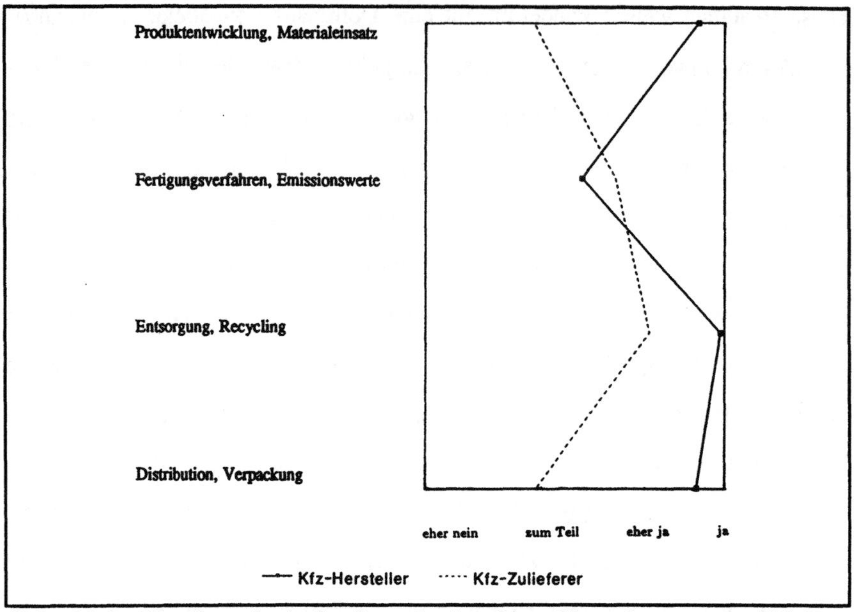

Abb. 11-2: Handlungsbedarf aufgrund zukünftiger Umweltgesetze im Kfz-Bau

ihrer klaren Priorität in Bezug auf direkten Umweltschutz eine für die gesamte Erhebung typische Einschätzung. Auch wenn die Kfz-Zulieferer den wachsenden Druck zu indirektem Umweltschutz noch nicht erfaßt haben, kann jedoch gemutmaßt werden, daß sie sich anpassen müssen und auch werden gemäß den Einschätzungen der Kfz-Hersteller, welche nicht zuletzt angesichts ihrer Marktmacht den Problemdruck weitergeben werden. Insofern könnte innerhalb dieser Branche ein zeitlicher Diffusionsprozeß unterstellt werden, der von den sehr großen und weitsichtig agierenden Kfz-Herstellern zeitlich verzögert auf die eher mittelständischen Kfz-Zulieferer übergreift.

11.2 Spezielle Umweltschutzeinheiten

a) Verbreitung

Wesentlicher Gegenstand der Erhebung war die Untersuchung der Verbreitung spezieller Umweltschutzeinheiten und ihrer organisatorischen Gestaltungsmerkmale. Hinsichtlich der Frage, welche Unternehmungen verstärkt spezielle Umweltschutzeinheiten einrichten, ergibt sich die deutlich stärkste Korrelation mit der Umsatzgröße. Je höher der Umsatz ist, umso häufiger werden spezielle Umweltschutzeinheiten überhaupt gebildet. Gleichzeitig steigt mit dem Umsatz der Grad der Institutionalisierung, d.h. es existieren vermehrt ausgeprägte Strukturformen, bei denen sowohl zentrale als auch dezentrale Umweltschutzeinheiten vorhanden sind.

Wie Abbildung 11-3 illustriert, haben von den Unternehmungen mit geringem Umsatz (unter 250 Mio. DM) immerhin 19% gar keine speziellen Einheiten, während lediglich 11% von ihnen sowohl zentrale als auch dezentrale Einheiten besitzen. Dagegen existiert bei diesen kleinen Unternehmungen in über 52% der Fälle (nur) eine zentrale Einheit. Diese Zusammenfassung der Spezialisten in einer einzigen Einheit wird auch dadurch verständlich, daß es sich bei den

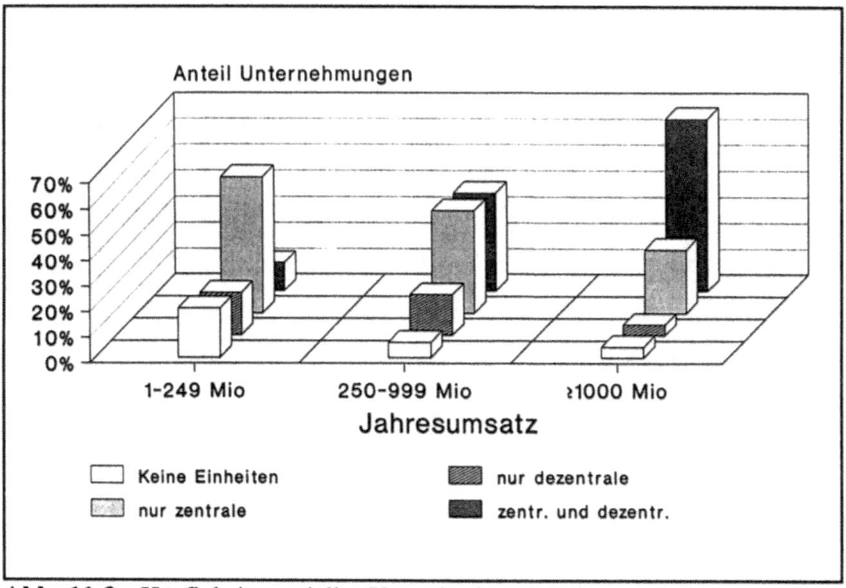

Abb. 11-3: Häufigkeit spezieller Umweltschutzeinheiten nach Jahresumsatz

kleinen Unternehmungen häufig um Firmen mit einer geringen Werksanzahl handelt und/oder sie der Branche des Maschinenbaus zuzurechnen sind, die generell weniger betroffen ist wegen ihres vergleichsweise geringer umweltschädlichen Leistungsprogramms.

Im Gegensatz dazu fehlen lediglich bei 5% der Unternehmungen mit hohem Umsatz (über 1000 Mio. DM) jegliche spezielle Umweltschutzeinheiten. Stattdessen verfügen 73% von ihnen über zentrale und dezentrale Einheiten. Diese Ergebnisse decken sich mit den Überlegungen im theoretischen Teil dieser Arbeit[1], wonach größere Unternehmung einen gehobenen Bedarf an Spezialisten haben, da sie in aller Regel quantitativ und qualitativ größere Umweltprobleme verursachen und stärker im Licht der Öffentlichkeit stehen sowie generell einen höheren Grad an Spezialisierung aufweisen, wobei sie sich infolge ihrer Finanzkraft ein Spezialistentum auch eher leisten können. So produzieren viele der in der Erhebung erfaßten umsatzstarken Unternehmungen in einer großen Anzahl von Werken. Zugleich handelt es sich häufig um Betriebe der besonders betroffenen Sub-Branchen Metallerzeugung und Fahrzeugbau.

b) Zeitliche Entwicklung

Umsatzstarke Unternehmungen verfügen nicht nur häufiger über spezielle Umweltschutzeinheiten, sondern es ist auch ein Trend erkennbar, daß sie diese zeitlich eher eingerichtet haben als umsatzschwache Unternehmungen. Bei den kleinen Unternehmungen wurde der weit überwiegende Teil der zentralen wie dezentralen Einheiten nach 1980 gebildet. Demgegenüber schufen die großen Unternehmungen ihre dezentralen Einheiten eindeutig mehrheitlich bis 1980, während sich bei ihren zentralen Einheiten immerhin noch ein ausgeglichenes Verhältnis bezüglich der beiden Altersstufen ergibt. Im Hinblick auf die zeitliche Entwicklung der Errichtung spezieller Umweltschutzeinheiten insgesamt

---

1) Vgl. Kapitel 3.2.2.

fallen mehrere Schübe als Phasen mit besonders hohen Häufigkeiten auf. Eine erste Häufungsphase ist erkennbar im Zeitraum Anfang bis Mitte der 70erJahre und dürfte allem Anschein nach zurückzuführen sein auf den Beginn der deutschen Umweltschutzgesetzgebung und insbesondere die gesetzliche Verankerung der Institution des Betriebsbeauftragten, die erstmals 1974 im BImSchG und anschließend 1976 im WHG bzw. 1977 im AbfG kodifiziert wurde. Die zweite Häufungsphase liegt im Zeitraum Ende der 80er Jahre und kann vermutlich als eine Folge stark beachteter Umweltkatastrophen (Rheinverseuchung nach Brand bei Baseler Chemiefirma, Reaktorunfall in Tschernobyl) im Jahre 1986 angesehen werden. In diesem Zeitraum war Umweltschutz ein verstärkt im Vordergrund stehendes gesellschaftliches Thema, das sich politisch in der Bildung eines eigenen Bundesministeriums niederschlug und offensichtlich auch die Unternehmungen zu organisatorischen Aktivitäten veranlaßte[1].

Von Interesse in diesem Zusammenhang ist bei den Unternehmungen mit sowohl zentralen als auch dezentralen Umweltschutzeinheiten das Ergebnis, daß sie sich hinsichtlich der zeitlichen Abfolge tendenziell in zwei Gruppen unterscheiden lassen. Die eine Gruppe besitzt ihre Zentraleinheit schon früh und vor ihren dezentralen Einheiten. Dabei kann angenommen werden, daß diese Zentraleinheiten im Zusammenhang mit anderen Funktionen wie Arbeitssicherheit o.ä. zu sehen sind bzw. aus diesen entstanden sind und sich als deren "Ableger" entwickelt haben. Die andere Gruppe gründet ihre Zentraleinheit erst nach 1985 und zumeist zeitgleich mit ihren dezentralen Einheiten. Hier ist die Institutionalisierung vermutlich ausschließlich auf Umweltschutzaspekte zurückzuführen und hat sich unabhängig von anderen Funktionen vollzogen. Insgesamt deuten die Ergebnisse darauf hin, daß - obwohl die Bildung spezieller Umweltschutzeinheiten bis an den Erhebungszeitraum heran andauerte - mit einem Auslaufen

---

1) Eine weitere Häufungsphase bezieht sich auf das Jahr 1980 und erscheint nur erklärbar durch den Effekt der "runden Zahl", die geantwortet wurde, wenn sich die Befragten nicht mehr genau an das in der weiteren Vergangenheit liegende Jahr erinnern konnten.

dieser Entwicklung zu rechnen ist, da nahezu alle erfaßten Unternehmungen (bis auf 8% in der Stichprobe) inzwischen derartige Einheiten besitzen und die grundsätzliche Etablierung in der Praxis weitgehend abgeschlossen sein dürfte[1].

c) Betriebsbeauftragte

Einen Schwerpunkt bei der Organisation des Umweltschutzes stellt, wie schon andere empirische Untersuchungen belegt haben, das Amt des Betriebsbeauftragten dar[2]. Knapp 82% der untersuchten Betriebe haben diese Position aufgrund gesetzlicher Vorschriften eingerichtet. Darüber hinaus werden vielfach noch freiwillig Betriebsbeauftragte bestellt, so daß nur in 5% der Unternehmungen überhaupt keine Betriebsbeauftragten vorhanden sind. Bei über 40% der befragten Unternehmungen gibt es lediglich einen Betriebsbeauftragten, während immerhin 25% über insgesamt mindestens 4 Betriebsbeauftragte verfügen. Die Akzeptanz dieses Amtes zeigt sich in den Befragungsergebnissen gerade darin, daß mit der Anzahl der gesetzlichen vorgeschriebenen Betriebsbeauftragten die Anzahl der freiwillig bestellten Betriebsbeauftragten in den Unternehmungen zunimmt. Offensichtlich wird in der Praxis aufgrund positiver Erfahrungen der Wert dieses Amtes anerkannt[3] und Betriebsbeauftragte etwa an denjenigen Standorten zusätzlich berufen, bei denen keine rechtlichen Verpflichtungen dafür existieren. Weiterhin zeigen die Ergebnisse, daß der Einsatz von Spezialisten für Umweltschutz nicht auf die Bestellung von Betriebsbeauftragten beschränkt ist. Die Anzahl der insgesamt als Umweltschutzspezialisten beschäftigten Mitarbeiter beläuft sich im Durchschnitt ungefähr auf das 1,5-fache der Anzahl der bestellten Betriebsbeauftragten.

---

1) Unterstellt man eine gewisse Rückständigkeit bei den nicht an dieser Untersuchung teilnehmenden Unternehmungen, wäre bei jenen Betrieben ein Nachziehen und damit noch ein Andauern bei der Einrichtung spezieller Umweltschutzeinheiten zu vermuten.

2) Vgl. etwa Umweltbundesamt 1991, S. 302 ff.

3) Eine positive Beurteilung durch die Unternehmungen ermittelte schon Ullmann 1982, S. 114.

d) Weisungsrechte

Die Bedeutung der speziellen Umweltschutzeinheiten wird erkennbar an ihrer Ausstattung mit Weisungsrechten gegenüber anderen Unternehmungseinheiten. Die ermittelten Resultate sind für die zentralen wie die dezentralen Umweltschutzeinheiten im Prinzip identisch. Bei jeweils über 70% der befragten Unternehmungen verfügen die speziellen Einheiten über fachliche Weisungsrechte, während circa 20% keinerlei Weisungsrechte besitzen. In einer Größenordnung von jeweils 5% bestehen disziplinarische bzw. fachliche zusammen mit disziplinarischen Weisungsrechten.

Die weit verbreitete Ausstattung der Zentraleinheit mit fachlichen Weisungsrechten war zu erwarten angesichts ihrer unternehmungsweiten Ausrichtung mit der Schaffung einheitlicher Rahmenbedingungen. Insbesondere dürften darin auch die fachlichen Anweisungen enthalten sein, die für die dezentralen Umweltschutzeinheiten verbindliche Vorgaben darstellen. Wenn nach den Befragungsergebnissen die dezentralen Einheiten in der gleichen Häufigkeit über fachliche Weisungsrechte verfügen, geschieht dies vermutlich innerhalb oder aufbauend auf den von der Zentraleinheit geschaffenen Richtlinien. Demzufolge ist anzunehmen, daß die dezentralen Einheiten einerseits der Zentraleinheit fachlich unterstellt sind und deren Anweisungen befolgen müssen, andererseits selber zur Umsetzung dieser Anweisungen an den einzelnen Standorten fachliche Weisungsrechte gegenüber anderen Einheiten besitzen. Häufig wird es sich dabei insbesondere um Weisungsrechte bei einem Störfall handeln, wie sich aus anderen Studien schließen läßt[1]. Dies deutet aber darauf hin, daß für die Einbringung und Berücksichtigung ökologischer Aspekte die speziellen Einheiten zuständig bzw. verantwortlich sind und damit offensichtlich noch nicht eine Anpassung und Integration des Umweltschutzes in Tätigkeiten der sonstigen

1) Vgl. Theißen 1990, S. 165 ff.

Einheiten erreicht ist, die die ökologischen Aspekte zu einem elementaren Bestandteil ihrer Arbeit macht.

Der relativ geringe Anteil spezieller Umweltschutzeinheiten mit disziplinarischen Weisungsrechten ist ein Anzeichen für die weitgehende Unvereinbarkeit mit bestehenden Linieneinheiten. Demnach sieht es die Praxis in der Tendenz nicht als sinnvoll an, diese Spezialistenämter mit sonstigen Vorgesetztenfunktionen zu kombinieren. Unterstellt man aufgrund der Befragungsergebnisse eine überwiegend outputorientierte strategische Ausrichtung bei den Unternehmungen, so ist die Trennung von den sonstigen Linieneinheiten auch angemessen und notwendig. Auf diese Weise läßt sich der Gefahr entgegenwirken, daß der Umweltschutzgedanke laufend hinter die ökonomischen Leistungsinteressen zurücktritt und vernachlässigt wird, falls eine personelle Verflechtung in einer einflußreichen aber traditionell ausgerichteten Einheit bestehen würde, die Umweltschutz als Fremdkörper in ihren sonstigen Tätigkeiten betrachtet. Durch eine Trennung von bestehenden Linieneinheiten werden dagegen auftretende Interessenkonflikte transparent und sind nicht in einer Person vereint[1].

e) Hierarchische Einordnung

In Bezug auf die hierarchische Einordnung der speziellen Umweltschutzeinheiten bestätigt sich grundsätzlich das in den vorangegangenen theoretischen Überlegungen gewonnene Bild. Ungefähr 60% der erfaßten Unternehmungen haben die Zentraleinheit unter der ersten Ebene verankert und bekräftigen insofern die hohe Bedeutung des Umweltschutzes durch den Rang der Zentraleinheit. In 27% der Fälle befindet sich die Zentaleinheit unter der 2. Ebene, nur 12% der Unternehmungen ordnen sie noch tiefer ein. Gleichzeitig ist festzustellen, daß hierbei im Zeitablauf eine gewisse Veränderung eingetreten ist. Die Tendenz zu einer hohen hierarchischen Einordnung tritt bei den nach 1980

---

1) Vgl. dazu auch Kapitel 7.2.3.

eingerichteten Zentraleinheiten verstärkt auf. Nahezu sämtliche unter der 3. und 4. Ebene angeordneten Zentraleinheiten stammen aus den 70er Jahren.

Von Belang ist weiterhin, welcher vorgesetzten Stelle die Zentraleinheit unterstellt wird. Aus Abbildung 11-4 läßt sich entnehmen, daß nach der vorherr-

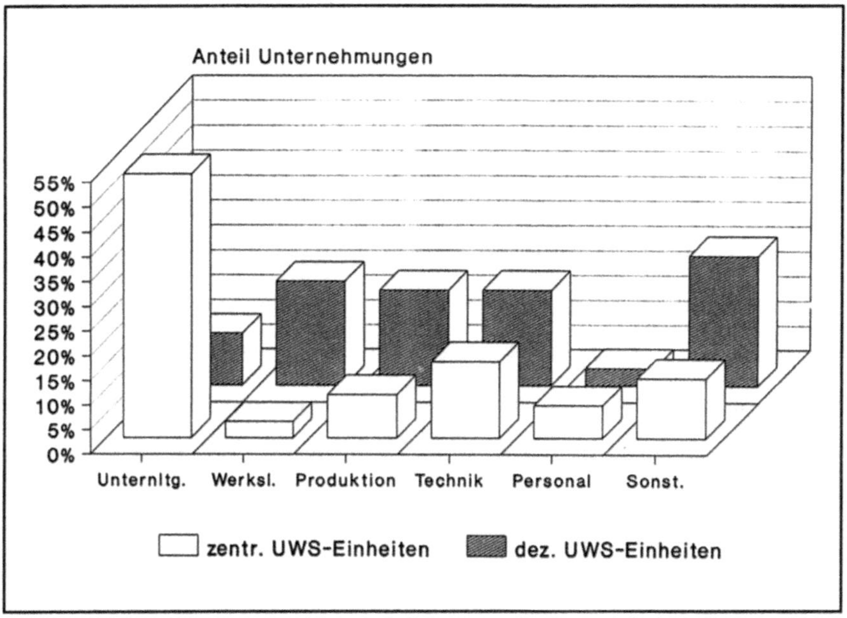

Abb. 11-4: Vorgesetzte Stelle spezieller Umweltschutzeinheiten

schenden Einordnung unter die Unternehmungsleitung selber circa 15% den Fachbereichen Technik, 8% der Produktion und 6% dem Personalwesen als den häufigsten Einzelnennungen unterstellt sind. Die besonders kritisch zu beurteilende Zuordnung unter den Produktionsbereich hat demnach nur eine relativ geringe Verbreitung, da die Unternehmungen offenbar die drohenden Konflikte mit den Leistungsinteressen erkannt haben und vermeiden wollen. Eine genauere Datenanalyse zeigt, daß diese als nicht besonders sachgerecht zu kennzeichnende Unterstellung unter den Produktionsbereich zumeist dort anzutreffen ist, wo die Zentraleinheit als einzige spezielle Umweltschutzeinheit in der gesamten

Unternehmung existiert. Eine derartige Konstellation findet sich insbesondere bei den relativ kleinen und weniger von der Umweltschutzproblematik betroffenen Unternehmungen des Maschinenbaus, bei denen anscheinend die Zentraleinheit eher den Charakter einer werksbezogenen dezentralen Umweltschutzeinheit erhält und diese "schwächere" Form der Institutionalisierung als ausreichend empfunden wird.

Eine Einordnung der Zentraleinheit unter den Produktionsbereich tritt äußerst selten auf bei Unternehmungen, die eine ausgeprägte Struktur mit einer Anzahl dezentraler Umweltschutzeinheiten besitzen. Offenbar haben insbesondere die umweltkritischeren Branchen Metallerzeugung und Fahrzeugbau die potentiellen Gefahren erkannt und verankern die Zentraleinheit hauptsächlich unter der Unternehmungsleitung und ansonsten unter den Bereichen Technik oder Personal. In Anbetracht der inhaltlichen Problematik ist die Verbindung zum Technikbereich naheliegend. Die vereinzelte Zuordnung zum Personalbereich erscheint vielleicht etwas sachfremd, jedoch läßt sich vermuten, daß die betreffenden Unternehmungen ganz bewußt die Trennung von der Leistungserstellung erreichen wollen und den Personalbereich als neutrale und unabhängige Einheit ansehen, der Umweltschutzaspekte wie auch etwa soziale Interessen wirksam vertreten kann.

Die Einordnung der dezentralen Umweltschutzeinheiten erfolgt bei den antwortenden Unternehmungen mit ca. 58% mehrheitlich unter der 2. Ebene. 22% unterstellen sie der 3. Ebene, 11% geben eine Zuordnung unter der 1. Ebene an, während die restlichen 9% unter der 4. bzw. 5. Ebene verankert sind. Als häufigste Einzelnennungen bezüglich der vorgesetzten Stelle ergeben sich wie in Abbildung 11-4 erkennbar die Werksleitung mit ca. 22% und die Bereiche Produktion sowie Technik mit jeweils 19%. Dabei tritt entsprechend den obigen Ergebnissen die wenig sachgerechte Zuordnung unter den Produktionsbereich dann häufig auf, wenn keine zentrale Einheit vorhanden ist. Besteht dagegen eine Zentraleinheit, werden die dezentralen Einheiten vorrangig dem Technikbereich oder der Werksleitung unterstellt, wobei sich mutmaßen läßt, daß diese sachgerechtere Einordnung nicht zuletzt von der Zentraleinheit betrieben und unterstützt wird. Insgesamt kann damit festgehalten werden, daß Unternehmungen mit einer ausgeprägten Struktur zentraler und dezentraler Umweltschutzeinheiten zumeist eine der sachlichen Problematik angemessene hierarchische Einordnung vornehmen.

11.3 Wahrnehmung von Umweltmanagementaufgaben

a) Aufgabenintensität

Bei der Frage nach der regelmäßigen und systematischen Durchführung des Umweltmanagements waren 16 Einzelaufgaben wiederum anhand der 5-stufigen Skala zur Angabe des Intensitätsgrades zu bewerten[1]. Im Durchschnitt über alle befragten Unternehmungen werden danach am intensivsten durchgeführt Behördenkontakte (4,59), Kontrollen zur Auflageneinhaltung (4,52) und Information der Unternehmungsleitung (4,44). Nach der Umweltverträglichkeitsbeurteilung bei Maschinen- und Anlageninnovationen (4,20) nimmt der Abschluß von Versicherungen (4,05) schon den 5. Rang ein. Dies zeigt den hohen Stellenwert von Überwälzungsmaßnahmen, bei denen aber offenbar Versicherungsabschlüsse im Vordergrund stehen, während der Haftungsverlagerung auf Lieferanten (3,01) nur eine untergeordnete Rolle zukommt. Letztgenannte gehört neben den PR-Maßnahmen der Öffentlichkeitsarbeit (2,85) und der lobbyistischen Gremienmit-

---

1) Dabei ist zu vermuten, daß die bei derartigen direkten Befragungen im allgemeinen auftretenden Verzerrungen durch soziale Erwünschtheit gerade bei dieser Frage wirksam wurden. So gaben einige der Unternehmungen für alle 16 Umweltmanagementaufgaben konstant den höchsten Wert (= 5) als Intensitätsgrad an.

wirkung (2,71) zu den am schwächsten wahrgenommenen Aufgaben[1]. Tendenziell entsprechen diese Ergebnisse im wesentlichen der empirischen Studie von Ullmann bezüglich der Bedeutung der Aufgaben des Betriebsbeauftragten[2].

Besonders aufschlußreich sind die Unterschiede hinsichtlich der Einbringung des Umweltschutzes bei verschiedenen Innovationsvorhaben. Dem schon erwähnten hohen Stellenwert von Umweltverträglichkeitsbeurteilungen bei Maschinen- und Anlageninnovationen (4,20) steht eine geringe Gewichtung von Umweltverträglichkeitsbeurteilungen bei Produkten (3,08) entgegen, was bedeutet, daß die möglichen Umweltauswirkungen von Produkten anscheinend weitaus weniger intensiv untersucht werden. Neben diesen Durchschnittswerten über alle Unternehmungen zeigt sich auch bei einem Vergleich pro Unternehmung, daß den verfahrensbezogenen Innovationsbeurteilungen eine klare Dominanz zukommt. Dies kann als ein weiteres konkretes Indiz zur Bestätigung der Priorität von direktem gegenüber indirektem Umweltschutz angesehen werden. Des weiteren ist aus den Daten ein Zusammenhang mit der in Abbildung 11-1 dargestellten strategischen Ausrichtung zu erkennen: Die Beurteilung von Produktinnovationen erfolgt in der Tendenz umso intensiver, je stärker die einzelnen Unternehmungen strategisch auf Produktrecycling ausgerichtet sind bzw. darin einen Wettbewerbsvorteil sehen. Im Unterschied dazu ist die Beurteilung an Verfahrensinnovationen anscheinend unabhängig von der strategischen Betonung umweltverträglicher Produktionsverfahren regelmäßig gegeben. Als Erklärung läßt sich anführen, daß bei den Produktionsverfahren aufgrund der bestehenden umfangreichen Auflagen ein gesetzlicher Zwang zu solchen Innovationsaufgaben besteht, während bei den Produkten solche Vorschriften häufig fehlen und allein die oft nur schwach vorhandenen marktlichen Anreize das Handeln bestimmen.

---

1) Die geringen Durchschnittswerte für diese beiden am wenigsten intensiv durchgeführten Aufgaben ergeben sich dadurch, daß solche Aktivitäten von kleinen Unternehmungen kaum ergriffen werden.

2) Vgl. Ullmann 1982, S. 109 f.

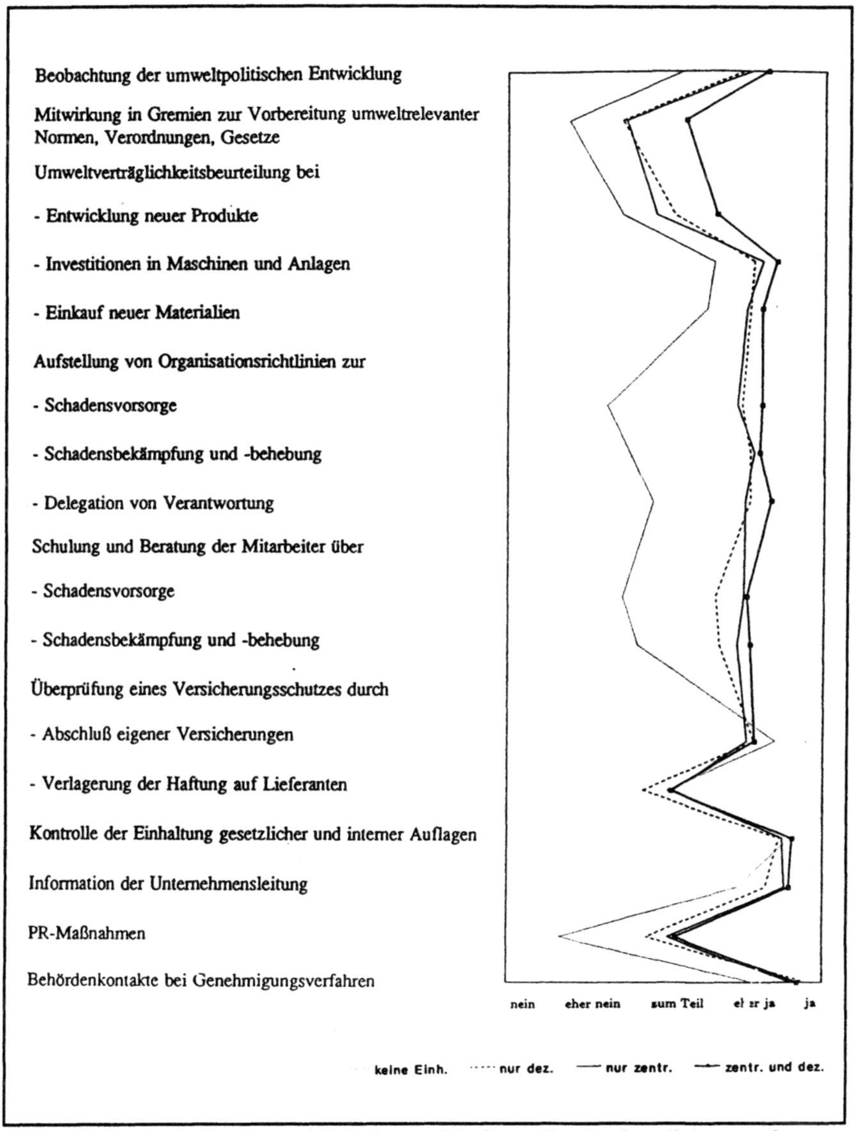

Abb. 11-5: Aufgabenintensität bei verschiedenen Institutionalisierungsformen

Ein weiteres Ergebnis besteht darin, daß der Intensitätsgrad des Umweltmanagements mit dem Grad der Institutionalisierung spezieller Umweltschutzeinheiten tendenziell steigt. Die Unternehmungen mit einer ausgeprägten Struktur in Form von zentralen sowie dezentralen Einheiten weisen fast bei sämtlichen Einzelaufgaben den höchsten Intensitätsgrad auf. Abbildung 11-5 verdeutlicht dies, in dem das Mittelwertprofil dieser Unternehmungen überwiegend rechts von den

Profilen der anderen Strukturformen verläuft. Im Gegensatz dazu führen die Unternehmungen ohne spezielle Umweltschutzeinheiten die Aufgaben durchschnittlich mit der geringsten Intensität aus. Die einzige Aufgabe, die von diesen Unternehmungen mit der höchsten Intensität im Verhältnis zu den anderen Institutionalisierungsformen durchgeführt wird, ist der Abschluß von Versicherungen, was auch naheliegend ist, da sie nur in abgeschwächtem Maße umweltschützende Maßnahmen ergreifen. Generell läßt sich insofern folgern, daß offensichtlich zu einem intensiven Umweltmanagement das Vorhandensein einer ausgeprägten und differenzierten Struktur spezieller Umweltschutzeinheiten erforderlich ist.

b) Aufgabenverteilung

Hinsichtlich der Aufgabenverteilung zeigt sich bei den Antworten über alle untersuchten Unternehmungen die vorherrschende Bedeutung der zentralen Umweltschutzeinheit für das Umweltmanagement. Bei nahezu sämtlichen Einzelaufgaben überwiegt die Nennung der Zentraleinheit als der dafür zuständigen Abteilung gegenüber dezentralen Umweltschutzeinheiten und sonstigen Einheiten. Einzige Ausnahme sind die Einzelaufgaben Versicherungsabschluß und Haftungsverlagerung, die mehrheitlich von sonstigen Einheiten ausgeführt werden. Es ist anzunehmen, daß diese Tätigkeiten zu einer kompetenten Aufgabenerfüllung notwendigerweise anderen Spezialisten wie der Rechts- oder Versicherungsabteilung übertragen werden.

Von besonderem Interesse erscheinen die Ergebnisse der Aufgabenverteilung bei den 42 Unternehmungen mit sowohl zentralen als auch dezentralen Umweltschutzeinheiten, da sich hierdurch Aussagen über die Aufgabenverteilung bei einer ausgeprägten Struktur und die relative Bedeutung der möglichen Aufgabenträger ableiten lassen. Abbildung 11-6 stellt in Form eines Dreieckdiagramms die Häufigkeiten dar, mit der die 3 vorgegebenen alternativen Antwortmöglichkeiten genannt wurden. Die Lage der einzelnen Aufgaben innerhalb

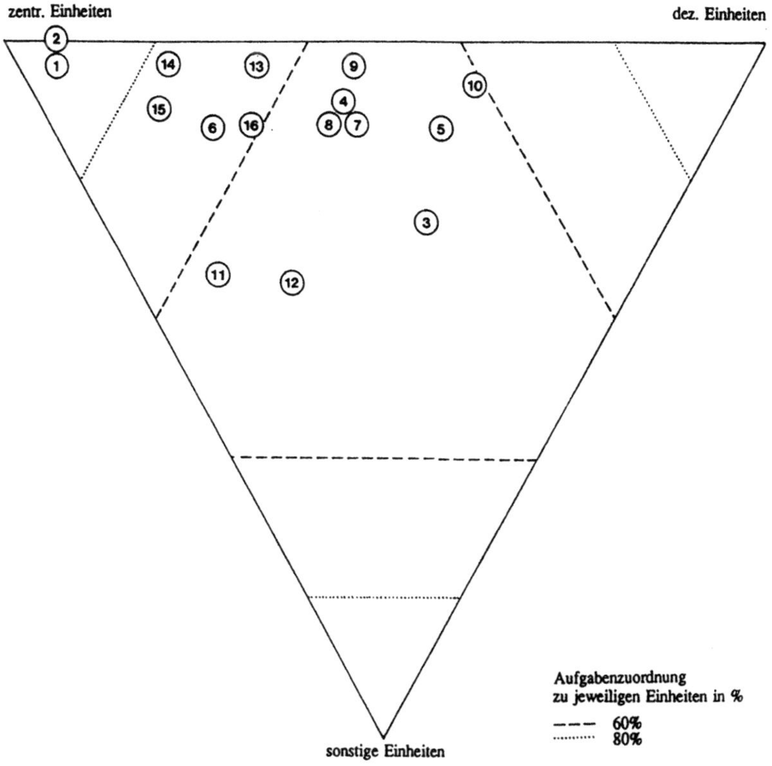

1. Beobachtung der umweltpolitischen Entwicklung
2. Mitwirkung in Gremien zur Vorbereitung umweltrelevanter Normen, Verordnungen, Gesetze
3. innerbetriebliche Genehmigungsverfahren zur Entwicklung neuer Produkte
4. innerbetriebliche Genehmigungsverfahren zur Investition in Maschinen und Anlagen
5. innerbetriebliche Genehmigungsverfahren zum Einkauf neuer Materialien
6. Aufstellung von Organisationsrichtlinien zur Schadensvorsorge
7. Aufstellung von Organisationsrichtlinien zur Schadensbekämpfung und -behebung
8. Aufstellung von Organisationsrichtlinien zur Delegation von Verantwortung
9. Schulung und Beratung der Mitarbeiter über Schadensvorsorge
10. Schulung und Beratung der Mitarbeiter über Schadensbekämpfung und -behebung
11. Überprüfung eines Versicherungsschutzes durch Abschluß eigener Versicherungen
12. Überprüfung eines Versicherungsschutzes durch Verlagerung der Haftung auf Lieferanten
13. Kontrolle der Einhaltung gesetzlicher und interner Auflagen
14. Information der Unternehmensleitung
15. Zusammenstellen der Umweltaktivitäten für PR-Maßnahmen
16. Behördenkontakte bei Genehmigungsverfahren

Abb. 11-6: Aufgabenverteilung bei ausgeprägter Strukturform

dieses Dreiecks gibt durch ihre Nähe zu den Eckpunkten die durchschnittlichen Häufigkeiten an, mit der die Aufgaben den jeweiligen Einheiten zugeordnet werden. So erkennt man etwa, daß die Einzelaufgaben Beobachtung der umweltpolitischen Entwicklung und Mitwirkung in Gremien fast ausschließlich der Zentraleinheit übertragen werden, da in der Abbildung die diese Aufgaben kennzeichnenden Kreise (1) und (2) sehr eng an dem Eckpunkt liegen, der einer 100%igen Aufgabenzuordnung zur Zentraleinheit entspricht. Für diese beiden Aufgaben erscheint eine derartige Zurdnung auch angebracht wegen ihres übergeordneten Charakters und der Notwendigkeit einer unternehmungseinheitlichen Aufgabenerfüllung. Insgesamt bestätigt Abbildung 11-6 die starke Bedeutung der speziellen Umweltschutzeinheiten und insbesondere die überwiegende Zuordnung zur Zentraleinheit. Jedoch kann dieses Antwortverhalten auch dadurch beeinflußt und verstärkt worden sein, daß die Fragebögen vorwiegend von Mitarbeitern oder dem Leiter der Zentraleinheit ausgefüllt wurden.

Aufschlußreich sind vor diesem Hintergrund speziell die Einzelaufgaben, die entgegen der allgemeinen Zuordnungstendenz sich durch eine größere Distanz zur Zentraleinheit auszeichnen bzw. zumindest eine relative Nähe zu den sonstigen Einheiten aufweisen. Aus der Abbildung läßt sich entnehmen, daß neben den schon besprochenen Einzelaufgaben Versicherungsabschluß (11) und Haftungsverlagerung (12) die Mitwirkung bei Produktinnovationen (3) noch relativ häufig von den sonstigen Einheiten ausgeübt wird, wobei diese Aufgabe auch über die größte Einzeldistanz zur Zentraleinheit verfügt. Offensichtlich spielen bei Produktentwicklungsaufgaben entgegen dem generellen Trend weniger die speziellen Umweltschutzeinheiten als vielmehr die sonstigen Einheiten eine Rolle. Dieses Ergebnis paßt zu den Überlegungen im theoretischen Teil, wonach präventiver und vermeidungsorientierter Umweltschutz als zusätzlicher qualitativer Bestandteil in die betrieblichen Prozesse und Abläufe zu integrieren und demnach den generell für Produktinnovationen zuständigen Einheiten zu übertragen ist[1]. Die speziellen Umweltschutzeinheiten sind für solche komplexen und mit weitreichenden Auswirkungen auf die betrieblichen Prozesse verbundenen Innovationsaufgaben kaum geeignet. Dieser Aussage steht nicht das Ergebnis bezüglich ihrer weitgehenden Zuständigkeit und Beteiligung an Maschinen- und Anlageninnovationen (4) entgegen. Unterstellt man nämlich eine vorherrschend outputorientierte strategische Ausrichtung bei den befragten Unternehmungen, so werden sich diese Verfahrensinnovationen schwerpunktmäßig mit nachgeschalteten EOP-Anlagen befassen. Für diese die betrieblichen Prozesse im Prinzip unverändert lassenden Verfahren sind die speziellen Umweltschutzeinheiten durchaus geeignete Aufgabenträger[2].

Des weiteren ist zu berücksichtigen, daß die Beteiligung an Produktinnovationen wie gezeigt mit einer relativ geringen Intensität wahrgenommen wird und nicht zu den vorrangigen strategischen Schwerpunkten in der Praxis gehört. Der geringe Stellenwert solcher prozeßabhängigen Umweltschutzmaßnahmen könnte auch in dem Fehlen der passenden Strukturen und durch Schwierigkeiten beim Vorantreiben der Integration in die sonstigen Einheiten begründet sein. Jedoch deuten die Befragungsergebnisse zu den Engpässen bei der Umsetzung von Umweltschutzmaßnahmen darauf hin, daß die Gestaltung der Organisationsstruktur weniger als Problem empfunden wird. Auf der 5-stufigen Skala wird die Kostenbelastung (3,89) als gravierendstes Hindernis vor technischen Problemen (2,90) angegeben, während organisationsstrukturelle Schwierigkeiten (2,67) erst auf dem 3. Rang liegen.

Vermutlich bereitet die strukturelle Gestaltung deswegen kaum Probleme, weil die Unternehmungen noch nicht oder nur in geringem Maße zu einer Integration des Umweltschutzes in die bestehenden sonstigen Einheiten übergangen sind. Offenbar stellt für die vorwiegend outputorientierten Unternehmungen die

---

1) Vgl. Kapitel 9.2.1 bzw. 9.2.3.2.

2) Vgl. Kapitel 7.2.1 und auch 8.2.1.

Bildung spezieller Umweltschutzeinheiten und eine weitgehende Aufgabenzuordnung auf die Spezialisten eine ausreichende und unproblematische Lösung dar. Denn die hinzukommenden additiven und auf direkten Umweltschutz beschränkten Maßnahmen können den speziellen Einheiten übertragen werden, während die übrigen betrieblichen Prozesse unverändert ablaufen. Entsteht dagegen zukünftig ein verstärkter Druck zu präventiven und vermeidungsorientierten Umweltschutzmaßnahmen in Richtung eines prozeß- bzw. zyklusorientierten Verhaltens, könnten sich verstärkt Probleme bei der organisatorischen Gestaltung ergeben, da dann die Mitarbeiter in den bestehenden sonstigen Einheiten zu einem qualitativ geänderten Verhalten zu befähigen und anzuleiten sind[1]. Demnach hätte die Praxis die beim Übergang zur Integration zu bewältigenden Anforderungen in Form von anspruchsvollen und langwierigen Umstellungsaktivitäten noch weitgehend vor sich.

11.4 Anreizsysteme

Sehen die befragten Unternehmungen in der strukturbezogenen Gestaltung nur ein geringes Problem, so gilt dies noch eher für die personenbezogene Gestaltung. Motivation der Mitarbeiter (2,36) wird als das kleinste Hindernis bei der Umsetzung von Umweltschutzmaßnahmen angesehen und wäre demzufolge eine fast zu vernachlässigende Thematik. Da jedoch nach den obigen Überlegungen eine Integration des Umweltschutzes noch nicht besonders weit vorangetrieben ist, besteht auch keine Notwendigkeit für einen intensiven und systematischen Einsatz von Anreizsystemen, die bewirken, daß Umweltschutz als Sache eines jeden Mitarbeiters angesehen und verinnerlicht wird.

Vielmehr scheinen die Resultate wiederum das Vorherrschen der outputorientierten Ausrichtung zu bestätigen, wonach Umweltschutz nur auf wenige Mit-

1) Vgl. zu diesen Anforderungen Kapitel 8.2.4.

arbeiter beschränkt ist. Weit verbreitestes Motivationsinstrument sind Prämien für umweltfreundliche Innovationen, die bei 53% der befragten Unternehmungen vergeben werden. Hierbei dürfte es sich nahezu ausschließlich um die Prämierung anerkannter Verbesserungsvorschläge im Rahmen des betrieblichen Vorschlagwesen handeln. Mit der Schaffung von Anreizen für solche einmaligen und zusätzlich zu der sonstigen Tätigkeit der betreffenden Mitarbeiter entwickelten Innovationsideen bleiben die Motivationsinstrumente auf fallweise und sporadische Ausnahmesituationen beschränkt und sind weitgehend unabhängig von ihren alltäglich durchzuführenden Verrichtungen.

Eine stark untergeordnete Rolle spielen dagegen Prämien für die Einhaltung innerbetrieblicher Umweltschutzprogramme oder behördlicher Auflagen, die nur von 6% der Unternehmungen gezahlt werden. Derartige Prämien wären auf den Ablauf der alltäglichen Prozesse bezogen und würden Umweltschutzaspekte zu einem Bestandteil dieser Abläufe machen. Auf Nachfrage stellte sich heraus, daß selbst bei den wenigen solche Prämien vergebenden Unternehmungen der überwiegende Teil diese mehr oder minder unsystematisch und zumeist als jährlichen Bonus zahlt. In solchen Fällen zahlt sich ökologische Qualität nicht mit Sicherheit für die Mitarbeiter aus, und die Prämie wird eben nicht zu einem regulären Bestandteil des Entgelts. Eine einzige Unternehmung bestätigte, im vorhinein eine Prämie mittels eines Plans als festen Lohnanteil für die zu erreichende ökologische Qualität festzulegen, die damit für die Mitarbeiter transparent und operational bei ihrem Handeln ist.

Ausgesuchte Fallbeispiele

Die im folgenden zu erörternden Fallbeispiele sollen die umweltspezifischen Probleme und ihre organisatorische Bewältigung an ausgesuchten Einzelfällen verdeutlichen. Vorgestellt werden Unternehmungen, die sich besonders gut den im theoretischen Teil dieser Arbeit hergeleiteten Merkmalen der unterschiedlichen idealtypischen Strategien zuordnen lassen, wobei aus verständlichen Gründen auf die Beschreibung eines Vertreters der abwehrorientierten Strategie verzichtet wird. Die vorgenommenen Zuordnungen basieren eher auf einer tendenziellen Übereinstimmung mit den Strategiemerkmalen, als daß eine genaue Entsprechung in allen Aspekten vorliegt. Weiterhin lassen die Fallstudien erkennen, weshalb für die verschiedenen Unternehmungen die Verfolgung unterschiedlicher Strategien sinnvoll erscheint und sie sich für ein differenziertes Ausmaß an Umweltschutzmaßnahmen entschieden haben.

12.1 Unternehmung A: Beispiel für tendenziell outputorientiertes Verhalten

a) Allgemeines Unternehmungsprofil

Bei der Unternehmung A handelt es sich um einen eher mittelständischen Betrieb der Kfz-Zulieferindustrie, dessen Umsatz bei ungefähr 300 Mio. DM liegt. Das Leistungsprogramm besteht fast ausschließlich aus Zubehörteilen für Automobile, die aus Metallen aber auch aus Kunststoffen gefertigt werden. Die hergestellten Teile dienen als einzelne Komponenten zur Ausstattung des Kfz-Innenraums und der Karosserie. Die Unternehmung hat sich auch aufgrund des Drucks der Kfz-Hersteller auf die Fertigung dieser Teile spezialisiert und nimmt inzwischen für einige der hergestellten Produkte innerhalb Deutschlands eine fast monopolartige Angebotsstellung ein. Nahezu die gesamte Produktionsmenge fließt in die Erstausstattung der Automobilfabrikate durch die Kfz-Hersteller, so daß Unternehmung A auf dem Markt gegenüber dem Endabnehmer praktisch nicht als Anbieter in Erscheinung tritt.

Die Produktion erfolgt an drei Standorten. Während das Werk am Hauptsitz der Firma dominierenden Charakter hat und mit über 2000 Beschäftigten den Großteil der Mitarbeiter aufweist, sind an den beiden anderen Standorten jeweils ca. 300 Beschäftigte tätig. Dabei werden vom Hauptwerk, an dem auch die Verwaltung angesiedelt ist, bestimmte Teile an die beiden anderen Werke zur Weiterverarbeitung geliefert. Die Unternehmung ist auch noch im westeuropäischen Ausland präsent in Form von zwei Joint Ventures. Diese internationalen Standorte entstanden erst in jüngerer Zeit durch Nachwanderung zu den Kfz-Herstellern und wurden in der Nähe von Werken dieser Kunden angesiedelt. Beide Auslandsbeteiligungen agieren sehr autonom, und es bestehen fast keine Leistungsverflechtungen mit den deutschen Werken.

b) Ökologische Betroffenheit und strategische Ausrichtung

Ausgangsstoffe für die einzelnen Verarbeitungsschritte der herzustellenden Zubehörteile sind im wesentlichen verschiedene Metallbänder, die selber zugeschnitten werden, sowie Kunststoffgranulate. Ein schwerwiegendes Entsorgungsproblem stellen die Abwässer dar, die insbesondere durch die eingesetzten Betriebsmittel beim Entfetten, Beitzen oder Benzinwaschen entstehen. Da sich die Suche nach umweltfreundlicheren Betriebsmitteln schwierig gestaltet, muß die Abwasserqualität durch nachgeschaltete Entsorgungsmaßnahmen gesichert werden. Zu diesem Zweck sind mehrere Filter- und Klärverfahren an die betrieblichen Prozesse angekoppelt, wobei auftretende Rückstände wie Klärschlämme auf einer eigenen Deponie gelagert werden. Die Notwendigkeit zur Einhaltung einer bestimmten Abwasserqualität weitet sich auch dadurch aus, daß das an einem Flußlauf oberhalb einer Stadt gelegene Hauptwerk unmittelbar an ein Wohngebiet grenzt und bei übermäßigen Belastungen direkt mit Ansprüchen der Anwohner konfrontiert wird. Ferner ist die Entsorgung von mit Kunststoffen versetztem Produktionsausschuß problematisch, weil die aus den Produktionsprozessen entstandenen Substanzen nicht mehr sortenrein, sondern durch andere Stoffe (z.B. Scherben) verunreinigt sind und es hierfür noch keine Verwertungsmöglichkeiten gibt.

Gleichzeitig werden kaum Einflußmöglichkeiten zu einer umweltschonenderen Produktgestaltung gesehen, die indirekte Umweltbelastungen bei Zykluspartnern verringern. Die herzustellenden Zulieferteile sind in ihrer Spezifikation detailliert von den Kfz-Herstellern vorgeschrieben, weshalb Unternehmung A keinen eigenen Gestaltungsspielraum erkennt und außerdem für eine intensive Forschung weder das erforderliche Know-How noch die Finanzkraft besitzt. Stattdessen wartet man auf die Forschungsergebnisse der potenten Kfz-Hersteller und Grundstofflieferanten wie der chemischen Industrie und will daran partizipieren. Sobald diese Zykluspartner praktikable Konzepte etwa zum Kunststoffrecycling erprobt haben, werden die Kfz-Hersteller neue Konstruktionsvorgaben aufstellen, die dann konkret im Rahmen der eigenen Produktentwicklungsaufgaben bei den einzelnen Zulieferteilen umgesetzt werden.

Während also indirekte Umweltschutzmaßnahmen vernachlässigt bleiben, ergreift Unternehmung A schwerpunktmäßig direkte Umweltschutzmaßnahmen, die den unverändert bestehenden Produktionsprozessen nachgeschaltet sind. Dieses Verhalten läßt sich auch deswegen als eine typisch outputorientierte Strategie beschreiben, da den Äußerungen des Gesprächpartners zu entnehmen war, daß die Umweltschutzanstrengungen auf die Einhaltung der gesetzlichen Grenzwerte beschränkt sind und darüber hinaus die ökologischen Qualitätsziele stark von konfligierenden ökonomischen Erfolgszielen dominiert werden.

c) Organisatorische Gestaltung

Unternehmung A besitzt eine funktional gegliederte Organisationsstruktur. Wie Abbildung 12-1 veranschaulicht, sind unterhalb der Unternehmungsleitung mit einem technischen und einem kaufmännischen Geschäftsführer die drei Werksleitungen neben den Funktionsbereichsleitungen angeordnet. Für die Ausübung umweltbezogener Aufgaben ist eine unternehmungsweit tätige Zentraleinheit "Arbeitssicherheit und Umweltschutz" zuständig, die direkt dem technischen Geschäftsführer untersteht und räumlich innerhalb des Hauptsitzes der Unternehmung angesiedelt ist. Die Leitung dieser Zentraleinheit obliegt einem Inge-

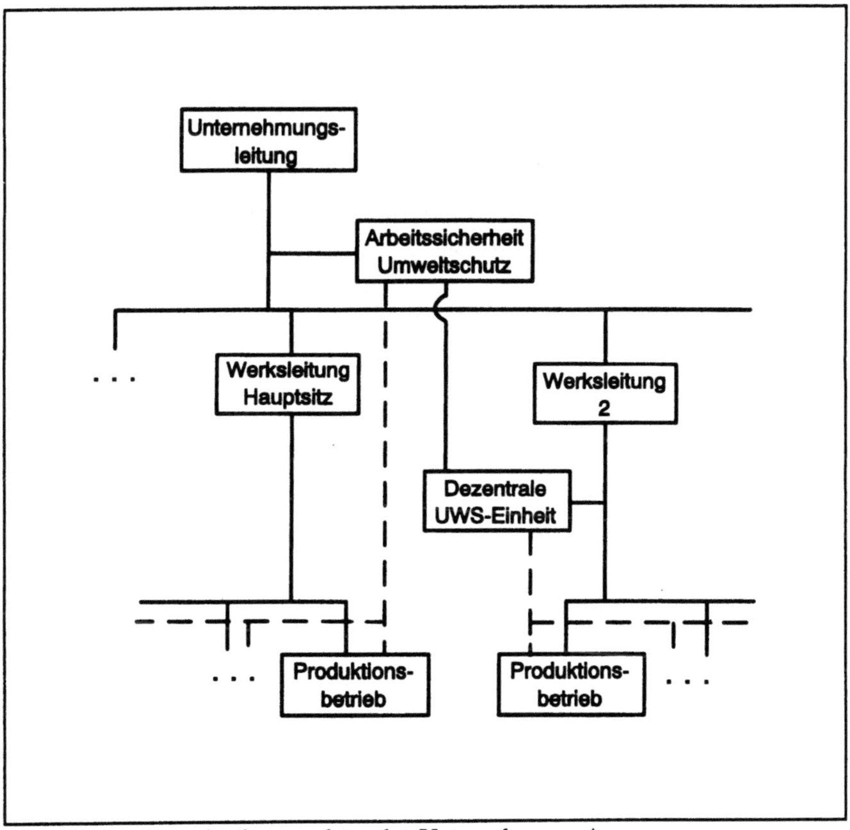

Abb. 12-1: Organisationsstruktur der Unternehmung A

nieur, der in Personalunion zugleich die Leitung der Laborabteilung innehat und insofern sich in weniger als der Hälfte seiner Arbeitszeit mit Umweltschutzfragen beschäftigt. Er ist auch gegenüber den Behörden als Betriebsbeauftragter für Abfall, Wasserschutz und Immisionsschutz für sämtliche Werke benannt. Die Zentraleinheit besteht noch aus einem weiteren Mitarbeiter, der in vollem Umfang seiner Arbeitszeit für Arbeitssicherheit und Umweltschutz tätig ist. An den beiden anderen nationalen Werksstandorten sind dezentrale Einheiten eingerichtet, die ungefähr ein Drittel ihrer Arbeitszeit für die Wahrnehmung umweltbezogener Aufgaben verwenden. Ansonsten fungieren sie in ihren jeweiligen Werken in den Bereichen Qualitätssicherung oder Instandhaltung und sind direkt den Werksleitern unterstellt. Die Übertragung der Umweltschutzaufgaben auf diese beiden Personen war notwendig, weil allein sie zum damaligen Zeitpunkt dafür fachlich geeignet erschienen.

Die hier skizzierte organisatorische Verankerung besteht seit 1977 und wird als zufriedenstellend beurteilt; Zumindest ist keine Reorganisation geplant. Aufgrund der historischen Entwicklung handelt es sich bei den dezentralen Umweltschutzeinheiten um ältere Mitarbeiter, die für ihre Tätigkeit neben ihren angestammten Fachbereichen durch einige spezielle Seminare für die Umweltschutzaufgaben qualifiziert wurden. Längerfristig wird das Erreichen einer höheren Fachkompetenz durch den Einsatz junger Ingenieure angestrebt. Kurzfristig sieht man jedoch schon deswegen keine Ersatzmöglichkeiten, um den bisherigen und verdienten Mitarbeitern einen eventuellen Gesichtsverlust zu ersparen. An den beiden internationalen Standorten sind offenbar keine speziellen Umweltschutzeinheiten eingerichtet, da die Zentraleinheit keine Kenntnisse bezüglich der Existenz derartiger Stellen besitzt und auch keinerlei Kontakte dorthin unterhält. Es steht somit zu vermuten, daß im Ausland ökologische Aspekte einen geringeren Stellenwert haben.

Einen Schwerpunkt in den Tätigkeiten der Zentraleinheit stellt die Ausarbeitung von Richtlinien für die dezentralen Umweltschutzeinheiten dar, weshalb die Zentraleinheit auch über ein fachliches Weisungsrecht verfügt. Insbesondere geht es dabei um die genaue Aufstellung von Meßvorschriften (Ort, Zeitpunkt und Inhalte), die aus den Rechtsvorschriften abgeleitet werden. Die Durchführungen dieser Messungen durch die dezentralen Spezialisten und den Mitarbeiter aus der Zentraleinheit nimmt dann auch den zeitlich größten Anteil im Rahmen ihrer Umweltschutzaufgaben in Anspruch. Für die Auswertung der Meßproben ist überwiegend die eigene Laborabteilung zuständig, wobei die Analyse bestimmter Messungen externen Spezialinstituten übertragen ist.

Die Spezialisten besitzen für den Fall der Überschreitung der Grenzwerte ein Vetorecht zur Abschaltung der betreffenden Produktionsanlagen. Jedoch räumt der Leiter der Zentraleinheit ein, daß bei solchen Problemlagen die Durchsetzung dieses formalen Vetorechts mit Schwierigkeiten verbunden ist und Konflikte mit den Produktionsverantwortlichen drohen. Deswegen besteht auch für ihn die Notwendigkeit, immer wieder in bestimmten Abständen persönlich die anderen Standorte aufzusuchen und dort die Produktionsverantwortlichen auf die Einhaltung und Achtung der Umweltschutzbelange hinzuweisen und damit die Arbeit der dezentralen Spezialisten zu stärken und zu unterstützen. Daneben erkennt er die Problematik des aus seiner Sicht nicht ausreichenden Einflusses auf seine dezentralen Mitarbeiter in Krisensituationen. Da diese sich aufgrund ihrer täglichen Zusammenarbeit im Zweifelsfall zumeist eher dem Werksleiter und den von ihm vertretenen ökonomischen Erfolgsinteressen verpflichtet fühlen, wird auch deswegen längerfristig an ihren Ersatz durch jüngere und umweltbewußtere Ingenieure gedacht.

Zwar sind die Umweltschutzspezialisten grundsätzlich an Innovationen in neue Fertigungsanlagen beteiligt, aber hierbei ist ihre Einwirkungsmöglichkeit ebenfalls gering. Sie werden erst dann in die Planungen einbezogen, wenn die wesentlichen Entscheidungen über die Anlagenmerkmale schon gefallen sind. Ihre somit relativ spät geäußerten Änderungswünsche werden kaum noch berücksichtigt, zumal die Kostenargumente meist dagegen sprechen. Andererseits vermuten die Umweltschutzspezialisten, daß sie und die von ihnen vertretenen Umweltschutzinteressen manchmal mißbraucht und vorgeschoben werden, wenn andere Fachbereiche in Konflikt geraten: In solchen Situationen erhalten sie gelegentlich Informationen über Innovationsanträge zugespielt, die sie dann aus ökologischen Gründen zu Fall bringen soll, damit alternative Anträge durchsetzbar werden. Bei der Anschaffung von EOP-Technologien dagegen spielen die speziellen Umweltschutzeinheiten eine tragende Rolle. Wie alle anderen Behördenbeziehungen nimmt der Leiter der Zentraleinheit die für die Genehmigung neuer Anlagen notwendigen Behördenkontakte ausschließlich selbst wahr, um durch die Kontinuität die Beziehungen weiter zu sichern.

Daß eine Integration der ökologischen Aspekte in die betrieblichen Prozesse noch nicht erreicht ist, sondern diese mehr oder minder traditionell unangepaßt ablaufen, zeigt sich auch bei den Motivationsproblemen. Die Umweltschutzspezialisten sehen bei den Produktionsmitarbeitern eine noch zu weit verbreitete Leichtsinnigkeit und Schlamperei, die auf überkommene Verhaltensgewohnheiten zurückzuführen sind. Zwar ist aus diesem Grunde schon eine Kündigung ausgesprochen worden, ansonsten beläßt man es aber auf Ermahnungen und Aufklärungshinweise bei Belegschaftsversammlungen. Generelle Anreize sind in der Vergangenheit diskutiert, aber nicht eingeführt worden. Im Vorschlagswesen wurden Prämien für umweltschonende Verbesserungen eingebaut, jedoch konnte man keine Resonanz in der Arbeitnehmerschaft erzielen.

12.2 Unternehmung B: Beispiel für tendenziell prozeßorientiertes Verhalten

a) Allgemeines Unternehmungsprofil

Unternehmung B ist eine weltweit operierende Gesellschaft, die in den Bereichen Erzeugung und Weiterverarbeitung eines bestimmten Metalls tätig ist. Mit den knapp 17000 Mitarbeiter wird ein Jahresumsatz von fast 6 Milliarden DM erwirtschaftet. Die Unternehmung verfügt national über 18 eigene Produktionsstandorte sowie eine Anzahl Beteiligungen und agiert international durch mehrere Tochtergesellschaften. Sie verfügt in einigen Marktsegmenten über eine dominierende Position und ist auch international ein führender Wettbewerber.

Durch die vielfältigen Tätigkeitsbereiche ergibt sich ein großes vertikales Leistungsprogramm. So besitzt die Unternehmung eine Anzahl von Hütten, in denen das Metall vorwiegend zum Eigenbedarf gewonnen wird. Um das nicht in die eigene Weiterverarbeitung eingehende Rohmetall zu verkaufen und zeitliche Bedarfsschwankungen auszugleichen, wird auch Handel betrieben. Bei der Weiterverarbeitung lassen sich diverse Aktivitätsbereiche unterscheiden, wobei aber kaum Fertigprodukte, sondern im überwiegenden Maße Halbzeugfabrikate hergestellt werden. Diese Halbzeuge gehen in verschiedene Produkte ein und finden ihre wesentliche Verwendung in den Branchen Bau-, Fahrzeug-, Elektrotechnik- und Verpackungsindustrie. Auch in jüngerer Zeit ergeben sich immer wieder neue Anwendungsgebiete aufgrund der vorteilhaften Stoffeigenschaften des Metalls, weshalb weiterhin neue Legierungen dieses Metalls erprobt werden. Durch solche technologischen Entwicklungen befindet sich die Unternehmung in einem intensiven Verdrängungswettbwerb mit Anbietern anderer Werkstoffe wie bspw. Kunststoffen. Schließlich ist die Unternehmung noch mit der Produktion und Verarbeitung von Stoffen befaßt, die mit der Erzeugung des Metalls in Verbindung stehen und etwa als Kuppelprodukte anfallen.

b) Ökologische Betroffenheit und strategische Ausrichtung

Auf den einzelnen Verarbeitungsstufen sind mit den Produktionsprozessen nicht zu vernachlässigende Umweltgefahren verbunden. Praktisch an jedem Standort befinden sich genehmigungspflichtige Anlagen, wobei insbesondere die Hüttenbetriebe starke Emisssionen verursachen. Insgesamt ergeben sich die im Vordergrund stehenden Umweltprobleme in den Bereichen Abluft und Abfall. So wurden in der Vergangenheit etwa zur Reinigung von Abgasen auf dem Umwelttechnikmarkt angebotene additive EOP-Anlagen installiert, mit denen nicht nur positive Erfahrungen gemacht wurden. Die Hersteller solcher Anlagen versprachen die Einhaltung von Grenzwerten, die aber im längerfristigen Alltagsbetrieb nicht erreicht werden konnten. Zufriedenstellend funktionierten diese Verfahren primär unter optimalen Bedingungen. Hingegen wurden die Grenzwerte häufig bei schwankenden Auslastungsgraden oder ständiger Verschmutzung infolge längerer Nutzung überschritten. Deswegen wurden eigene Weiterentwicklungen mit Erfolg in Angriff genommen, die an die eigene Produktionstechnik angepaßt waren. Heute sind diese Weiterentwicklungen stellenweise so weit ausgereift, daß unternehmungsintern eine Vermarktung des erlangten Know-Hows und der Anlagen erwogen wird.

Inzwischen werden umfangreiche integrierte Maßnahmen durchgeführt, um die ökologische Qualität der Produktionsprozesse selbst zu verbessern. Bspw. ermöglicht eine geschickte Prozeßtechnik bei der Schmelze eine gute Separation des zu gewinnenden Metalls von anderen Metallen. Diese können dadurch wiederum zur Herstellung von Legierungen verwendet werden und fallen nicht mehr als Verunreinigungen oder Rückstände an. Selbst entwickelte Technologien nutzen die Abgase der Schmelzöfen als zusätzliche Energiequelle und sparen damit Ressourcen. So wie permanent die Energienutzung durch Optimierung der Prozeßführung verbessert wird, steht seit je her das Recycling von Produktionsschrotten im Mittelpunkt, da die Rohmetallerzeugung aufgrund des hohen Energieaufwands sehr teuer ist. Diese Reste werden in den Werken im

Kreis geführt und wieder eingeschmolzen, wodurch eine Recyclingquote von nahezu 100% erreicht wird. Soweit die Werke keine eigenen Einschmelzanlagen besitzen, werden die Produktionsschrotte zentral an einem bestimmten Standort zusammengeführt, der auf Recycling spezialisiert ist und außerdem komplizierte Wiederaufbereitungsschritte (z.B. Säuberung von Verunreinigungen durch Betriebsmittel) erlaubt. Außer der Sekundärmetallproduktion werden hier auch sonstige Rückstände umweltgerecht entsorgt.

Den Schwerpunkt in der strategischen Ausrichtung bilden somit die breiten Anstrengungen zu einer umweltgerechten Produktion durch integrierte Maßnahmen, die vielfach über die gesetzlichen Mindeststandards hinausgehen. Dagegen ist eine Zyklusorientierung mit der Einbeziehung vor- und nachgelagerter Stufen allenfalls in Anfängen vorhanden. Zum Erhebungszeitpunkt dieser Studie wuchs aber stark die Erkenntnis, daß die ökologische Qualität der hergestellten Halbzeuge ein entscheidendes Kriterium im schon erwähnten Verdrängungswettbewerb mit alternativen Werkstoffen ist. Die Unternehmung verliert Marktanteile in traditionellen Anwendungsbereichen, da bei manchen Endprodukten keine technischen Lösungen für ein Recycling vorliegen und Entsorgungsprobleme bei Abnehmern bzw. Reduzenten bestehen. Deswegen ist zukünftig mit einer strategischen Umorientierung zu rechnen, die verstärkt das Metallrecycling aus den verschiedenen Endprodukten vorantreibt.

c) Organisatorische Gestaltung

Aufgrund des großen vertikalen Leistungsprogramms und der daraus resultierenden unterschiedlichen Anforderungen besitzt Unternehmung B eine divisional gegliederte Organisationsstruktur, wie in Abbildung 12-2 dargestellt. Unterhalb der Unternehmungsleitung sind fünf Sparten als selbständig operierende Geschäftsbereiche eingerichtet. Eine Sparte vereinnahmt die Aktivitäten zur Metallerzeugung, drei Sparten sind für die jeweils unterschiedlichen Arten der Weiterverarbeitung zu Halbzeugfabrikaten zuständig, während in der fünften

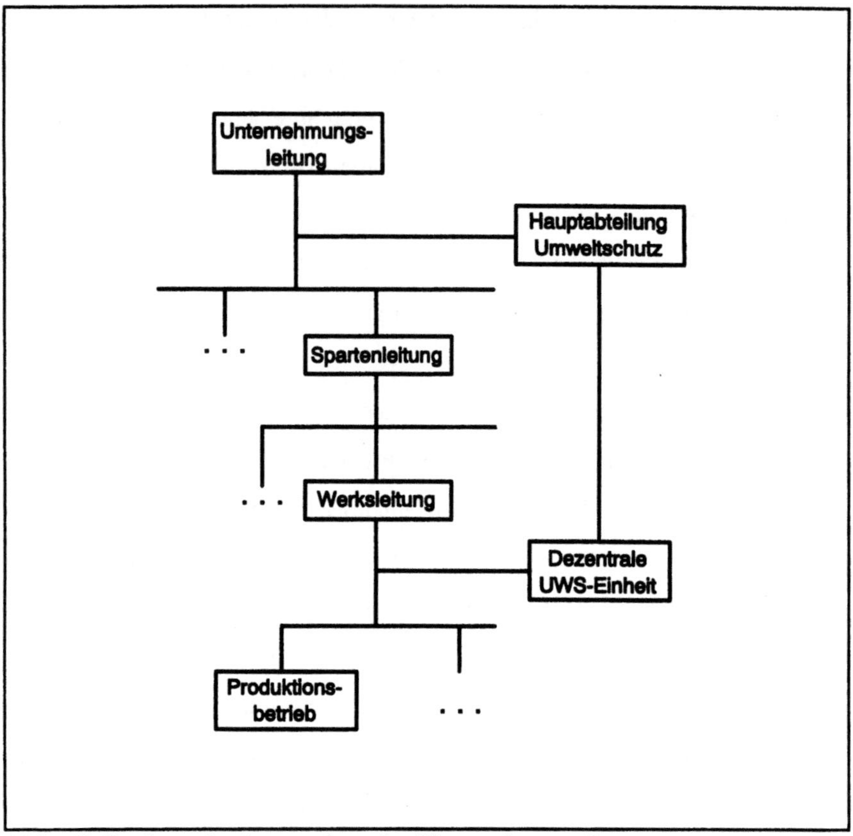

Abb. 12-2: Organisationsstruktur der Unternehmung B

Sparte die Herstellung der sonstigen Produkte gebündelt ist. Direkt unter der Unternehmungsleitung ist eine Zentraleinheit mit der Bezeichnung "Hauptabteilung Umweltschutz" eingeordnet. Dabei wird die historisch gewachsene Unterstellung unter das für die sonstigen Produkte zuständige Vorstandsmitglied bemängelt, und sähe man sich vorteilhafter dem Vorstandsvorsitzenden zugeteilt. Die Zentraleinheit setzt sich aus drei Vollzeit tätigen Mitarbeitern zusammen, unter denen eine objektorientierte interne Arbeitsteilung nach Umweltmedien (Abfall, Abwasser, Abluft) herrscht. Dies wird als sehr sinnvoll empfunden, um das Know-How in den entsprechenden Rechtsgebieten zu fördern.

An allen Werksstandorten befinden sich dezentrale Umweltschutzeinheiten, da durch die Fülle der genehmigungspflichtigen Anlagen fast überall Betriebsbeauftragte zu bestellen sind. Selbst wo dies nicht erforderlich ist, hat die Zentraleinheit auf eine freiwillige Institutionalisierung gedrängt und diese durchgesetzt. Je nach den Umweltproblemen vor Ort nehmen die dezentralen Einheiten einen stark unterschiedlichen Umfang an. Oft ist pro Standort nur eine Person tätig, die dann mehrere Betriebsbeauftragtenpositionen in Personalunion wahrnimmt und ihre ganze Arbeitszeit Umweltschutzproblemen widmet. In anderen Werken sind bis zu drei Personen mit den verschiedenen Betriebsbeauftragtenämtern betraut und nehmen diese als Teilzeitfunktion wahr. Angestrebt wird aber längerfristig die Bündelung pro Standort in einer Person, die diese Funktion in vollzeitlichem Umfang ausübt, um durch konzentrierten Sachverstand eine höhere Qualität zu gewährleisten. Die dezentralen Einheiten stammen in aller Regel aus den Fachbereichen Werkstechnik oder Instandhaltung und sind in ihrer Umweltschutzfunktion direkt dem Werksleiter zugeordnet. Bezüglich ihrer Qualifikation handelt es sich zumeist um Diplom-Ingenieure, die eine laufende umweltschutzspezifische Fortbildung durch Seminare erhalten. Rekrutierungsschwierigkeiten bestehen nicht. Die jungen Ingenieure sind im Gegenteil sehr aufgeschlossen hinsichtlich der Umweltschutzproblematik und stark interessiert an einer Bestellung zum Betriebsbeauftragten.

Der Leiter der Zentraleinheit ist gegenüber den Behörden als Konzernbeauftragter benannt und bildete insbesondere zu Beginn der Einrichtung dezentraler Umweltschutzeinheiten ein Gegengewicht zu säumigen und unangepaßten Spartenleitern. Diese wollten den ökologischen Aspekten und einer unternehmungseinheitlichen Umsetzung anfangs nicht genügend Bedeutung zumessen. Inzwischen verfügt die Zentraleinheit nur über ein fachliches Weisungsrecht hinsichtlich allgemeiner Leitlinien. Die Mitarbeiter der Zentraleinheit werten Gesetzesgrundlagen aus, wirken in diversen Gremien mit, entwickeln Qualifikationskonzepte, betreiben Öffentlichkeitsarbeit und halten Kontakt zur Unternehmungsleitung. Die konkreten Umweltschutzmaßnahmen werden dagegen durch die betreffenden dezentralen Umweltschutzeinheiten vor Ort betreut, was auch nicht anders machbar ist angesichts der spezifischen Anforderungen in den einzelnen Sparten. Sie entwerfen die Richtlinien und Vorschriften aus den Gesetzesgrundlagen und beraten die Werksleitung bei der weiteren Integration von Umweltschutzmaßnahmen in die Produktionsprozesse. Die dezentralen Umweltschutzeinheiten besitzen aber keine Fachverantwortung, sondern sind nur auf die Aufgaben des Betriebsbeauftragten zur Information und Beratung gegenüber dem Betreiber verpflichtet. Die Verantwortung liegt somit immer bei den jeweiligen Werks- und Bereichsleitern in der Fertigung, die auch ausführlich darüber unterrichtet sind. Aufgrund der von der Personalabteilung durchgeführten Schulungen dieser Verantwortlichen sowie des Bedienungspersonals sind die Produktionsbereiche in der Lage, ökologische Aspekte weitgehend selbständig wahrzunehmen und im Rahmen der Abläufe zu berücksichtigen. Sie benötigen zwar noch die Unterstützung der dezentralen Umweltschutzeinheiten, welche mit ihren speziellen Kenntnissen als Stabsstelle fungieren. Ansonsten konzentrieren sich die dezentralen Umweltschutzeinheiten aber auf ihre Kontrollfunktion.

Ihre konsequente Fortsetzung finden die weitreichenden direkten Umweltschutzmaßnahmen bei den ausländischen Tochtergesellschaften. Auch wenn die rechtlichen Vorschriften dies nicht verlangen, sind dort ebenfalls dezentrale Umweltschutzeinheiten eingerichtet, die ein ähnliches Aufgabenspektrum wahrnehmen und aufgrund der regionalen Bedingungen noch stärker unabhängig von der Zentraleinheit agieren. Um nicht eventuellen Rechtsverschärfungen hinterher laufen zu müssen, wird nach der herrschenden Unternehmungsphilosophie der deutsche Standard etwa bezüglich der zulässigen Emissionen ins Ausland übertragen. Deshalb sind die dortigen Produktionsverantwortlichen auch mit Umweltschutzproblemen regelmäßig befaßt und beziehen diese Aspekte schon bei Innovationen in neue Produktionsanlagen mit ein.

Überdies existieren Ansätze zu einer motivationalen Förderung der Integration in die Produktionsprozesse. Damit die Produktionsstätten ein noch größeres Bewußtsein für die bei ihnen anfallenden Rückstände erhalten, wird ihnen jeweils die Inanspruchnahme des auf Recycling und Entsorgung spezialisierten Werks durch interne Verrechnungspreise in Rechnung gestellt. Die belasteten Kosten entsprechen den bei einer Fremdvergabe entstehenden Marktpreisen. Die Verrechnungspreise sind nicht zuletzt deswegen am Markt orientiert, um das auf solche Reduktionsaufgaben spezialisierte Werk dem Wettbewerbsdruck auszusetzen und damit auch einen längerfristigen ökonomischen Erfolg sicherzustellen, der die hohen Investitionskosten in die dortigen Anlagen und das entwikkelte Know-How kompensiert.

12.3 Unternehmung C: Beispiel für tendenziell zyklusorientiertes Verhalten

a) Allgemeines Unternehmungsprofil

Bei Unternehmung C handelt es sich um einen international tätigen Kfz-Hersteller. Der Jahresumsatz erreicht eine Größenordnung von ungefähr 27 Milliarden DM, weltweit beschäftigt werden ca. 70000 Mitarbeiter. Pro Jahr werden über 500000 Automobile produziert, was einem Weltmarktanteil von 1,5% entspricht. Allerdings beträgt der Anteil 10% im oberen Marktsegment, in dem die Unternehmung mit mehreren Automobiltypen vertreten ist und in das ein großer Anteil der Produktion fließt. Durch eine Verdreifachung der Produktion in den letzten 20 Jahren erzielte die Unternehmung ein sehr großes Wachstum und konnte sich bisher erfolgreich behaupten gegen den sehr starken Wettbewerbsdruck auf dem Automobilmarkt, der auch durch ausländische Konkurrenz besteht.

Die Unternehmung produziert an 7 nationalen und 2 internationalen Standorten. Die nationalen Werke liegen räumlich relativ konzentriert und sind durch eine mehr oder minder große interne Leistungsverflechtung verbunden. Manche Werke fertigen ausschließlich einzelne Teile und Komponenten, die an den anderen Standorten für die Endmontage der diversen Typen benötigt werden. Die meisten der verwendeten Teile werden von der Unternehmung nicht selbst gefertigt, sondern über ein weltweites Einkaufsnetz von ca. 3500 Zulieferen bezogen. Diese Kfz-Zulieferer sind hauptsächlich mittelständische Unternehmungen, 15% von ihnen sind im Ausland angesiedelt. Wie die meisten anderen Kfz-Hersteller versucht auch Unternehmung C die eigene Fertigungstiefe zu verringern und strebt weltweit einen Übergang von Einzellieferanten zu Systemlieferanten an. Der Absatz der produzierten Automobile erfolgt zu jeweils einem Drittel im Inland, im europäischen Ausland und in Übersee. Dazu kooperiert die Unternehmung mit einer Fülle selbständiger mittelständischer Handelsbetrieben, die den weitaus größten Teil der Automobile verkaufen. Nur in einigen deutschen Großstädten und internationalen Metropolen ist die Unternehmung durch eigene Vertriebsniederlassungen vertreten.

b) Ökologische Betroffenheit und strategische Ausrichtung

Als Hersteller von Kraftfahrzeugen ist Unternehmung C in starkem Maße durch die Umweltproblematik betroffen, wobei sich die Ansprüche inzwischen verstärkt gegen die auf allen Stufen des Lebenszyklus auftretenden Umweltbelastungen richten. Direkte Umweltschutzmaßnahmen genießen schon seit langer Zeit einen hohen Stellenwert, da einige Werksstandorte in Großstädten in unmittelbarer Nähe von Wohngebieten liegen. Im Rahmen der umfangreichen Maßnahmen werden vielfach integrierte Technologien angewendet, um die mit der Produktion verbundenen Umweltbelastungen über die gesetzlichen Mindestanforderungen hinaus zu reduzieren. Bspw. ist es durch die Einführung von Wasserkreisläufen zur Mehrfachverwendung gelungen, den Wasserverbrauch bei der Automobilfertigung rapide zu verringern. Die Energie für die Produktionsstandorte liefern eigenentwickelte Blockheizkraftwerke, die sich infolge der eingebauten Wärmerückgewinnungsanlagen durch einen sehr günstigen Wirkungsgrad auszeichnen und nun aufgrund ihres erfolgreichen Einsatzes auch auf dem Markt angeboten werden. Bei den in der Produktion verwendeten Betriebsmitteln wurden viele Stoffe (wie der Einsatz von FCKW als Treibmittel) gegen umweltschonendere und weitgehend biologisch abbaubare Substanzen substituiert. Abwasser wird gefiltert und recycliert, um darin enthaltene Metallrückstände wiederzuverwenden, und aus dem Verschnitt großer Abfallreste werden kleine Blechstücke gefertigt. Erheblich genutzt werden auch andere Rückstände wie Altöle, Leuchtstoffröhren, Glas, Kartonagen oder Folien, wobei eine besondere Bedeutung dem Recyclieren von Kunststoffteilen zukommt. So wird der Produktionsausschuß von Stoßfängern komplett recycelt. Gleichzeitig ist es gelungen, einen großen Teil der Kunststoffreste bei der Montage durch Optimierung der Verfahrenstechnik und den Einsatz neuer Werkzeuge zu vermeiden.

In den letzten Jahren sind daneben verstärkt die durch Kfz-Hersteller verursachten indirekten Umweltbelastungen in den Vordergrund der öffentlichen Diskussion geraten, weshalb sich Unternehmung C gezwungen sah, auch umfangreiche indirekte Umweltschutzmaßnahmen durchzuführen. Auf der Beschaffungsseite wird die Zusammenarbeit mit Zulieferern ausgebaut, um das vorhandene Know-How zu nutzen und schon bei der Automobilentwicklung einfließen zu lassen. In der Vergangenheit ergab sich häufiger die Schwierigkeit, daß der Hersteller nicht genügend Wissen über die Zusammensetzung der Zulieferteile besaß und die damit verbundenen Umweltauswirkungen nicht oder nur eingeschränkt abschätzen konnte. In einem auf Verbandsebene verabschiedeten Formblatt müssen die Zulieferer heute detaillierte Angaben über die Qualität der gelieferten Teile machen und die Einhaltung von Normen garantieren, um überhaupt den Zulieferstatus bei den Herstellern aufrecht erhalten zu können. Aber von den Zulieferern werden auch bestimmte ökologiegerichtete Produktionsstandards verlangt, wie Vorschriften zu Brandschutz, Sauberkeit oder Hygiene andeuten.

Um diese Beeinflussungsmaßnahmen wirksam zu vermitteln und das Problembewußtsein der Zulieferer zu schärfen, lädt Unternehmung C deren Repräsentanten ins eigene Stammwerk zu Vortragsveranstaltungen ein. So werden die Zulieferer aufgefordert, Abfälle ihrer Zulieferteile zurückzunehmen und dafür eigene Stoffkreisläufe aufzubauen, wobei aus dem Know-How des Kfz-Herstellers inhaltliche Unterstützung geleistet wird.

Vielfältige Anstrengungen zielen darauf ab, Umweltbelastungen bei der Automobilnutzung zu verringern. Sehr aufwendig ist die Grundlagenforschung zu alternativen Antriebsenergien wie Elektromotoren oder Wasserstoffmotoren, bei denen sich Versuchsfahrzeuge in der Erprobung befinden. Herkömmliche Verbrennungsmotoren werden weiter verbessert hinsichtlich Schadstoffemissionen und Benzinverbrauch. So werden optimale Brennräume konstruiert oder wird an der sicheren Funktionsfähigkeit von Katalysatoren auch unter extremen Witterungsbedingungen gearbeitet. Innerhalb der Produktentwicklung wird darauf geachtet, daß bei während der Nutzung auftretenden Defekten an Automobilen weitgehend Tauschteile eingebaut werden können bzw. die beschädigten Altteile reparierbar sind, um dadurch die Rohstoffe für Neuteile zu sparen. Dies erfordert das Zusammenwirken mit den Handelsbetrieben, die das Tauschteileprogramm im Rahmen ihrer Reparaturdienste umsetzen müssen und auch durch die Rücknahme von Altölen oder gebrauchten Katalysatoren in das zyklusorientierte Konzept eingebunden sind.

Schließlich ist die Unternehmung an einem richtungsweisenden branchenübergreifenden Konzept zur umweltgerechten Reduktion von Altfahrzeugen in Kooperation mit der Kunststoff- und Schrottindustrie beteiligt. Für die Fahrzeugentwicklung resultieren daraus die recyclingorientierten Konstruktionsanforderungen, möglichst gleichartige Materialien einzusetzen, diese nach Werkstoffgruppen zu kennzeichnen und die Bauteile leicht demontierbar zu konstruieren. Um erste Erfahrungen bei einem konsequenten Recycling von

Altfahrzeugen zu sammeln, hat die Unternehmung als erster Kfz-Hersteller der Welt im Juni 1990 eine Pilotanlage zur Demontage in Betrieb genommen. Dort werden Typen aller hergestellten Baureihen vollkommen zerlegt. Dies geschieht mit dem Ziel, typenspezifische Demontagetechniken zu entwickeln, interne und externe Logistiksysteme für die jeweiligen Bauteile zu entwerfen und daraus Recyclingrichtlinien zu erarbeiten, die nicht nur intern gültig sind, sondern auch den Zulieferern als Vorgaben dienen. Während bisher erst wenige Bauteile aus vollständig recycliertem Material gefertigt werden (z.B. Nummernschildhalterung, Kunststoffabdeckungen oder Kunststoff-Kraftstoffbehälter), soll so eine erhebliche Wiederverwendungsrate in der Serienfertigung erreicht werden.

c) Organisatorische Gestaltung

Wie bei Anbietern eines homogenen Leistungsprogramms im allgemeinen üblich verfügt Unternehmung C über eine funktional gegliederte Organisationsstruktur. Abbildung 12-3 illustriert weiterhin, daß eine Zentraleinheit "Umweltschutz" besteht, die über die "Werksplanung" und die "Technische Planung" dem für "Technik und Produktion" zuständigen Vorstandsmitglied unterstellt ist. Die Zentraleinheit ist ausschließlich für die Umweltauswirkungen der Produktion und insofern für direkten Umweltschutz zuständig. Im Unterschied zu den meisten anderen in der Erhebung erfaßten Zentraleinheiten ist sie mit einer hierarchischen Einordnung unter der 3. Ebene auffallend tief angesiedelt. Diese Einschätzung relativiert sich dadurch, daß der Leiter dieser Einheit zumeist an seinem direkten Vorgesetzten vorbei mit dem Leiter der "Technischen Planung" in intensivem Kontakt steht, welcher wiederum in Personalunion das bei Kfz-Herstellern sehr wichtige Vorstandsressort "Technik und Produktion"[1] bekleidet. Die Zentraleinheit "Umweltschutz" erhält dadurch die erforderliche hohe Machtposition. Dennoch ist man mit dieser seit Anfang der 70er Jahre bestehen-

---

1) Dieses Vorstandsmitglied ist auch als die für Umweltschutzbelange zuständige Person in der Unternehmungsleitung nach § 52a BImSchG gegenüber der Behörde benannt.

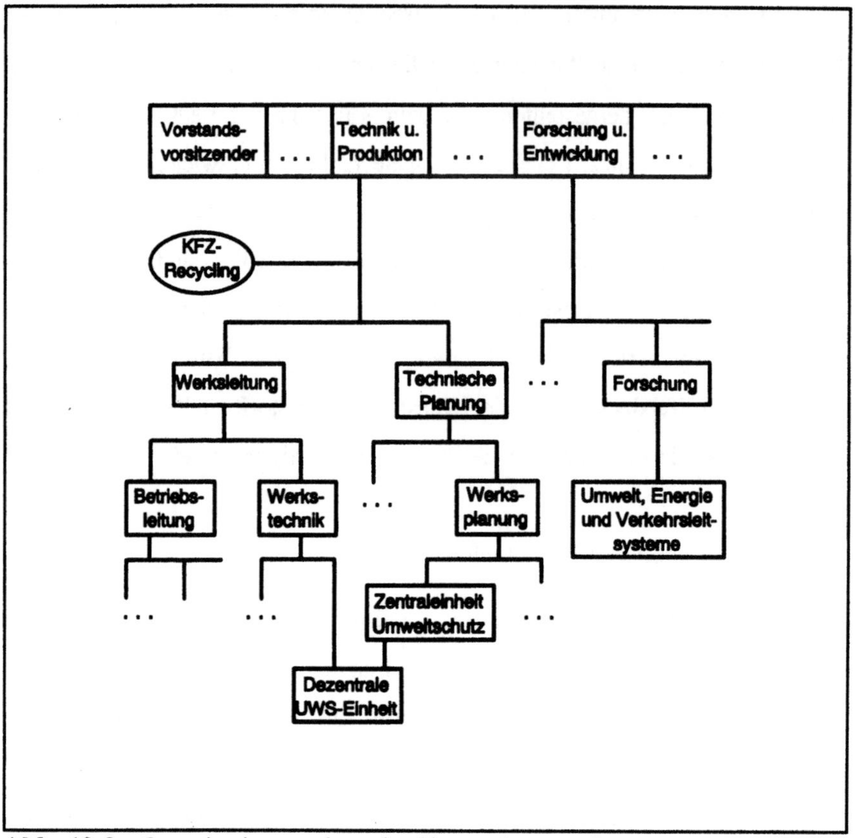

Abb. 12-3: Organisationsstruktur der Unternehmung C

den formalen Einordnung unzufrieden, da der Zentraleinheit insbesondere gegenüber den Werksleitungen das nötige Gewicht fehlt. Vor diesem Hintergrund plant man eine Reorganisation, nach der die Zentraleinheit einen höheren hierarchischen Rang zugewiesen bekommt. In der Zentraleinheit sind insgesamt zehn Personen Vollzeit tätig, die allesamt über eine akademische Ausbildung verfügen. Auch hier findet sich wieder eine interne Gliederung nach den Umweltmedien Abfall, Wasser, Luft und Lärm.

An den Werksstandorten befinden sich dezentrale Umweltschutzeinheiten. Während diese schon als Betriebsbeauftragte aufgrund der genehmigungspflichtigen Anlagen zu bestellen waren, fungiert der Leiter der Zentraleinheit als Konzernbeauftragter. Durch die Größe der Werkskomplexe und die unterschiedlichen Umweltbelastungen sind an den Standorten verschiedene Betriebsbeauftragte zu bestellen, die von mehreren Personen in Teilzeitfunktionen ausgeübt werden. Hier wird aber für die Zukunft die Konzentration in wenigen oder einer Vollzeit tätigen Person pro Standort angestrebt. Dies soll die übergreifende Betrachtung aller Umweltmedien durch eine Person fördern und die Gefahr einseitiger Betrachtung zu Lasten anderer Umweltmedien unterbinden. In aller Regel stammen die dezentralen Mitarbeiter aus dem Fachbereich Werktechnik und sind direkt den Werksleitern unterstellt.

Von den Umweltschutzspezialisten wird die Notwendigkeit einer Trennung vom Bereich Arbeitssicherheit betont, da dort ein additiv geprägtes Denken vorherrsche und statt einer Vermeidung die Handhabung bestehender Gefahren im Vordergrund stehe. Vielmehr seien kreative Spezialisten wichtig, um den von der Unternehmung verfolgten präventiven Umweltschutz zu erreichen. Denn die dezentralen Umweltschutzeinheiten sind außer den Kontrollaufgaben mit der Unterstützung der einzelnen Fachbereiche bei Umweltproblemen befaßt, die sie zusammen mit den Spezialisten aus der Zentraleinheit beraten. Die Verantwortung für die Durchführung von Umweltschutzmaßnahmen bleibt immer bei den Fachbereichen, die bei den vielfältigen Anstrengungen ökologische Aspekte immer stärker in ihre Tätigkeiten integrieren. Gegenüber den dezentralen Einheiten kommt der Zentraleinheit, die auch alle umweltspezifischen Richtlinien entwirft, tendenziell ein großes Gewicht zu, da die Anforderungen in den Werken relativ vergleichbar sind und durch eine übergeordnete Einheit geregelt werden können.

Neben diesen für die direkten Umweltschutz zuständigen Spezialeinheiten existiert - wie Abbildung 12-3 darstellt - innerhalb des Forschungsbereichs eine Unterabteilung, die mit indirektem Umweltschutz beschäftigt ist[1]. Diese Einheit

---

1) Den Ergebnissen der empirischen Studie zufolge ist eine solche Zweiteilung (Fortsetzung...)

mit der Bezeichnung "Umwelt, Energie und Verkehrsleitsysteme" besteht seit drei Jahren und umfaßt zehn hochqualifizierte Mitarbeiter. Hierin sind diverse Forschungsaktivitäten zusammengefaßt wie die Erprobung alternativer Antriebsenergien, die Entwicklung von Verkehrsleitsystemen zur übergreifenden Steuerung unterschiedlicher Verkehrsmittel oder die Erforschung sonstiger Umweltprobleme bei Nutzung und Reduktion konventioneller Automobile. Die Einheit koordiniert auch arbeitsteilige Forschungs- und Entwicklungsvorhaben mit Zykluspartnern wie Zulieferern und Kunststofflieferanten aus der chemischen Industrie, da die Erforschung der eingesetzten Materialien nur interdisziplinär aus unterschiedlichen Richtungen erfolgen kann. Bei einer Verweigerung kooperativer Forschungsanstrengungen müßten die Zykluspartner befürchten, von Konkurrenten und Anbietern alternativer Einsatzstoffe (etwa Stahl) verdrängt zu werden. Austausch und Diskussion der Ergebnisse der Forschungskooperationen findet auf im Stammwerk veranstalteten Fachtagungen statt. Bei derartig vielfältigen und im Einzelfall nicht klar abgrenzbaren Aufgaben dieser Einheit ergeben sich Überschneidungen und Interdependenzen mit der anderen Zentraleinheit. Auch wenn keine formal geregelten Beziehungen zwischen diesen beiden Einheiten bestehen, wird dies aber offensichtlich als unproblematisch angesehen. Die Leiter dieser Einheiten pflegen informell einen intensiven persönlichen Kontakt und vertreten durchweg komplementäre Interessen.

Zusätzlich zu dieser permanenten Einheit ist ein Projektteam "Kfz-Recycling" eingerichtet worden. Es soll sich für die Dauer einiger Jahre speziell mit Innovationen im Reduktionsbereich beschäftigen und kann etwa mit der Auswertung von Ergebnissen der Pilot-Demontageanlage langfristig äußerst bedeutende Grundlagen schaffen. Das Projektteam ist aufgrund seines strategischen Stellenwerts direkt dem für "Technik und Produktion" zuständigen Vorstandsmitglied

---

1)(...Fortsetzung)
mit der Einrichtung einer weiteren für indirekten Umweltschutz zuständigen Zentraleinheit bei den deutschen Kfz-Herstellern weit verbreitet.

zugeordnet und setzt sich interdisziplinär aus ca. zehn Spezialisten zusammen. Gerade dieses Projektteam zeigt die voranschreitende Integration ökologischer Aspekte in die Betriebsabläufe, da seine Arbeit auf die Verbindung heterogener Ziele ausgerichtet ist. Der aus der Demontage alter Automobile aufzubauende Stoffkreislauf muß gänzlich neu konstruiert werden unter Berücksichtigung von Umweltschutz-, Logistik- und nicht zuletzt auch Ertragsgesichtspunkten.

Wesentliches Instrument zu einer erfolgreichen Integration in die Betriebsabläufe ist das Informationssystem zur Erfassung umweltrelevanter Stoffe. Während die Datenbestände bisher noch stellenweise verstreut vorliegen, werden sie in absehbarer Zukunft in einem Informationssystem zusammengefaßt, auf das nicht nur die Umweltschutzeinheiten sondern auch die sonstigen Fachbereiche jederzeit zugreifen können. Diese Datenbank bündelt Informationen bspw. über sicherheitstechnische Angaben, Transportvorschriften, Toxikologie, Entsorgung sowie Schutzmaßnahmen bei Störungen, Unfällen oder Bränden. Hierin sind auch die von den Zulieferern zu machenden Angaben erfaßt, wobei die Mitarbeiter aus der Zentraleinheit diese Daten mit unternehmungsspezifischen Daten verknüpfen und durch ständige Aktualisierung auf dem neuesten gesetzlichen und wissenschaftlichen Stand halten. Genauso wie die Datenbank bei Produktionsplanung oder Forschung und Entwicklung benötigt wird, bildet sie die Basis für die Durchführung von Kontrollen.

Motivational wird das Streben nach einer hohen ökologischen Qualität durch mehrere personenbezogene Gestaltungsmaßnahmen gefördert. Umweltfreundliche Verbesserungsvorschläge werden prämiert, wobei sie im Vorschlagswesen normal gewichtet sind. Umweltschutz ist als etwas Selbstverständliches anzusehen, was insofern keines besonderen Stellenwerts bedarf. Die an allen Standorten vorhandenen Entsorgungsbetriebe werden als Profit-Center geführt, welche die jeweiligen Werke mit den Kosten der von ihnen erbrachten Dienstleistungen belasten. Diese monetären Anreize beeinflussen die verantwortlichen Werksleitungen immer stärker zur Vermeidung von Rückständen. Schließlich unterstützt die Unternehmungsleitung aktiv das Ergreifen weiterführender Umweltschutzmaßnahmen und hat das Verfolgen ökologischer Ziele in den Unternehmungsleitlinien dokumentiert. Diese Leitlinien sind auch unternehmungsweit den verantwortlichen Entscheidungsträgern bekannt, die diese weiter propagieren und somit zur Entwicklung einer entsprechenden Unternehmungskultur auf allen Ebenen beitragen.

13 Schlußbetrachtung

Als Antwort auf die Frage nach der Organisation des Umweltschutzes in Industriebetrieben ist zunächst festzuhalten, daß sich Unternehmungen offensichtlich in verschiedenem Maße mit der Umweltproblematik auseinandersetzen. Beeinflußt von den jeweils vorliegenden Ausprägungen der Kontextfaktoren werden im Rahmen der Unternehmungspolitik die zu verfolgenden Ziele gewichtet und Entscheidungen über die grundlegenden strategischen Verhaltensweisen getroffen. Insbesondere nach dem Umfang der ergriffenen Umweltschutzaufgaben lassen sich die vier beschriebenen idealtypischen Strategien unterscheiden. Da Organisation ein Instrument zur Umsetzung von Strategien ist, ergeben sich in Abhängigkeit von den Aufgabeninhalten der jeweiligen Strategie verschiedene organisatorische Implikationen.

Die Überlegungen zur strategieadäquaten organisatorischen Gestaltung führen zu der vielleicht trivialen aber wichtigen Erkenntnis, daß mit Umfang und Intensität der umweltschützenden Aufgaben der Aufwand der organisatorischen Gestaltung sowohl bei strukturbezogenen als auch personenbezogenen Maßnahmen steigt. Bei einer Beschränkung auf direkten und nachgeschalteten Umweltschutz lassen sich die hinzukommenden Aufgaben relativ schnell und problemlos zusätzlich einzurichtenden speziellen Umweltschutzeinheiten übertragen. Dagegen wird bei direktem präventivem Umweltschutz eine weitgehende Integration in die bestehenden Produktionseinheiten erforderlich, wobei die Berücksichtigung der ökologischen Aspekte als genereller Bestandteil der traditionellen Aufgaben kaum ohne Friktionen und Widerstände bei den Aufgabenträgern zu erreichen ist. Mit der Ausdehnung auf indirekten präventiven Umweltschutz entsteht neben der Durchdringung sämtlicher Fachbereiche der Bedarf zu einer Abrundung der primären Organisationsstruktur durch sekundäre Strukturelemente.

Unterstellt man einen zeitlichen Stufenprozeß hinsichtlich der Strategietypen, so ist damit eine weitere Steigerung des Aufwands zur organisatorischen Gestaltung für die einzelnen Unternehmungen verbunden. Aus dem sukzessiven Übergang zu anspruchsvolleren Umweltschutzanstrengungen resultiert die Notwendigkeit einer entsprechenden mehrfachen Anpassung der Organisation. Auch wenn die eingangs gestellte Frage nach den Gründen für umweltschädigendes Verhalten nicht abschließend beantwortet werden kann, ist dennoch festzuhalten, daß die Gründe hierfür nicht einfach im kurzfristigen ökonomischen Erfolgsdenken zu suchen sind, sondern zu einem großen Teil dem beachtlichen organisatorischen Anpassungsaufwand und mangelnden unternehmerischen Fähigkeiten, diese Schwierigkeiten zu überwinden, zuzuschreiben sind.

Gleichzeitig wird ersichtlich, daß die organisatorische Gestaltung einen wesentlichen Teil der Problematik des betrieblichen Umweltschutzes ausmacht, wobei den Ergebnissen der eigenen empirischen Studie zufolge die Praxis diese Zusammenhänge bisher nicht in dem Umfang erkannt hat. Auf der Grundlage einer vorherrschend outputorientierten Ausrichtung haben die Unternehmungen bisher insbesondere mit der relativ einfach durchzuführenden Bildung spezieller Umweltschutzeinheiten reagiert. Die Umstellung der betrieblichen Abläufe mit einer generellen Einbeziehung ökologischer Aspekte in die bestehenden Fachbereiche ist dagegen erst in Ansätzen erfolgt, weshalb die damit verbundenen Anpassungsschwierigkeiten im wesentlichen noch zu erwarten sind. Eine maßgebliche Ursache für das zögernde Voranschreiten einer Integration des Umweltschutzes liegt darin, daß die Unternehmungen offensichtlich nur eine geringe Notwendigkeit zu geänderten Verhaltensweisen in Richtung einer prozeß- oder zyklusorientierten Strategie verspüren. Ein derartiger Wechsel deutet sich zum Erhebungszeitpunkt der empirischen Studie allenfalls erst an.

Soll die Intensivierung des Umweltschutzes vorangetrieben werden, scheinen vor diesem Hintergrund Korrekturen bei den Rechtsvorschriften als dem wesentlichen Kontextfaktor angebracht. Dies gilt insbesondere für die direkt auf die organisatorische Gestaltung bezogenen Vorschriften über die Betriebsbeauftragten. Da die Einrichtung spezieller Umweltschutzeinheiten auch ohne gesetzliche Vorschriften aus der betrieblichen Perspektive sinnvoll ist, kann dieses Amt in seiner jetzigen Form als überholt und überflüssig angesehen werden[1]. Vorteilhafter erscheint eine gesetzliche Kann-Vorschrift, die den Behörden bei betrieblichen Unzulänglichkeiten (wie unbefriedigende Kontrollmaßnahmen, zu geringe Mitarbeiterqualifikation oder ungenügende technische Ausstattung) die Möglichkeit gibt, die Bestellung eines Betriebsbeauftragten zu verlangen[2]. Fortschrittliche Unternehmungen mit Integrationserfolgen bräuchten dann nicht weiter derartige rechtliche Organisationsvorschriften zu beachten. Für eine in begründeten Einzelfällen erforderliche Bestellung von Betriebsbeauftragten, deren Aufgabe dann in der Sicherstellung des gesetzlichen Minimums an Umweltschutz besteht, ist die Ausstattung dieses Amtes mit einem Weisungsrecht für den Störfall zu fordern. Denn einerseits haben die Überlegungen zur outputorientierten Strategie gezeigt, daß bei einem unangepaßten Verhalten der sonstigen Unternehmungsbereiche eine Stärkung der Umweltschutzspezialisten notwendig wird. Andererseits ist die bisher gültige Rechtssituation abzuändern, damit die gegen Grenzwerte verstoßenden Unternehmungen sanktioniert werden können. Den Ausführungen zur abwehrorientierten Strategie zufolge bleibt es ansonsten bei einem Fortbestand der momentanen Vorschriften insbesondere für Großbetriebe möglich, durch Delegation auf nicht entscheidungsberechtigte Betriebsbeauftragte unter Umständen völlig straffrei auszugehen.

---

1) Entsprechend kritisch ist die beabsichtigte Vorschrift zur Institutionalisierung eines Umweltschutzdirektors auf der Ebene der Unternehmungsleitung zu beurteilen. Soll diese Funktion nicht als ein nahezu inhaltsleeres oder zumindest schwaches Amt konstruiert werden, stellt sich das fast unlösbare Problem der wirkungsvollen Arbeitsteilung und Abgrenzung gegenüber anderen Vorstandsbereichen, da umfassender präventiver Umweltschutz als Querschnittsfunktion ja sämtliche Funktionsbereiche betrifft. Vgl. dazu Rehbinder 1990, S. 221 f.

2) So auch schon Ullmann 1982, S. 119 f.

Des weiteren empfehlen sich Modifikationen der Rechtsvorschriften dahingehend, daß den Unternehmungen der Übergang zu prozeß- bzw. zyklusorientiertem Umweltschutz attraktiv erscheint. In diese Richtung wirken etwa die angekündigten Gesetzesvorhaben über neu einzuführende Rücknahmeverpflichtungen für Hersteller. Darüber hinaus sind solche Effekte statt über Auflagen aus dem verstärkten Einsatz ökonomisch orientierter Instrumente wie bspw. Abgaben zu erwarten. Derartig veränderte Rahmenbedingungen, die aufgrund der unmittelbaren Auswirkung auf den ökonomischen Erfolg eine Intensivierung des Umweltschutzes belohnen, forcieren eine Integration ökologischer Aspekte in die Fachbereiche und eine Ausdehnung auf die gesamte Organisation.

Anhang 1: Fragebogen und Ergebnisse

CONSULTING GROUP

Institut für Wirtschaftswissenschaften
Lehrstuhl für Betriebswirtschaftslehre
insbesondere Industriebetriebslehre
Direktor: Univ. Prof. Dr. Harald Dyckhoff

Strategische Ausrichtung und organisatorische Einbindung der betrieblichen Umweltschutzaufgaben

1. Welche Konsequenzen wird die Entwicklung der Gesetzgebung in den nächsten 5 Jahre im Umweltbereich für Ihr Unternehmen haben?

Es sind umfassende Maßnahmen erforderlich auf den Gebieten	nein	eher nein	zum Teil	eher ja	ja	k.A.
- Produktentwicklung, Materialeinsatz	15	22	43	23	25	4
- Fertigungsverfahren, Emissionswerte	3	13	39	28	46	3
- Entsorgung, Recycling	1	7	24	32	68	0
- Distribution, Verpackung	26	30	22	27	22	5
-						

2. Was werden für Ihr Unternehmen in der Zukunft wesentliche Gründe für ein betriebliches Umweltmanagement sein?

	nein	eher nein	zum Teil	eher ja	ja	k.A.
- Ethische Ziele im Rahmen der Unternehmensphilosophie	2	13	43	28	40	6
- Wettbewerbsvorteile durch						
- Umweltfreundliche Materialeigenschaften Ihrer Produkte	18	35	29	15	31	4
- Umweltverträglichkeit der Produktionsverfahren	9	14	26	37	46	0
- Recyclingmöglichkeiten Ihrer Produkte	29	21	16	22	39	5
- Qualität der innerbetrieblichen Abläufe zum Umweltschutz	8	14	33	41	33	3
- Wiederverwendung bzw. Entsorgung von Abfallprodukten	8	10	18	37	58	1
- Minimierung von Verpackungsmaterial	20	20	22	33	32	5
- Umweltorientierte PR-Maßnahmen	9	14	43	34	28	4

3. Welche Engpässe erwarten Sie bei der Umsetzung von Umweltschutzmaßnahmen?

	nein	eher nein	zum Teil	eher ja	ja	k.A.
- Die Kostenbelastung ist zu hoch.	3	12	49	44	24	0
- Es fehlen technische Lösungen.	17	28	47	27	11	2
- Die organisatorische Umsetzung in Abläufe ist unbefriedigend.	21	38	40	23	7	3
- Die Motivation der Mitarbeiter zu umweltbewußtem Verhalten ist gering.	32	41	40	12	5	2
-						

	nein	eher nein	zum Teil	eher ja	ja	k.A.
4. Werden die Rückstände der Fertigung auf Ihre Umweltgefährdung geprüft?	4	3	15	27	83	0
5. Werden die Möglichkeiten der Wiederverwendung und des Recycling von Rückständen der Fertigung umfassend genutzt?	3	10	41	46	32	0
6. Ist bei Verträgen mit Entsorgungsunternehmen die Haftung für eventuelle spätere Folgeschäden geregelt?	17	16	20	18	55	6
7. Werden regelmäßig die Betriebsmittel (Kühlmittel, Schmierstoffe,...) auf ihre Umweltverträglichkeit überprüft?	8	8	14	29	72	1
8. Wird im Rahmen der Vertriebslogistik der Verpackungsaufwand gezielt minimiert?	11	37	32	22	26	4
9. Stellen Ihre innerbetrieblichen Abläufe sicher, daß						
- alle umweltgefährlichen Materialien im Lager physisch gekennzeichnet sind,	0	3	14	41	74	0
- innerbetriebliche Transporte umweltgefährlicher Materialien über die gesamte Transportkette verfolgt werden können,	4	10	24	45	48	1
- Sicherheitsvorschriften und Schulungen auch den Anforderungen des Gesetzgebers und der Versicherungen genügen?	0	3	17	48	64	0
10. Ermöglicht Ihr Informationssystem jederzeit einen vollständigen Überblick über Menge, Standort und Art einer potentiellen Umweltgefährung Ihrer						
- Roh-, Hilfs- und Betriebsstoffe	6	5	28	42	51	0
- Fertigprodukte	5	0	19	24	73	11
- Abfallprodukte	7	3	23	48	51	0
11. Kooperieren Sie bereits heute mit Lieferanten zur ökologischen Verbesserung der bezogenen Materialien?	15	19	40	24	33	1

12. Welche Motivationsinstrumente werden in Ihrem Unternehmen eingesetzt, um ein umweltbewußtes Verhalten der Mitarbeiter zu fördern?

	nein	ja	
- Prämien für (behördliche, innerbetriebliche) Auflagenerfüllung	124	7	1
- Prämien für umweltfreundliche Innovationen	62	70	0
-			

13. Wie viele Betriebsbeauftragte für Umweltschutzaufgaben sind in ihrem Unternehmen bestellt bzw. gesetzlich vorgeschrieben?

Anzahl Betr.-beauftr.	**bestellt:**	**gesetzlich:**
0	8	21
1	50	50
2	21	13
3	14	13
4	9	4
5	5	5
6	6	3
7	1	1
8	1	0
9	1	0
10	3	1
11	0	1
12	0	0
13	0	1
14	0	0
15	1	0
16	0	0
17	1	0
18	1	1
19	0	0
20	1	0
...	...	...
60	0	1
keine Angabe	9	17

14. Gibt es in Ihrem Unternehmen Organisations-Einheiten, die sich speziell mit Umweltschutzaufgaben beschäftigen (UWS-Einheiten)?

	nein	ja	keine Angabe
zentrale UWS-Einheiten mit übergeordneten Aufgaben für das Gesamtunternehmen	29	94	9
dezentrale UWS-Einheiten in den einzelnen Unternehmensbereichen (z.B. Betriebsbeauftragte)	60	63	9

seit Jahr:	zentrale UWS-Einheiten	dezentrale UWS-Einheiten
1960	0	1
1965	0	1
1969	1	0
1970	1	1
1971	2	0
1972	2	0
1973	3	0
1974	3	2
1975	5	4
1976	3	3
1977	1	1
1978	0	3
1979	1	0
1980	8	10
1981	2	1
1982	2	1
1983	1	1
1984	3	0
1985	6	1
1986	3	3
1987	8	4
1988	13	7
1989	13	7
1990	4	0
keine Angabe	9	12

Anzahl Einheiten	zentrale UWS-Einheiten	dezentrale UWS-Einheiten
1	78	13
2	8	20
3	2	5
4	1	4
5	0	7
6	0	2
9	0	1
10	0	3
12	0	1
15	0	2
18	0	1
keine Angabe	5	4

Anzahl Beschäftigte	zentrale UWS-Einheiten	dezentrale UWS-Einheiten
1	40	8
2	18	14
3	7	9
4	6	4
5	5	4
6	1	4
7	0	3
8	2	0
10	0	4
11	1	0
14	1	0
15	1	0
18	0	1
19	0	1
20	2	1
24	0	1
33	0	1
45	0	1
200	0	1
keine Angabe	5	4

15. Kennzeichnen Sie bitte in den nebenstehenden Kästchen, welche der nachfolgenden Aufgaben des Umweltmanagements in Ihrem Unternehmen regelmäßig und systematisch ausgeführt werden.

	nein	eher nein	zum Teil	eher ja	ja	k.A.
- Beobachtung und Auswertung der umweltpolitischen Entwicklung	6	6	23	28	67	2
- Mitwirkung in Gremien zur Vorbereitung umweltrelevanter Normen, Verordnungen, Gesetze	54	9	20	14	34	1
- Beurteilung der Umweltverträglichkeit bei innerbetrieblichen Genehmigungsverfahren zur						
- Entwicklung neuer Produkte	25	14	30	22	35	6
- Investitionen in Maschinen und Anlagen	2	2	22	33	70	3
- Einkauf neuer Materialien	3	5	22	40	59	3
- Aufstellung und Pflege von Organisationsrichtlinien zur						
- Schadensvorsorge	10	7	22	33	57	3
- Schadensbekämpfung und -behebung	10	9	17	26	67	3
- Delegation von Verantwortung an den Ort des Geschehens	12	7	13	27	69	4
- Schulung und Beratung der Mitarbeiter über						
- Schadensvorsorge	8	4	32	40	46	2
- Schadensbekämpfung und -behebung	8	5	29	38	49	3
- Überprüfung eines ausreichenden Versicherungsschutzes durch						
- Abschluß eigener Versicherungen	7	5	15	22	77	6
- Verlagerung der Haftung auf Lieferanten	17	16	44	24	24	7
- Kontrolle der Einhaltung gesetzlicher und interner Auflagen	1	0	6	33	89	3
- Information der Unternehmensleitung über Schwachstellen	0	4	11	30	85	2
- Zusammenstellung der Umweltaktivitäten für PR-Maßnahmen	30	26	21	19	31	5
- Behördenkontakte bei Genehmigungsverfahren	2	2	4	17	104	3

Kennzeichnen Sie, ob dies hauptsächlich von zentralen (=z) oder dezentralen (=d) UWS-Einheiten wahrgenommen wird.
(0 = Aufgabe wird nicht wahrgenommen)

	z	d	s	0	k.A.
- Beobachtung und Auswertung der umweltpolitischen Entwicklung	80	11	15	5	21
- Mitwirkung in Gremien zur Vorbereitung umweltrelevanter Normen, Verordnungen, Gesetze	50	8	7	46	21
- Beurteilung der Umweltverträglichkeit bei innerbetrieblichen Genehmigungsverfahren zur					
- Entwicklung neuer Produkte	35	22	29	22	24
- Investitionen in Maschinen und Anlagen	60	24	21	2	25
- Einkauf neuer Materialien	53	27	21	3	28
- Aufstellung und Pflege von Organisationsrichtlinien zur					
- Schadensvorsorge	62	19	13	9	29
- Schadensbekämpfung und -behebung	55	26	15	9	27
- Delegation von Verantwortung an den Ort des Geschehens	53	23	16	12	28
- Schulung und Beratung der Mitarbeiter über					
- Schadensvorsorge	57	27	16	7	25
- Schadensbekämpfung und -behebung	53	32	15	7	25
- Überprüfung eines ausreichenden Versicherungsschutzes durch					
- Abschluß eigener Versicherungen	44	11	47	4	26
- Verlagerung der Haftung auf Lieferanten	31	12	43	17	29
- Kontrolle der Einhaltung gesetzlicher und interner Auflagen	66	22	15	1	28
- Information der Unternehmensleitung über Schwachstellen	73	21	14	0	24
- Zusammenstellung der Umweltaktivitäten für PR-Maßnahmen	53	12	16	27	24
- Behördenkontakte bei Genehmigungsverfahren	67	21	16	2	26

16. Sind Ihre UWS-Einheiten organisatorisch weiter untergliedert?

	nein	ja	keine Angabe
zentrale UWS-Einheiten	64	29	1
dezentrale UWS-Einheiten	43	15	5

17. Welche Weisungsbefugnisse besitzen Ihre UWS-Einheiten gegenüber anderen Organisationseinheiten?

	zentrale UWS-Einheiten	**dezentrale** UWS-Einheiten
keine	18	12
fachliche	67	41
disziplinarische	4	1
fachliche u. disziplinarische	5	3
keine Angabe	0	6

18. Wie heißt die der UWS-Einheit vorgesetzte Stelle in Ihrem Unternehmen?

	zentrale UWS-Einheiten	**dezentrale** UWS-Einheiten
Unternehmungsleitung	48	6
Werksleiter	3	12
Produktion	8	11
Technik	14	11
Personal	6	2
Sonstige	11	15
keine Angabe	4	6

19. Auf welcher Ebene in der Unternehmenshierarchie ist diese vorgesetzte Stelle einzuordnen? (1. Ebene=Vorstand)

	zentrale UWS-Einheiten	**dezentrale** UWS-Einheiten
1	57	6
2	25	32
3	9	12
4	2	3
5	0	2
keine Angabe	1	8

20. Wie beurteilen Sie Ihr Unternehmen bei den folgenden Faktoren des Umweltmanagements im Vergleich zum Hauptwettbewerber?

	schlechter		gleich-wertig		besser	k.A.
- Stellenwert des Umweltmanagements in der Geschäftsführung	1	3	62	26	18	22
- Umweltfreundliche Materialeigenschaften Ihrer Produkte	0	0	77	25	10	20
- Umweltverträglichkeit der Produktionsverfahren	0	1	63	30	18	20
- Recyclingmöglichkeiten Ihrer Produkte	0	1	81	18	10	22
- Qualität der innerbetrieblichen Abläufe zum Umweltschutz	0	2	50	40	17	23
- Wiederverwendung bzw. Entsorgung von Abfallprodukten	1	0	57	29	25	20
- Minimierung von Verpackungsmaterial	0	3	80	15	7	27
- Umweltorientierte PR-Maßnahmen	4	24	56	17	7	24

21. Welches Unternehmen Ihrer Branche schätzen Sie als führend auf dem Gebiet des Umweltmanagements ein?

keine Angabe	**101**
Nennung des eigenen Unternehmens	**16**
Nennung anderer Unternehmen	**15**

22. Wie hoch war der Jahresumsatz Ihres Unternehmens 1989?

Mio DM	
1-249	**41**
250-999	**56**
≥ 1000	**25**
keine Angabe	**10**

23. In wie vielen Werken produzieren Sie?

Anzahl Werke	**national**	**international**
1	**42**	**13**
2 + 3	**48**	**24**
≥ 4	**34**	**33**
keine Angabe	**8**	**7**

Anhang 2: Interviewleitfaden

1. Erzeugnisprogramm (Betroffenheit von Umweltschutzproblematik)

2. Wahrnehmung von Umweltschutzaufgaben
   - Schwerpunkte
   - Probleme

3. Organisationsstruktur/Organigramm
   - Gesamtunternehmung
   - Eingliederung von Umweltschutzeinheiten

4. Umweltschutzeinheiten
   - Bezeichnung
   - Anzahl/Qualifikation der Mitarbeiter
   - genaue Aufgabeninhalte
   - zeitlicher Anteil von Umweltschutzaufgaben
   - interne Gliederung
   - Hierarchie zwischen Umweltschutzeinheiten
   - Vetorechte (bei laufender Produktion/Innovationen)

5. Teamstrukturen mit Umweltschutzaufgaben
   - Aufgabeninhalte
   - Weisungsrechte
   - personelle Zusammensetzung/Sitzungszyklus

6. Integration von Umweltschutzaufgaben in sonstige Fachbereiche
   - Abgrenzung von Zuständigkeiten/Schnittstellen
   - Kommunikation mit Umweltschutzeinheiten

7. Reorganisation (beabsichtigt?)/Zufriedenheit mit bestehender Struktur

8. Motivationsmaßnahmen
   - Anreizsysteme
   - Unternehmungskultur/
     schriftliche Unternehmungsgrundsätze

9. Umweltschutz-Informationssystem
    - Inhalt/Umfang/technische Realisation
    - angeschlossener Personenkreis

10. beispielhafter Ablauf einer Umweltschutzinnovation
    - Beteiligung von Umweltschutzeinheiten/ sonstigen Fachbereichen

11. Kooperation mit Externen
    - Inhalte
    - organisatorische Einbindung

12. Übertragung von Umweltschutz-Haftungsrisiken auf
    - Abnehmer
    - Lieferanten

Literaturverzeichnis

Achenbach, H. (1990): Die Sanktionen gegen die Unternehmensdelinquenz im Umbruch. In: Juristische Schulung, 1990, S. 601-608

Achleitner, P.M. (1985): Soziopolitische Strategien multinationaler Unternehmungen. Bern/Stuttgart 1985

Ackerman, R.W. (1975): The social challenge to business. Cambridge/London 1975

Adams, H.W. (1990): Beauftragte in der Organisation. Vollendung oder Auflösung organisatorischer Strukturen? In: ZFO, 1990, S. 389-392

Adams, H.W./Löhr, V. (1991): Paragraph 52a Bundes-Immissionsschutzgesetz als Organisationsnorm. In: Die Organisation des betrieblichen Umweltschutzes, hrsg. von H.W. Adams und G. Eidam. Frankfurt 1991, S. 130-146

Adams, H.W./Maier, B. (1993): Die Organisation des Umweltschutzes. In: ZFO, 1993, S. 74-90

Albach, H. (Hrsg.) (1990): Betriebliches Umweltmanagement. Wiesbaden 1990

Aldrich, H./Herker, D. (1977): Boundary spanning roles and organization structure. In: Academy of Management Review, 1977, No. 2, S. 217-230

Allen, T.J. (1977): Managing the flow of technology: Technology transfer and the dissemination of technological information within the R&D organization. Cambridge: MIT Press 1977

Anshen, M. (1980): Corporate strategies for social performance. New York 1980

Antes, R. (1988): Umweltschutzinvestitionen als Chancen des aktiven Umweltschutzes für Unternehmen im sozialen Wandel. Schriftenreihe des IÖW 16/88. Berlin 1988

Antes, R. (1991): Organisation des Umweltschutzes. In: Personalführung, 1991, S. 148-154

Antes, R. (1992): Die Organisation des betrieblichen Umweltschutzes. In: Handbuch des Umweltmanagements, hrsg. von U. Steger. München 1992, S. 487-509

Antes, R. (1993): Betriebliche Organisation des Umweltschutzes in kleinen und mittleren Unternehmen. In: Informationsdienst IÖW, 1993, Nr. 2, S. 18-20

Bänsch, A. (1993): Marketing für umweltfreundliche(re) Konsumgüter - Prinzipielle Möglichkeiten und Grenzen. In: UWF, 1993, Nr. 2, S. 13-18

Baetge, J. (1974): Betriebswirtschaftliche Systemtheorie. Opladen 1974

Baetge, J. (1988): Kontrollmanagement. In: Funktionale Managementlehre, hrsg. von M. Hofmann und L. v. Rosenstiel. Berlin et al. 1988, S. 383-432

Bartscher, T.R./Fleischer, H. (1991): Perspektiven einer ökologisch orientierten Unternehmensführung. Ansatzpunkte für eine adäquate Personalpolitik. In: ZFO, 1991, S. 440-444

Beer, S. (1959): Cybernetics and management. London 1959

Berg, C.C. (1979): Recycling in betriebswirtschaftlicher Sicht. In: WiSt, 1979, S. 201-205

Bertalanffy, L.v. (1949): Das biologische Weltbild. Band I: Die Stellung des Lebens in Natur und Wissenschaft. Bern 1949

Bertalanffy, L.v. (1951): General systems theory. A new approach to unity of science. In: Human Biology, 1951, S. 302-361

Beuermann, G. (1992): Zentralisation und Dezentralisation. In: Handwörterbuch der Organisation. 3. Aufl., hrsg. von E. Frese. Stuttgart 1992, Sp. 2611-2625

BGH (1991): Urteil vom 23.9.1991 - II ZR 135/90. In: DB, 1991, S. 2176-2181

Bidlingmaier, J. (1968): Zielkonflikte und Zielkompromisse im unternehmerischen Entscheidungsprozeß. Wiesbaden 1968

Binswanger, H.-C./Bonus, H./Timmermann, M. (1981): Wirtschaft und Umwelt. Stuttgart et al. 1981

Bleicher, K. (1970): Die Entwicklung eines systemorientierten Organisations- und Führungsmodells der Unternehmung (Teil 1). In: ZFO, 1970, S. 3-8

Bleicher, K. (Hrsg.) (1972): Organisation als System. Wiesbaden 1972

Bleicher, K. (1980): Unternehmungsentwicklung und organisatorische Gestaltung. Stuttgart/NewYork 1980

Bleicher, K. (1981): Organisation - Formen und Modelle. Wiesbaden 1981

Bleicher, K. (1991): Organisation. Strategien - Strukturen - Kulturen. 2. Aufl., Wiesbaden 1991

Bleicher, K. (1992): Organisatorische(n) Gestaltung, Theorie der. In: Handwörterbuch der Organisation. 3. Aufl., hrsg. von E. Frese. Stuttgart 1992, Sp. 1883-1900

Blom, F. (1989): Die ökologisch orientierte Materialwirtschaft. In: BME Schriftenreihe "wissen und beraten", hrsg. von Bundesverband Materialwirtschaft, Einkauf und Logistik e.V. Frankfurt 1989

Bonus, H. (1981): Wettbewerbspolitische Implikationen umweltpolitischer Instrumente. In: Umweltpolitik und Wettbewerb, hrsg. von H. Gutzler. Baden-Baden 1981, S. 103-121

Borg, I./Bergermaier, R. (1992): Über die zweifelhafte Strategie, Leistung durch monetäre Anreize erhöhen zu wollen. In: Personalführung, 1992, S. 642-649

Bräuer, K. (1992): Konzepte der ökologisch orientierten Betriebswirtschaftslehre. In: WiSt, 1992, S. 39-42

Brenken, D. (1988): Strategische Unternehmensführung und Ökologie. Bergisch Gladbach/Köln 1988

Bühner, R. (1991): Betriebswirtschaftliche Organisationslehre. 5. Aufl., München 1991

BT-Drucksache (1991): Entwurf eines Strafrechtsänderungsgesetzes - Zweites Gesetz zur Bekämpfung der Umweltkriminalität (2. UKG). Gesetzentwurf der Bundesregierung. Bundestags-Drucksache 12/192 vom 5.3.1991

Burns, T. (1966): On the plurality of social systems. New York 1966

Burns, T./Stalker, G.M. (1961): The management of innovation. London 1961

Chaganti, R./Phatak, A. (1983): Evolution and role of the corporate environmental affairs function. In: Research in corporate social performance and policy, 1983, S. 183-203

Chandler, A.D. (1962): Strategy and structure. Chapters in the history of industrial enterprise. Cambridge, Mass. 1962

Child, J. (1972): Organizational structure, environment and performance. The role of strategic choice. In: Sociology, 1972, Vol. 6, S. 1-22

Child, J. (1973): Predicting and understanding organization structure. In: ASQ, 1973, S. 168-185

Coenenberg, A.G. (1973): Verrechnungspreise zur Steuerung divisionalisierter Unternehmen. In: WiSt, 1973, S. 373-382

Corsten, H./Götzelmann, F. (1992): Abfallvermeidung und Reststoffverwertung - Eine produkt- und verfahrensorientierte Analyse. In: BFuP, 1992, S. 102-119

Corsten, H./Reiss, M. (1991): Recycling in PPS-Systemen. In: DBW, 1991, S. 615-627

Cracco, E./Rostenne, J. (1971): The socio-ecological product. In: MSU (Michigan State University) Business Topics, 1971, Vol. 19, No. 3, S. 27-34

Deal, T.E./Kennedy, A.A. (1982): Corporate culture. Reading, Mass. 1982

Deutsche Bank AG (Hrsg.) (1988): Umweltschutz. Fakten, Prognosen, Strategien. Frankfurt 1988

Deutsche BP AG (Hrsg.) (1986): BP Umweltschutz-Enquete. Hamburg 1986

Dierkes, M. (1988): Unternehmenskultur und Unternehmensführung. In: ZfB, 1988, S. 554-575

Dierkes, M./Marz, L. (1992): Umweltorientierung als Teil der Unternehmenskultur. In: Handbuch des Umweltmanagements, hrsg. von U. Steger. München 1992, S. 223-240

Dill, P./Hügler, G. (1987): Unternehmenskultur und Führung betriebswirtschaftlicher Organisationen - Ansatzpunkte für ein kulturbewußtes Management. In: Unternehmenskultur, hrsg. von E. Heinen. München 1987, S. 141-209

Dölling, D. (1988): Empfehlen sich Änderungen des Umweltstrafrechts? In: ZRP, 1988, S. 334-339

Domsch, M. (1989): Personal. In: Vahlens Kompendium der Betriebswirtschaftslehre. Band 1. 2. Aufl., hrsg. von M. Bitz et al., München 1989, S. 501-560

Domsch, M./Gerpott, H./Gerpott, T.J. (1989): Technologische Gatekeeper in der industriellen F&E. Stuttgart 1989

Domsch, M./Gerpott, T.J. (1992): Personalwesen(s), Organisation des. In: Handwörterbuch der Organisation. 3. Aufl., hrsg. von E. Frese. Stuttgart 1992, Sp. 1934-1949

Dreher, E./Tröndle, H. (1991): Strafgesetzbuch und Nebengesetze. 45. Aufl., München 1991

Dreyhaupt, F.J. (1987): Arbeit zwischen Baum und Borke. In: Umwelt, 1987, Nr. 10, S. 410-412

Drucker, P.F. (1954): The practice of management. New York 1954

Dürr, H. (1990): Chancen und Risiken der deutschen Investitionsgüterindustrie im Europäischen Binnenmarkt. In: Marktorientierte Unternehmensführung im Europäischen Binnenmarkt, hrsg. von H. Meffert und M. Kirchgeorg. Stuttgart 1990, S. 77-80

Dyckhoff, H. (1992a): Organische Integration des Umweltschutzes in die Betriebswirtschaftstheorie. In: Betrieblicher Umweltschutz, hrsg. von E. Seidel. Wiesbaden 1992, S. 57-80

Dyckhoff, H. (1992b): Betriebliche Produktion. Berlin et al. 1992

Dyckhoff, H./Jacobs, R. (1994): Organisation des Umweltschutzes in Industriebetrieben - Ergebnisse einer empirischen Untersuchung. In: ZfB, 1994 (in Vorbereitung)

Dyllick, T. (1989a): Die Sicherung der gesellschaftlichen Akzeptanz als Aufgabe der unternehmerischen Zukunftssicherung. In: WISU, 1989, S. 276-277

Dyllick, T. (1989b): Management der Umweltbeziehungen. Wiesbaden 1989

Dyllick, T. (1990): Ökologisch bewusstes Management. In: Die Orientierung. Nr. 96, hrsg. von Schweizerische Volksbank. Bern 1990

Ebers, M. (1992): Organisationstheorie, situative. In: Handwörterbuch der Organisation. 3. Aufl., hrsg. von E. Frese. Stuttgart 1992, Sp. 1817-1838

Eichhorn, P. (1972): Umweltschutz aus der Sicht der Unternehmenspolitik. In: ZfbF, 1972, S. 633-649

Eidam, G. (1991a): Führungskräfte - Mit einem Bein im Gefängnis? In: Die Organisation des betrieblichen Umweltschutzes, hrsg. von H.W. Adams und G. Eidam. Frankfurt 1991, S. 147-163

Eidam, G. (1991b): Gefahrenverhütung ist Chefsache. In: Die Organisation des betrieblichen Umweltschutzes, hrsg. von H.W. Adams und G. Eidam. Frankfurt 1991, S. 164-176

Eiff, W.v. (1991): Ökologie-Management. In: Personal, 1991, S. 372-378

Eisenführ, F. (1990): Betriebswirtschaftliche Organisationslehre. Skript zur Vorlesung. 3. Aufl., Aachen 1990

Endres, A. (1985): Umwelt- und Ressourcenökonomie. Darmstadt 1985

Endres, A./Schwarze, R. (1991): Allokationswirkungen einer Umwelthaftpflichtversicherung. In: ZfU, 1991, S. 1-25

Essen, U.v. (1989): Organisation des Umweltschutzes im Philips-Konzern. In: ZFO, 1989, S. 84-88

Faber, M./Stephan, G./Michaelis, P. (1988): Umdenken in der Abfallwirtschaft. Heidelberg 1988

Feess-Dörr, E./Steger, U./Weihrauch, P. (1991): Muß Verpackung Abfall sein? Wiesbaden 1991

Feldhaus, G. (1991): Umweltschutzsichernde Betriebsorganisation. In: NVwZ, 1991, S. 927-935

Fessmann, K.-D. (1980): Organisatorische Effizienz in Unternehmungen und Unternehmungsteilbereichen. Düsseldorf 1980

Fleckenstein, K. (1990): Die Haftung für Umwelteinwirkungen und ihre Reform. In: Unternehmung und ökologische Umwelt, hrsg. von G.R. Wagner. München 1990, S. 220-228

Flume, W. (1992): Das Video-Urteil und das GmbH-Recht. In: DB, 1992, S. 25-29

Frank, W. (1990): Die Abfallwirtschaft als Teil der Rohstoffwirtschaft. Düsseldorf/Stuttgart 1990

Franken, R./Fuchs, H. (1974): Grundbegriffe zur Allgemeinen Systemtheorie. In: Systemtheorie und Betrieb. Sonderheft ZfbF Nr. 3/1974, hrsg. von E. Grochla, H. Fuchs und H. Lehmann. Opladen 1974, S. 23-49

Freimann, J. (1989): Instrumente sozial-ökologischer Folgenabschätzung im Betrieb. Wiesbaden 1989

Freimann, J. (1990): Plädoyer für die Normierung von betrieblichen Öko-Bilanzen. In: Ökologische Herausforderung der Betriebswirtschaftlehre, hrsg. von J. Freimann. Wiesbaden 1990, S. 177-195

Freimuth, J. (1990): Personalmarketing, Personalimage und Unternehmenslegitimität. Teil 2. In: Personal - Mensch und Arbeit, 1990, S. 354-356

Frese, E. (1971): Ziele als Führungsinstrumente. Kritische Anmerkungen zum "Management by Objectives". In: ZFO, 1971, S. 227-238

Frese, E. (1987): Grundlagen der Organisation. 3. Aufl., Wiesbaden 1987

Frese, E. (1990): Entwicklungstendenzen in der organisatorischen Gestaltung der Produktion. In: Zukunftsperspektiven der Organisation. Festschrift Robert Staerkle, hrsg. von K. Bleicher und P. Gomez. Bern 1990, S. 81-97

Frese, E. (1991): Organisationstheorie. Stand und Aussagen aus betriebswirtschaftlicher Sicht. Wiesbaden 1991

Frese, E. (1992): Umweltschutz(es), Organisation des. In: Handwörterbuch der Organisation. 3. Aufl., hrsg. von E. Frese. Stuttgart 1992, Sp. 2433-2451

Frese, E./Glaser, H. (1980): Verrechnungspreise. In: Handwörterbuch der Organisation. 2. Aufl., hrsg. von E. Grochla. Stuttgart 1980, Sp. 2311-2326

Frese, E./Kloock, J. (1989): Internes Rechnungswesen und Organisation aus der Sicht des Umweltschutzes. In: BFuP, 1989, S. 1-29

Frese, E./Simon, R. (1987): Kontrolle und Führung. In: Handwörterbuch der Führung, hrsg. von A. Kieser, G. Reber und R. Wunderer. Stuttgart 1987, Sp. 1247-1257

Fritz, W./Förster, F./Wiedmann, K.-P./Raffee, H. (1988): Unternehmensziele und strategische Unternehmensführung. In: DBW, 1988, S. 567-586

Fronek, R./Uecker, P. (1987): Umweltrechnungslegung - Jahresabschluß - Social Accounting. In: Handbuch des Umweltschutzes, hrsg. von J. Vogel, A. Heigl und K. Schäfer, Band III, Landsberg 1987, S. 1-29

Fuchs, H. (1976): Systemtheorie. In: Handwörterbuch der Betriebswirtschaftslehre. Band 3. 4. Aufl., hrsg. von E. Grochla und W. Wittmann. Stuttgart 1976, Sp. 3820-3832

Gagsch, S. (1980): Subsystembildung. In: Handwörterbuch der Organisation. 2. Aufl., hrsg. von E. Grochla. Stuttgart 1980, Sp. 2156-2171

Gaitanides, M. (1992): Ablauforganisation. In: Handwörterbuch der Organisation. 3. Aufl., hrsg. von E. Frese. Stuttgart 1992, Sp. 1-18

Gasser, V. (1992): Umwelthaftungsrecht in seiner Konsequenz für die Unternehmensführung. In: BFuP, 1992, S. 153-165

Gaster, D. (1988): Qualitätsaudit. In: Handbuch der Qualitätssicherung. 2. Aufl., hrsg. von W. Masing. München/Wien 1988, S. 901-921

Gaugler, E./Kolb, M./Ling, B. (1977): Humanisierung der Arbeitswelt und Produktion. 2. Aufl., Ludwigshafen 1977

Gerybadze A. (1992): Umweltorientiertes Management von Forschung und Entwicklung. In: Handbuch des Umweltmanagements, hrsg. von U. Steger. München 1992, S. 395-415

Geulen, R. (1988): Grundlegende Neuregelung des Umweltstrafrechts. In: ZRP, 1988, S. 323-326

Göppert, K. (1991): Ende mit Schrecken. In: Wirtschaftswoche, 1991, Nr. 3 vom 11.1.1991, S. 26

Golembiewski, R.T. (1967): Organizing men and power: Patterns of behavior and line-staff models. Chicago 1967

Gorsler, B. (1991): Umsetzung ökologisch bewussten Denkens. Eine Studie zur Unternehmenskultur. Bern/Stuttgart 1991

Grabatin, G. (1981): Effizienz von Organisationen. Berlin/New York 1981

Grebmer, K. v. (1991): Lernprozesse in der Kommunikation über Umweltfragen. Erfahrungen aus der chemischen Industrie. In: Ökologische Lernprozesse in Unternehmungen, hrsg. von T. Dyllick. Bern/Stuttgart 1991, S. 151-174

Grochla, E. (1974): Systemtheoretisch-kybernetische Modellbildung betrieblicher Systeme. In: Systemtheorie und Betrieb. Sonderheft ZfbF Nr. 3/1974, hrsg. von E. Grochla, H. Fuchs und H. Lehmann. Opladen 1974, S. 11-22

Grochla, E. (Hrsg.) (1975): Organisationstheorie. Teilbände 1 und 2. Stuttgart 1975

Grochla, E. (1982): Grundlagen der organisatorischen Gestaltung. Stuttgart 1982

Grochla, E./Fuchs, H./Lehmann, H. (Hrsg.) (1974): Systemtheorie und Betrieb. Sonderheft ZfbF Nr. 3/1974. Opladen 1974

Grochla, E./Lehmann, H. (1980): Systemtheorie und Organisation. In: Handwörterbuch der Organisation. 2. Aufl., hrsg. von E. Grochla. Stuttgart 1980, Sp. 2204-2216

Grochla, E./Thom, N. (1980): Organisationsformen, Auswahl von. In: Handwörterbuch der Organisation. 2. Aufl., hrsg. von E. Grochla. Stuttgart 1980, Sp. 1494-1517

Grün, O. (1992): Projektorganisation. In: Handwörterbuch der Organisation. 3. Aufl., hrsg. von E. Frese. Stuttgart 1992, Sp. 2102-2116

Gugelmann, E. (1988): Das Marketing der Migros im Spannungsfeld landwirtschaftlicher Produktionstechnologien. In: Thexis, 1988, Nr. 3, S. 15-18

Gutenberg, E. (1983): Grundlagen der Betriebswirtschaftslehre. Erster Band: Die Produktion. 24. Aufl., Berlin/Heidelberg/New York 1983

Hagen, R.v. (1992): Betriebliche Umweltpolitik. Wiesbaden 1992

Hager, G. (1991): Das neue Umwelthaftungsgesetz. In: NJW, 1991, S. 134-143

Haker, W./Krieshammer, G. (1991): Jurisprudenz und Umweltschutz. In: Die Organisation des betrieblichen Umweltschutzes, hrsg. von H.W. Adams und G. Eidam. Frankfurt 1991, S. 81-96

Hallay, H. (1990): Die Ökobilanz. Ein betriebliches Informationssystem. Schriftenreihe des IÖW 27/89. Berlin 1990

Haller, M. (1986): Risiko-Management - Eckpunkte eines integrierten Konzepts. In: Risiko-Management. Schriften zu Unternehmensführung, Band 33, hrsg. von H. Jacob. Wiesbaden 1986, S. 7-43

Haller, M. (1991): Risikomanagement - zwischen Risikobeherrschung und Risikodialog. In: Umweltmanagement im Spannungsfeld zwischen Ökologie und Ökonomie, hrsg. von Organisationsforum Wirtschaftskongreß e.V. (OFW). Wiesbaden 1991, S. 167-189

Hamel, W. (1992): Zielsysteme. In: Handwörterbuch der Organisation. 3. Aufl., hrsg. von E. Frese. Stuttgart 1992, Sp. 2634-2652

Hansen, U. (1988): Ökologisches Marketing im Handel. In: Ökologisches Marketing, hrsg. von A. Brandt et al., Frankfurt/New York 1988, S. 331-362

Hansen, W. (1988): Selbstprüfung. In: Handbuch der Qualitätssicherung. 2. Aufl., hrsg. von W. Masing. München/Wien 1988, S. 815-827

Hansmann, K.-W. (1987): Industriebetriebslehre. 2. Aufl., München et al. 1987

Hansmeyer, K.-H. (1976): Umweltschutz und Betrieb. In: Handwörterbuch der Betriebswirtschaftslehre. Band 3. 4. Aufl., hrsg. von E. Grochla und W. Wittmann. Stuttgart 1976, Sp. 4026-4035

Hansmeyer, K.-H./Schneider, H.K. (1990): Umweltpolitik. Göttingen 1990

Hanssmann, F. (1976): Systemforschung im Umweltschutz. Berlin 1976

Hartje, V.J. (1990): Zur Struktur des 'ökologisierten' Umweltkapitalstocks: Varianten und Determinanten umweltsparender technologischer Anpassung in Unternehmen. In: Ökologische Modernisierung der Produktion, hrsg. von K. Zimmermann, V.J. Hartje und A. Ryll. Berlin 1990, S. 135-198

Hauschildt, J. (1980): Zielsysteme. In: Handwörterbuch der Organisation. 2. Aufl., hrsg. von E. Grochla. Stuttgart 1980, Sp. 2419-2430

Heidack, C. (1992): Vorschlagswesen, Betriebliches. In: Handwörterbuch des Personalwesens. 2. Aufl., hrsg. von E. Gaugler und W. Weber. Stuttgart 1992, Sp. 2299-2316

Heine, H./Mautz, R. (1989): Industriearbeiter contra Umweltschutz? Frankfurt/New York 1989

Heinen, E. (1976): Grundlagen betriebswirtschaftlicher Entscheidungen. Das Zielsystem der Unternehmung. 3. Aufl., Wiesbaden 1976

Heinen, E. (1987): Unternehmenskultur als Gegenstand der Betriebswirtschaftslehre. In: Unternehmenskultur, hrsg. von E. Heinen. München 1987, S. 1-48

Hellriegel, D./Slocum, J.W. (1986): Management. 4. Aufl., Reading, Mass. et al. 1986

Hemmelskamp, J./Neuser, U. (1993): Innovationswirkungen von Haftungsrecht. Ökonomische Theorie und juristische Bewältigung. In: UWF, 1993, Nr. 2, S. 48-55

Herden, R. (1992): Technologieorientierte Außenbeziehungen im betrieblichen Innovationsmanagement: Ergebnisse einer empirischen Untersuchung. Heidelberg 1992

Herzberg, F. (1968): Work and the nature of man. London 1968

Hill, W./Fehlbaum, R./Ulrich, P. (1989): Organisationslehre. Band 1 und 2. 4. Aufl., Bern/Stuttgart 1989

Hoffmann, F. (1992): Aufbauorganisation. In: Handwörterbuch der Organisation. 3. Aufl., hrsg. von E. Frese. Stuttgart 1992, Sp. 208-221

Holler, E. (1991): Betriebliches Vorschlagswesen und Ökologie. In: Personal, 1991, S. 384-387

Hommelhoff, P. (1992): Konzernpraxis nach "Video". In: DB, 1992, S. 309-314

Hopfenbeck, W. (1990): Umweltorientiertes Management und Marketing. Landsberg/Lech 1990

Hopkinson, R.A. (1970): Corporate organization for pollution control. New York 1970

Hoppe, W./Beckmann, M. (1989): Umweltrecht. München 1989

Hümbsch-Krusche, M./Krusche, M. (1983): Die strafrechtliche Erfassung von Umweltbelastungen. Stuttgart et al. 1983

Humphrey, C.R./Bord, R.J./Hammond, M.M./Mann, S.H. (1977): Attitudes and conditions for cooperation in a recycling programm. In: Environment and Behavior, 1977, S. 107-124

IG Metall (1988): Positionspapier Umweltschutz im Betrieb. Frankfurt 1988

Internationale Handelskammer/ICC (Hrsg.) (1989): Umweltschutz-Audits. Köln 1989

Irle, M. (1971): Macht und Entscheidungen in Organisationen. Studie gegen das Linie-Stab-Prinzip. Frankfurt 1971

Iselin, E. (1972): Koordination der Umweltschutzbestrebungen in den Unternehmungen. In: Umweltschutz und Wirtschaftswachstum, hrsg. von M.P. Walterskirchen. München 1972, S. 171-186

Johann, H.P. (1991): Umweltschutz in Klein- und Mittelbetrieben. In: angewandte Arbeitswissenschaft, 1991, Nr. 127, S. 20-37

Johann, H.P./Gebhard, D. (1991): Umweltschutz in der Aus- und Weiterbildung. In: Personalführung, 1991, S. 156-166

Kaas, K.P. (1992): Marketing für umweltfreundliche Produkte. In: DBW, 1992, S. 473-487

Kaiser, T. (1988): Weltweite Haftung transnationaler Unternehmen für Verbindlichkeiten ihrer Tochtergesellschaften. In: RIW, 1988, S. 589-598

Kasper, H. (1980): Innovation in Organisationen. Konzeptionelle Arbeit mit empirischen Befunden. Wien 1980

Kast, F.E./Rosenzweig, J.E. (1967): System concepts. Pervasiveness and potential. In: MIR, 1967, S. 87-96

Kast, F.E./Rosenzweig, J.E. (1970): Organization and management. A systems approach. New York 1970

Kern, W./Schröder, H.-H. (1977): Forschung und Entwicklung in der Unternehmung. Reinbek bei Hamburg 1977

Keune, H. (1976): Der Immissionsschutzbeauftragte. Grundkonzeption der modernen Regelung der Umweltbeauftragten. In: IWL-Forum 76/I, hrsg. von Institut für ökologische Wirtschaftsforschung. Köln 1976, S. 1-28

Kieser, A. (1992): Abteilungsbildung. In: Handwörterbuch der Organisation. 3. Aufl., hrsg. von E. Frese. Stuttgart 1992, Sp. 57-72

Kieser, A./Kubicek, H. (1992): Organisation. 3. Aufl., Berlin/New York 1992

Kirchgeorg, M. (1990): Ökologieorientiertes Unternehmensverhalten. Wiesbaden 1990

Kistner, K.-P. (1989): Umweltschutz in der betrieblichen Produktionsplanung. In: BFuP, 1989, S. 30-50

Kistner, K.-P./Steven, M. (1991): Management ökologischer Risiken in der Produktionsplanung. In: ZfB, 1991, S. 1307-1336

Klein, S. (1991): Der Einfluß von Werten auf die Gestaltung von Organisationen. Berlin 1991

Kleinaltenkamp, M. (1985): Recycling-Strategien. Berlin et al. 1985

Kleinbeck, U./Quast, H.-H. (1992): Motivation. In: Handwörterbuch der Organisation. 3. Aufl., hrsg. von E. Frese. Stuttgart 1992, Sp. 1420-1434

Kloepfer, M. (1989): Umweltrecht. München 1989

Kloock, J. (1993): Neuere Entwicklungen betrieblicher Umweltkostenrechnungen. In: Betriebswirtschaft und Umweltschutz, hrsg. von G.R. Wagner. Stuttgart 1993 (in Vorbereitung)

Knechtli, P. (1991): Männer mit weißer Weste. In: DIE ZEIT, 1991, Nr. 46 vom 8.11.1991, S. 35

Knobbe-Keuk, B. (1992): Zum Erdbeben "Video". In: DB, 1992, S. 1461-1465

Kosiol, E. (1962): Organisation der Unternehmung. Wiesbaden 1962

Kreikebaum, H. (1990): Integrations- und Flexibilitätswirkungen neuer Umweltschutztechnologien. In: Integration und Flexibilität. Eine Herausforderung für die Allgemeine Betriebswirtschaftslehre, hrsg. von D. Adam, K. Backhaus, H. Meffert und H. Wagner. Wiesbaden 1990, S. 289-302

Kreikebaum, H. (1991): Innovationsmanagement bei aktivem Umweltschutz. In: Integrierter Umweltschutz. Eine Herausforderung an das Innovationsmanagement. 2. Aufl., hrsg. von H. Kreikebaum. Wiesbaden 1991, S. 45-55

Kreikebaum, H. (1992a): Integrierter Umweltschutz (IUS) durch strategische Planungs- und Controlling-Instrumente. In: Handbuch des Umweltmanagements, hrsg. von U. Steger. München 1992, S. 257-270

Kreikebaum, H. (1992b): Zentralbereiche. In: Handwörterbuch der Organisation. 3. Aufl., hrsg. von E. Frese. Stuttgart 1992, Sp. 2603-2610

Kreikebaum, H. (1993): Personelle Voraussetzungen des integrierten Umweltschutzes. In: ZFO, 1993, S. 85-90

Krüger, W. (1984): Organisation der Unternehmung. Stuttgart et al. 1984

Krulis-Randa, J.S. (1984): Reflexionen über die Unternehmenskultur. In: Die Unternehmung, 1984, S. 358-371

Krusche, M. (1989): Verschärfung des Umweltrechts - Konsequenzen für die Unternehmen. In: JR, 1989, S. 489-494

Kubicek, H. (1980): Messung der Organisationsstruktur. In: Handwörterbuch der Organisation. 2. Aufl., hrsg. von E. Grochla. Stuttgart 1980, Sp. 1778-1795

Kubicek, H./Thom, N. (1976): Umsystem, betriebliches. In: Handwörterbuch der Betriebswirtschaftslehre. Band 3. 4. Aufl., hrsg. von E. Grochla und W. Wittmann. Stuttgart 1976, Sp. 3977-4017

Kubicek, H./Welter, G. (1985): Messung der Organisationsstruktur. Stuttgart 1985

Kudert, S. (1990): Der Stellenwert des Umweltschutzes im Zielsystem einer Betriebswirtschaft. In: WISU, 1990, S. 569-575

Küpper, H.U. (1981): Ablauforganisation. Stuttgart/New York 1981

Kupsch, P. (1979): Unternehmungsziele. Stuttgart/New York 1979

Kupsch, P./Marr, R./Picot, A. (1991): Innovationswirtschaft. In: Industriebetriebslehre. 9. Aufl., hrsg. von E. Heinen. Wiesbaden 1991, S. 1069-1156

Landsberg, G./Lülling, W. (1990): Das neue Umwelthaftungsgesetz. In: DB, 1990, S. 2205-2211

Landsberg, G./Lülling, W. (1991): Umwelthaftungsrecht. Köln 1991

Lange, C. (1978): Umweltschutz und Unternehmensplanung. Wiesbaden 1978

Lawrence, P.R./Lorsch, J.W. (1967): Organization and environment. Managing differentiation and integration. Boston 1967

Lawler, E.E./Rhode J.G. (1976): Information and control in organizations. Pacific Palisades, California 1976

Lehmann, H. (1974): Aufbauorganisation. In: Handwörterbuch der Betriebswirtschaftslehre. Band 1. 4. Aufl., hrsg. von E. Grochla und W. Wittmann. Stuttgart 1974, Sp. 290-298

Lehmann, H. (1992): Organisationstheorie, systemtheoretisch-kybernetisch orientierte. In: Handwörterbuch der Organisation. 3. Aufl., hrsg. von E. Frese. Stuttgart 1992, Sp. 1838-1853

Lorsch, J.W. (1986): Managing culture. The invisible barrier of strategic change. In: California Management Review, 1986, No. 2, S. 95-109

Luhmann, N. (1968): Zweckbegriff und Systemrationalität. Tübingen 1968

Luhmann, N. (1975): Komplexität. In: Soziologische Aufklärung. Aufsätze zur Theorie der Gesellschaft, hrsg. von N. Luhmann. Opladen 1975, S. 204-220

Luhmann, N. (1984): Soziale Systeme. Frankfurt 1984

Madauss, B.J. (1984): Projektmanagement. Stuttgart 1984

Mag, W. (1992): Ausschüsse. In: Handwörterbuch der Organisation. 3. Aufl., hrsg. von E. Frese. Stuttgart 1992, Sp. 252-262

Malle, K.-G. (1989): Organisation des Umweltschutzes bei der BASF AG. In: ZFO, 1989, S. 94-100

March, J.G./Simon, H.A. (1976): Organisation und Individuum. Menschliches Verhalten in Organisationen. Wiesbaden 1976

Marr, R. (1989): Betrieb und Umwelt. In: Vahlens Kompendium der Betriebswirtschaftslehre. Band 1. 2. Aufl., hrsg. von M. Bitz et al., München 1989, S. 47-114

Matschke, M.J./Lemser, B. (1992): Entsorgung als betriebliche Grundfunktion. In: BFuP, 1992, S. 87-101

Meffert, H. (1990): Strategisches Marketing und Umweltschutz - Bericht aus einem Forschungsprojekt. In: Unternehmung und ökologische Umwelt, hrsg. von G.R. Wagner. München 1990, S. 73-96

Meffert, H./Bruhn, M./Schubert, F./Walther, T. (1986): Marketing und Ökologie. In: DBW, 1986, S. 140-159

Meffert, H./Burmann, C. (1991): Umweltschutzstrategien im Spannungsfeld zwischen Hersteller und Handel - Ein Beitrag zum vertikalen Ökomarketing. Arbeitspapier Nr. 66 der Wissenschaftlichen Gesellschaft für Marketing und Unternehmensführung e.V. Münster 1991

Meffert, H./Kirchgeorg, M./Ostmeier, H. (1990): Der Einfluß von Ökologie und Marketing auf die Strategien. In: absatzwirtschaft, 1990, Sondernummer Oktober, S. 42-56

Meffert, H./Kirchgeorg, M. (1992): Marktorientiertes Umweltmanagement. Stuttgart 1992

Meffert, H./Ostmeier, H. (1990): Umweltschutz und Marketing. Forschungsbericht 10103114 des Umweltbundesamtes. Berlin 1990

Meinberg, V. (1988): Empirische Erkenntnisse zum Vollzug des Umweltstrafrechts. In: ZStW, 1988, S. 112-157

Meinberg, V./Möhrenschläger, M./Link, W. (1989): Umweltstrafrecht. Düsseldorf 1989

Meller, E. (1990): Unternehmen als Träger des umweltpolitischen Fortschritts. In: Unternehmung und ökologische Umwelt, hrsg. von G.R. Wagner. München 1990, S. 58-66

Meuser, T. (1993): Umweltschutz und Unternehmensführung. Ein Konzept aktiver Integration. Wiesbaden 1993

Miles, R.E. (1987): Managing the corporate social environment. Englewood Cliffs 1987

Miles, R.E./Snow, C.C. (1978): Organizational strategy, structure, and process. New York et al. 1978

Moschke, H.-J. (1991): Organisationsverschuldensanalyse. Grundlage für ein erfolgreiches Umwelt-Auditing. In: Umwelt-Auditing. Ein neues Instrument der Risikovorsorge, hrsg. von U. Steger, Frankfurt 1991, S. 52-58

Müllendorff, R. (1981): Umweltbezogene Unternehmungsentscheidungen unter besonderer Berücksichtigung der Energiewirtschaft. Frankfurt 1981

Müller, H. (1991): Industrielle Abfallbewältigung. Wiesbaden 1991

Müller-Stewens, G. (1992): Strategie und Organisationsstruktur. In: Handwörterbuch der Organisation. 3. Aufl., hrsg. von E. Frese. Stuttgart 1992, Sp. 2344-2355

Müller-Wenk, R. (1978): Die ökologische Buchhaltung. Frankfurt 1978

Necker, T. (1988): Der Schutz der Umwelt ist Chefsache. In: Der Arbeitgeber, 1988, S. 697-698

Niehörster, K. (1992): Risiken abgewälzt. In: UmweltMagazin, 1992, Nr. 8, S. 89-90

Niemeyer, A./Sartorius, B. (1992): Umwelt-Auditing. In: Handbuch des Umweltmanagements, hrsg. von U. Steger. München 1992, S. 311-327

Nitschke, C. (1990): Betrieblicher Umweltschutz - Motivation und Qualifikation. In: Personalwirtschaft, 1990, Heft 9, S. 15-18

Nitze, A. (1991): Die organisatorische Umsetzung einer ökologisch bewußten Unternehmungsführung. Bern/Stuttgart 1991

Nolte, R.F. (1982): Innovation und Umweltschutz. Technologische und ökonomische Aspekte, dargestellt anhand ausgewählter Beispiele aus der Praxis. In: Umweltpolitik im Wandel, hrsg. von A.A. Ullmann und K. Zimmermann. Frankfurt 1982, S. 77-95

Nordsieck, F. (1934): Grundlagen der Organisationslehre. Stuttgart 1934

Nork, M. E. (1992): Umweltschutz in unternehmerischen Entscheidungen. Wiesbaden 1992

Nüßgens, K.H. (1974): Umweltschutz als eine Führungsaufgabe im Unternehmen. In: Fortschrittliche Betriebsführung, 1974, S. 111-125

o.V. (1980): Branchenabkommen. In: Umwelt und Energie, 1980, Gruppe 3/15, S. 1-4 o.V. (1988): Umweltbewußtsein deutlich gewachsen. In: Umwelt und Energie, 1988, Heft 5, S. U3

o.V. (1989): Völlig versagt. Ölmulti Exxon nach dem Valdez-Desaster. In: WISU, 1989, S. 319

o.V. (1992a): "Wir sind weiter als die Japaner". In: DIE ZEIT, 1992, Nr. 13 vom 20.3.1992, S. 33

o.V. (1992b): Umweltschutz. Auf hohem Niveau. In: iwd, 1992, Nr. 15, S. 4-5

o.V. (1992c): Aufgeklärt. In: DIE ZEIT, 1992, Nr. 32 vom 31.7.1992, S. 24

Odiorne, G.S. (1965): Management by objectives: A system of managerial leadership. New York 1965

OLG Frankfurt (1987): Urteil vom 22.5.1987 - 1 Ss 401/86. In: Natur + Recht, 1987, S. 377-381

Ospelt, F. (1977): Unternehmungspolitik und Umweltschutz. Wien 1977

Ostmeier, H. (1990): Ökologieorientierte Produktinnovationen. Frankfurt et al. 1990

Paul, H.J. (1988): Strafrechtliche Verantwortlichkeit des Umweltschutzbeauftragten. In: Die Umweltschutzbeauftragten, VDI Berichte 696. Düsseldorf 1988, S. 57-67

Paul, H.J. (1989): Die natürliche Umwelt als Gegenstand der Unternehmungsführung und Unternehmungsorganisation im Rahmen des evolutionären Managementansatzes. In: Organisation. Evolutionäre Interdependenzen von Kultur und Struktur der Unternehmung, hrsg. von E. Seidel und D. Wagner. Wiesbaden 1989, S. 281-294

Peemöller, V.H. (1990): Umweltschutz als Aufgabe der internen Revision. In: WISU, 1990, S. 239-244

Pfeffer, J./Salancik, G.R. (1978): The external control of organizations. New York 1978

Pfohl, H.-C. (1980): Aufbauorganisation der betriebswirtschaftlichen Logistik. In: ZfB, 1980, S. 1201-1228

Pickshaus, K. (1991): Gesundheitsschutz und Ökologie als tarifpolitische Gestaltungsfelder. In: WSI Mitteilungen, 1991, Heft 3, S. 188-194

Picot, A. (1977): Betriebswirtschaftliche Umweltbeziehungen und Umweltinformationen. Berlin 1977

Picot, A./Seidlmeier, H. (1991): Einbeziehung der gesellschaftlichen und ökologischen Umwelt in die Unternehmensführung. In: RKW-Handbuch Führungstechnik und Organisation, hrsg. von E. Potthoff. Berlin Lfg. X/91, Kennzahl 1222, S. 1-28

Pinter, J. (1984): Umweltpolitische Probleme und Lösungsmöglichkeiten bei Klein- und Mittelbetrieben der Industrie und des Handwerks. Forschungsbericht 1/84 des Umweltbundesamtes. Berlin 1984

Poensgen, O.H. (1976): Geschäftsbereichsorganisation - Mode oder Muß? In: Journal für Betriebswirtschaft, 1976, S. 103-109

Porter, L.W./Lawler, E.E. (1968): Managerial attitudes and performance. Homewood, Illinois 1968

Priore, M.J./Sabel, C.F. (1985): Das Ende der Massenproduktion. Berlin 1985

Pümpin, C. (1984): Unternehmenskultur, Unternehmensstrategie und Unternehmenserfolg. In: gdi-impuls, 1984, Nr. 2, S. 19-30

Pulte, P. (1987): Betriebsbeauftragte in der gewerblichen Wirtschaft. Köln 1987

Raeschke-Kessler, H./Schendel, F.A./Schuster, P. (1990): Umwelt und Betrieb - Umweltrecht für die betriebliche Praxis. Loseblatt-Ausgabe Stand Mai 1992. Berlin 1990

Raffee, H. (1979): Marketing und Umwelt. Stuttgart 1979

Raffee, H./Förster, F./Krupp, W. (1988): Marketing und unternehmerische Ökologieorientierung - Eine empirische Studie unter besonderer Berücksichtigung der Lärmminderung. Arbeitspapier Nr. 63 des Instituts für Marketing der Universität Mannheim. Mannheim 1988

Raffee, H./Wiedmann, K.-P. (1987): Dialoge 2 - Konsequenzen für das Marketing, hrsg. von Stern/Gruner&Jahr, Hamburg 1987

Rehbinder, E. (1990): Ein Umweltschutzdirektor in der Geschäftsführung der Großunternehmen? In: Festschrift für Ernst Steindorff zum 60. Geburtstag, hrsg. von J.F. Baur, K.J. Hopt und K.P. Mailänder. Berlin/New York 1990, S. 215-228

Rehbinder, E./Burgbacher, H.-G./Knieper, R. (1972): Ein Betriebsbeauftragter für Umweltschutz? Berlin 1972

Remer, A. (1989): Organisationslehre. Eine Einführung. Berlin/New York 1989

Remer, A. (1990): Ökologie in der Betriebswirtschaft. Was kommt auf das Personalmanagement zu? In: Personalleiter Gazette, 1990, Nr. 2, S. 1-3

Remer, A./Sandholzer, U. (1991): Personalmanagement als Instrument ökologischer Unternehmensführung. In: Personal, 1991, S. 388-392

Remer, A./Sandholzer, U. (1992): Ökologisches Management und Personalarbeit. In: Handbuch des Umweltmanagements, hrsg. von U. Steger. München 1992, S. 511-536

Repenning, K. (1988): Die Stellung des Umweltschutzbeauftragten in der betrieblichen Organisation. In: Die Umweltschutzbeauftragten, VDI Berichte 696. Düsseldorf 1988, S. 1-12

Repenning, K. (1989): Zur Stellung des Betriebsbeauftragten für Umweltschutz in der betrieblichen Organisation. Umweltschutz bei der Deutschen BP AG. In: ZFO, 1989, S. 118-122

Riebel, P. (1955): Die Kuppelproduktion. Köln/Opladen 1955

Riker, T. (1991): Umweltschutzrevision, hrsg. von Siemens AG. München 1991

Rohe, E.-H. (1990): Entwicklungstendenzen des praktischen Umweltschutzes in der chemischen Industrie. In: Unternehmung und ökologische Umwelt, hrsg. von G.R. Wagner. München 1990, S. 97-112

Rometsch, L. (1992): Umweltdelikte in der Bundesrepublik Deutschland - eine Bestandsaufnahme. In: ZAU, 1992, S. 247-256

Rosenstiel, L.v. (1987): Grundlagen der Organisationspsychologie. 2. Aufl., Stuttgart 1987

Rosenstiel, L.v. (1991): Auswirkungen eines neuen Umweltbewußtseins auf die Mitarbeitermotivation - Thesen und Daten. In: Umweltmanagement im Spannungsfeld zwischen Ökologie und Ökonomie, hrsg. von Organisationsforum Wirtschaftskongreß e.V. (OFW). Wiesbaden 1991, S. 321-326

Roth, H.-P. (1979): Der Betriebsbeauftragte für Immissionsschutz. Frankfurt 1979

Roth, K. (1989): Ökologische Verantwortung der Gewerkschaften. In: WSI Mitteilungen, 1989, Heft 12, S. 720-729

Roth, K. (1991): Ökologische Innovation und Verantwortung: Perspektiven aus gewerkschaftlicher Sicht. In: Innovation und Unternehmertum, hrsg. von U.D. Laub und D. Schneider. Wiesbaden 1991, S. 185-198

Roth, U. (1992): Umweltkostenrechnung. Wiesbaden 1992

Royston, M.G. (1979): Pollution prevention pays. Oxford et al. 1979

Rückle, D. (1989): Investitionskalküle für Umweltschutzinvestitionen. In: BFuP, 1989, S. 51-65

Rückle, D. (1992): Entscheidungstheoretische Ansätze zur Handhabung umweltbezogener Risiken. In: Ökonomische Risiken und Umweltschutz, hrsg. von G.R. Wagner, München 1992, S. 46-66

Rühli, E. (1992): Koordination. In: Handwörterbuch der Organisation. 3. Aufl., hrsg. von E. Frese. Stuttgart 1992, Sp. 1164-1175

Ruppen, L. (1978): Marketing und Umweltschutz. Fribourg 1978

Sander, H.P. (1985): Rechtsstellung und Rechtsschutz des Betriebsbeauftragten für Gewässerschutz aus der Sicht der Industrie. In: Natur + Recht, 1985, S. 47-58

Schall, H. (1990): Umweltschutz durch Strafrecht: Anspruch und Wirklichkeit. In: NJW, 1990, S. 1263-1273

Schaltegger, S./Sturm, A. (1989): Oekologieinduzierte Entscheidungsprobleme des Managements. Diskussionspapier Nr. 8914 des Wirtschaftwissenschaftlichen Zentrums der Universität Basel. Basel 1989

Schanz, G. (1982): Organisationsgestaltung. Struktur und Verhalten. München 1982

Schanz, G. (1992): Organisation. In: Handwörterbuch der Organisation. 3. Aufl., hrsg. von E. Frese. Stuttgart 1992, Sp. 1459-1471

Scheer, A.-W. (1990): EDV-orientierte Betriebswirtschaftslehre. 4. Aufl., Berlin et al. 1990

Schein, E.H. (1985): Organizational culture and leadership. A dynamic view. San Francisco et al. 1985

Schemkes, H. (1974): Kompetenzabgrenzung bei der Mehrlinienorganisation. In: ZFO, 1974, S. 433-442

Schiegl, W.-E. (1988): Betrieblicher Umweltschutz. 2. Aufl., Loseblatt-Ausgabe Stand Juli 1992. Landsberg 1988

Schmid, U. (1989): Umweltschutz - Eine strategische Herausforderung für das Management. Frankfurt et al. 1989

Schmidt, R. (1991): Umweltgerechte Innovationen in der chemischen Industrie. Ludwigsburg/Berlin 1991

Schmidt, R.-B. (1974): Unternehmungsphilosophie und Umweltschutz. In: Unternehmungsführung. Festschrift für E. Kosiol, hrsg. von J. Wild. Berlin 1974, S. 123-138

Schneider, D./Zieringer, C. (1991): Interorganisatorisches F&E-Management und F&E-Integration als Herausforderungen innovativen Unternehmertums: F&E zwischen E&F. In: Innovation und Unternehmertum, hrsg. von U.D. Laub und D. Schneider. Wiesbaden 1991, S. 53-77

Scholz, C. (1988): Organisationskultur: Zwischen Schein und Wirklichkeit. In: ZfbF, 1988, S. 243-272

Scholz, C. (1992): Effektivität und Effizienz, organisatorische. In: Handwörterbuch der Organisation. 3. Aufl., hrsg. von E. Frese. Stuttgart 1992, Sp. 533-552

Scholz, C. (1992b): Matrix-Organisation. In: Handwörterbuch der Organisation. 3. Aufl., hrsg. von E. Frese. Stuttgart 1992, Sp. 1302-1315

Schreiner, M. (1988): Umweltmanagement in 22 Lektionen. Wiesbaden 1988

Schreyögg, G. (1978): Umwelt, Technologie und Organisationsstruktur. Bern/ Stuttgart 1978

Schreyögg, G. (1989): Zu den problematischen Konsequenzen starker Unternehmenskulturen. In: ZfbF, 1989, S. 94-113

Schultz, S. (1984): Umweltschutz - als Unternehmensziel denkbar? Werkstattberichte des Institutes für Landschaftsökonomie, Heft 4, hrsg. von A. Bechmann, Technische Universität Berlin. Berlin 1984

Schulz, W. (1989): Betriebliche Umweltinformationssysteme. In: Umwelt und Energie, 1989, Gruppe 12, S. 33-98

Schulz, W. (1991): Betriebliche Umweltinformationssysteme für eine zukunftsweisende Unternehmensplanung. In: ag Plan-Handbuch zur Unternehmensplanung. Band 3. 2. Ausg., hrsg. von H.-G. Grünewald, W. Kilger und W. Seiff. Berlin Lfg. I/91, Kennzahl 5263, S. 1-38

Schulz, W./Wicke, L. (1989): Organisation des Umweltschutzes im Betrieb. In: RKW-Handbuch Führungstechnik und Organisation, hrsg. von E. Potthoff. Berlin Lfg. V/89, Kennzahl 6142, S. 1-80

Schwaderlapp, R. (1993): Die Organisationsfrage als Hürde des betrieblichen Umweltschutzes. In: Informationsdienst IÖW, 1993, Nr. 1, S. 9-11

Schweitzer, M. (1974): Ablauforganisation. In: Handwörterbuch der Betriebswirtschaftslehre. Band 1. 4. Aufl., hrsg. von E. Grochla und W. Wittmann. Stuttgart 1974, Sp. 1-8

Schweitzer, M. (1990): Gegenstand der Industriebetriebslehre. In: Industriebetriebslehre, hrsg. von M. Schweitzer. München 1990, S. 1-60

Seidel, E. (1990): Implementierung des betrieblichen Umweltschutzes - die Organisation als Schlüsselfrage. In: Ökologische Herausforderung der Betriebswirtschaftslehre, hrsg. von J. Freimann. Wiesbaden 1990, S. 215-230

Seidel, E. (1991): Anreize zu ökologisch verpflichtetem Wirtschaften. In: Handbuch Anreizsysteme in Wirtschaft und Verwaltung, hrsg. von G. Schanz. Stuttgart 1991, S. 171-189

Seidel, E. (1992): Gremienorganisation. In: Handwörterbuch der Organisation. 3. Aufl., hrsg. von E. Frese. Stuttgart 1992, Sp. 714-724

Seidel, E./Behrens, S. (1992): Umwelt-Controlling als Instrument moderner betrieblicher Abfallwirtschaft. In: BFuP, 1992, S. 136-152

Seidel, E./Redel, W. (1987): Führungsorganisation. München/Wien 1987

Senn, J.F. (1986): Ökologie-orientierte Unternehmensführung. Frankfurt et al. 1986

Siebert, H. (1976): Analyse der Instrumente der Umweltpolitik. Göttingen 1976

Siebert, H. (1978): Ökonomische Theorie der Umwelt. Tübingen 1978

Siemens AG (Hrsg.) (1986): Umweltschutz - Versuch einer Systemdarstellung. Berlin/München 1986

Sietz, M./Sondermann, W.D. (1990): Umwelt-Audit und Umwelthaftung. Taunusstein 1990

Specht, M. (1988): Die Organisation von Umweltschutzaufgaben in der Industrie. Arbeitspapiere des Instituts für Ökologie und Unternehmensführung an der European Business School, Nr. 2, hrsg. von U. Steger. Oestrich-Winkel 1988

Sprenger, R.K. (1992): Mythos Motivation. 2. Aufl., Frankfurt/New York

Sprenger, R.-U. (1977): Umweltschutzaktivitäten der deutschen Industrie - Kosteneffekte und ihre Wettbewerbswirksamkeit. In: ifo-Schnelldienst, 1977, Nr. 8, S. 4-18

Staehle, W.H. (1989): Management. Eine verhaltenswissenschaftliche Perspektive. 4. Aufl., München 1989

Staehle, W.H./Nork, M.E. (1992): Umweltschutz und Theorie der Unternehmung. In: Handbuch des Umweltmanagements, hrsg. von U. Steger. München 1992, S. 67-82

Staehle, W.H./Sydow, J. (1992): Managementphilosophie. In: Handwörterbuch der Organisation. 3. Aufl., hrsg. von E. Frese. Stuttgart 1992, Sp. 1286-1302

Stahlmann, V. (1988): Umweltorientierte Materialwirtschaft. Wiesbaden 1988

Stahlmann, V. (1991): Entfaltung von Umweltaktivitäten durch eine Integrierte Materialwirtschaft. In: Umweltmanagement im Spannungsfeld zwischen Ökologie und Ökonomie, hrsg. von Organisationsforum Wirtschaftskongreß e.V., OFW. Wiesbaden 1991, S. 253-284

Staudt, E. (1991): Die betriebswirtschaftlichen Folgen der Technikfolgenabschätzung. In: ZfB, 1991, S. 883-894

Steffenhagen, H. (1975): Konflikt und Kooperation in Absatzkanälen. Wiesbaden 1975

Steffenhagen, H. (1991): Marketing. Eine Einführung. 2. Aufl., Stuttgart et al. 1991

Steger, U. (1988): Umweltmanagement. Wiesbaden 1988

Steger, U. (1991): Integrierter Umweltschutz als Gegenstand eines Umweltmanagements. In: Integrierter Umweltschutz. Eine Herausforderung an das Innovationsmanagement. 2. Aufl., hrsg. von H. Kreikebaum. Wiesbaden 1991, S. 33-43

Steger, U. (1992): Verhalten von Unternehmen im Umweltschutz. In: Umweltschutzorientiertes Management, hrsg. von E. Zahn und H. Gassert, Stuttgart 1992, S. 27-38

Steger, U./Antes, R. (1991): Unternehmensstrategie und Risiko-Management. In: Umwelt-Auditing. Ein neues Instrument der Risikovorsorge, hrsg. von U. Steger, Frankfurt 1991, S. 13-44

Steindorf, J. (1986): Umwelt-Strafrecht. Berlin/New York 1986

Steinhilper, R. (1988): Produktrecycling im Maschinenbau. Berlin et al. 1988

Steinmann, H./Schreyögg, G. (1993): Management. Grundlagen der Unternehmensführung. Konzepte - Funktionen - Fallstudien. 3. Aufl., Wiesbaden 1993

Steven, M. (1992): Umweltschutz im Produktionsbereich (II). In: WISU, 1992, S. 105-111

Stockholm, N./Miller, W. (1981): The real world of environmental decision making. In: Corporations and the environment: How should decisions be made?, hrsg. von D.L. Brunner, W. Miller und N. Stockholm, Los Altos, California 1981, S. 81-120

Strebel, H. (1978): Produktgestaltung als umweltpolitisches Instrument der Unternehmung. In: DBW, 1978, S. 73-82

Strebel, H. (1980): Umwelt und Betriebswirtschaft. Berlin 1980

Strebel, H. (1988a): Rückstandsverwertung durch Kooperation - Ein neuer Ansatz zur ressourcenschonenden Produktion. In: Umwelt und Energie, 1988, Gruppe 4/2, S. 119-158

Strebel, H. (1988b): Rückstand und Rückstandsverwertung in der unternehmerischen Forschung und Entwicklung. In: DBW, 1988, S. 97-107

Strebel, H. (1990): Industrie und Umwelt. In: Industriebetriebslehre, hrsg. von M. Schweitzer. München 1990, S. 697-779

Strebel, H. (1991): Integrierter Umweltschutz - Merkmale, Voraussetzungen, Chancen. In: Integrierter Umweltschutz. Eine Herausforderung an das Innovationsmanagement. 2. Aufl., hrsg. von H. Kreikebaum. Wiesbaden 1991, S. 3-16

Terhart, K. (1986a): Betriebswirtschaftliche Fragen des Umweltschutzes. In: WiSt, 1986, S. 401-405

Terhart, K. (1986b): Die Befolgung von Umweltschutzauflagen als betriebswirtschaftliches Entscheidungsproblem. Berlin 1986

Theißen, A. (1990): Betriebliche Umweltschutzbeauftragte. Wiesbaden 1990

Thom, N. (1979): Vorschlagswesen, betriebliches. In: Handwörterbuch der Produktion, hrsg. von W. Kern. Stuttgart 1979, Sp. 2223-2236

Thom, N. (1980): Grundlagen des betrieblichen Innovationsmanagements. 2. Aufl., Königstein/Ts. 1980

Thom, N. (1985): Betriebliches Vorschlagswesen - Ein Instrument der Betriebsführung. 2. Aufl., Bern et al. 1985

Thomas, J. (1988): Die Organisation des industriellen Umweltschutzes. In: DB, 1988, S. 2161-2166

Thomas, J. (1992): Die Organisation des betrieblichen Umweltschutzes. In: Handbuch des Umweltschutzes, hrsg. von J. Vogel, A. Heigl und K. Schäfer, 57. Erg. Lfg. 1/92, Nr. III - 1.2, S. 1-13

Thompson, J.D. (1967): Organizations in action. New York et al. 1967

Tiedemann, K. (1980): Die Neuordnung des Umweltstrafrechts. Berlin/New York 1980

Töpfer, A. (1985): Umwelt- und Benutzerfreundlichkeit von Produkten als strategische Unternehmensziele. In: Marketing-ZFP, 1985, S. 241-251

Trebesch, K. (1980): Teamarbeit. In: Handwörterbuch der Organisation. 2. Aufl., hrsg. von E. Grochla. Stuttgart 1980, Sp. 2217-2227

Triffterer, O. (1980): Umweltstrafrecht. Baden-Baden 1980

Türck, R. (1991): Das ökologische Produkt - Ansatzpunkte seiner Beschreibung und Erfassung. In: Integrierter Umweltschutz. Eine Herausforderung an das Innovationsmanagement. 2. Aufl., hrsg. von H. Kreikebaum. Wiesbaden 1991, S. 57-72

Ulich, E./Groskurth, P./Bruggemann, A. (1973): Neue Formen der Arbeitsgestaltung. Möglichkeiten und Probleme einer Verbesserung der Qualität des Arbeitslebens. Frankfurt 1973

Ullmann, A.A. (1981): Der Betriebsbeauftragte für Umweltschutz aus betriebswirtschaftlicher Perspektive: Umweltpolitische Notwendigkeit oder gesetzgeberischer Perfektionismus? In: ZfbF, 1981, S. 992-1013

Ullmann, A.A. (1982): Industrie und Umweltschutz. Frankfurt/New York 1982

Ulrich, H. (1949): Betriebswirtschaftliche Organisationslehre. Eine Einführung. Bern 1949

Ulrich, H. (1968): Die Unternehmung als produktives soziales System. Bern/ Stuttgart 1968

Ulrich, H. (1978): Unternehmungspolitik. Bern/Stuttgart 1978

Ulrich, H. (1989): Eine systemtheoretische Perspektive der Unternehmungsorganisation. In: Organisation. Evolutionäre Interdependenzen von Kultur und Struktur der Unternehmung, hrsg. von E. Seidel und D. Wagner. Wiesbaden 1989, S. 13-26

Ulrich, H./Krieg, W. (1973): Das St. Galler Management-Modell. 2. Aufl., Bern

Ulrich, P. (1984): Systemsteuerung und Kulturentwicklung. In: Die Unternehmung, 1984, S. 303-325

Umweltbundesamt (Hrsg.) (1991): Umweltorientierte Unternehmensführung. Möglichkeiten zur Kostensenkung und Erlössteigerung. Forschungsbericht 10901041. Berlin 1991

Utz, H.W. (1978): Umweltwandel und Unternehmungspolitik: Berücksichtigung der sozialen und ökologischen Umwelt durch Marketing Assessment. München 1978

Wagner, G.R. (1990): "Unternehmensethik" im Lichte der ökologischen Herausforderung. In: Unternehmensstrategien im sozio-ökonomischen Wandel, hrsg. von H. Czap. Berlin 1990

Wagner, G.R./Janzen, H. (1991): Ökologisches Controlling - Mehr als ein Schlagwort? In: Controlling, 1991, S. 120-129

Weege, R.D. (1981): Recyclinggerechtes Konstruieren. Düsseldorf 1981

Weilenmann, P. (1989): Dezentrale Führung: Leistungsbeurteilung und Verrechnungspreise. In: ZfB, 1989, S. 932-956

Welge, M.K. (1975): Profit-Center-Organisation. Organisatorische Analyse von Strukturbewertungsproblemen in funktionalen und profit-center-orientierten Organisationen. Wiesbaden 1975

Welge, M.K. (1987): Unternehmungsführung. Band 2: Organisation. Stuttgart 1987

Welge, M.K./Fessmann, K.-D. (1980): Effizienz, organisatorische. In: Handwörterbuch der Organisation. 2. Aufl., hrsg. von E. Grochla. Stuttgart 1980, Sp. 577-592

Werder, A.v./Klinkenberg, U./Frese, E. (1990): Produkthaftungsmanagement. Stuttgart 1990

Wicke, L. (1986): Die ökologischen Milliarden. München 1986

Wicke, L. (1989): Umweltökonomie. 2. Aufl., München 1989

Wicke, L./Haasis, H.-D./Schafhausen, F./Schulz, W. (1992): Betriebliche Umweltökonomie. München 1992

Wiedmann, K.-P. (1987): Zum Stellenwert der "Lust auf Genuß Welle" und des Konzepts eines erlebnisorientierten Marketing. In: Marketing ZFP, 1987, S. 207-220

Wiendieck, G. (1992): Teamarbeit. In: Handwörterbuch der Organisation. 3. Aufl., hrsg. von E. Frese. Stuttgart 1992, Sp. 2375-2384

Wiener, N. (1948): Cybernetics or control and communication in the animal and the machine. Cambridge 1948

Wieser, W. (1959): Organismen, Strukturen, Maschinen. Frankfurt 1959

Wilink, L. (o.J.): Voraussetzungen für ein schnelles und erfolgreiches Genehmigungsverfahren aus der Sicht des Gutachters. In: Erfolgreiche Strategien für den Umgang mit Umweltbehörden, hrsg. von PROFIL Gesellschaft für Projektmanagement, Bad Tölz o.J.

Winter, G. (1988): Das umweltbewußte Unternehmen. 2. Aufl., München 1988

Wolf, H.-H. (1991): Konzept der deutschen Automobilindustrie zur Altautoverwertung. In: Neue Konzepte für die Autoverwertung, VDI Berichte 934. Düsseldorf 1991, S. 1-12

Wollnik, M. (1980): Einflußgrößen der Organisation. In: Handwörterbuch der Organisation. 2. Aufl., hrsg. von E. Grochla. Stuttgart 1980, Sp. 592-613

Wulff-Nienhüser, M. (1987): Umweltkriminalität. Münster 1987

Zahn, E./Schmid, U. (1992): Wettbewerbsvorteile durch umweltschutzorientiertes Management. In: Umweltschutzorientiertes Management, hrsg. von E. Zahn und H. Gassert, Stuttgart 1992, S. 39-93

Benutzte Gesetze und Gesetzentwürfe:

Abfallgesetz (AbfG) vom 27.8.1986

Aktiengesetz (AktG) vom 6.9.1965

Gesetz betreffend die Gesellschaften mit beschränkter Haftung (GmbhG) in der Fassung der Bekanntmachung vom 20.5.1898

Gesetz über Ordnungswidrigkeiten (OWiG) in der Fassung der Bekanntmachung vom 19.2.1987

Gesetz zum Schutz vor schädlichen Umwelteinwirkungen durch Luftverunreinigungen, Geräusche, Erschütterungen und ähnliche Vorgänge (Bundes-Immissionsschutzgesetz - BImSchG) in der Fassung der Bekanntmachung vom 14.5.1990

Gesetz zur Ordnung des Wasserhaushalts (Wasserhaushaltsgesetz - WHG) in der Fassung der Bekanntmachung vom 23.9.1986

Strafgesetzbuch (StGB) in der Fassung der Bekanntmachung vom 10.3.1987

Zweites Gesetz zur Bekämpfung der Wirtschaftskriminalität (2. WiKG) vom 15.5.1986

Gesetzentwurf der Bundesregierung: Entwurf eines ... Strafrechtsänderungsgesetzes - Zweites Gesetz zur Bekämpfung der Umweltkriminalität - (...StrÄndG - 2. UKG) vom 5.3.1991

GPSR Compliance

The European Union's (EU) General Product Safety Regulation (GPSR) is a set of rules that requires consumer products to be safe and our obligations to ensure this.

If you have any concerns about our products, you can contact us on ProductSafety@springernature.com

In case Publisher is established outside the EU, the EU authorized representative is:

Springer Nature Customer Service Center GmbH
Europaplatz 3
69115 Heidelberg, Germany

Batch number: 10815974

Printed by Printforce, the Netherlands